全国硕士研究生农学门类
入学考试辅导丛书

动物生理学与生物化学
历年真题与全真模拟题解析

2025

郑　行　乔惠理
刘国琴　杨海莲◎主　编

中国农业大学出版社
China Agricultural University Press
·北京·

图书在版编目(CIP)数据

动物生理学与生物化学历年真题与全真模拟题解析/郑行等主编.—北京:中国农业大学出版社,2020.6(2024.4 重印)

(全国硕士研究生农学门类入学考试辅导丛书)

ISBN 978-7-5655-2386-1

Ⅰ.①动… Ⅱ.①郑… Ⅲ.①动物学-生理学-硕士生入学考试-题解 ②动物学-生物化学-硕士生入学考试-题解 Ⅳ.①Q4-44 ②Q5-44

中国版本图书馆 CIP 数据核字(2020)第 113191 号

书　　名 动物生理学与生物化学历年真题与全真模拟题解析

作　　者 郑　行　乔惠理　刘国琴　杨海莲　主编

策划编辑 张　蕊　　**责任编辑** 许晓婧

封面设计 李尘工作室

出版发行 中国农业大学出版社

社　　址 北京市海淀区圆明园西路 2 号　　**邮政编码** 100193

电　　话 发行部 010-62733489,1190　　读者服务部 010-62732336

编辑部 010-62732617,2618　　出　版　部 010-62733440

网　　址 http://www.caupress.cn　　**e-mail** cbsszs @ cau.edu.cn

经　　销 新华书店

印　　刷 河北朗祥印刷有限公司

版　　次 2020 年 8 月第 1 版　2024 年 4 月第 4 次印刷

规　　格 787×1 092　16 开本　16.25 印张　406 千字

定　　价 56.00 元

　读者反馈邮箱 zhangrui973@126.com

编 写 人 员

动物生理学部分

主　　编　郑　行（中国农业大学）

乔惠理（中国农业大学）

参　　编　刘佳利（中国农业大学）

生物化学部分

主　　编　刘国琴（中国农业大学）

杨海莲（中国农业大学）

出版说明

最新版"全国硕士研究生农学门类入学考试辅导丛书"如期和广大考生见面了。本版辅导丛书是以教育部最新考试大纲为依据，分析往年农学门类联考试题及考试情况，征询有关权威专家的意见和建议，充分吸纳各有关高校辅导老师的教学经验，以前数版为基础，经过必要的扩充和修改而成的。

本丛书包括"复习指南暨习题解析"和"历年真题与全真模拟题解析"两个系列，根据考生复习备考的通常做法，按照基础知识的复习、知识的梳理与归纳以及冲刺模拟训练等不同阶段分别组织编写而成。

"复习指南暨习题解析"系列辅导书，主要是依据考纲对知识点进行全面阐述和总结梳理，按照数学（含高等数学、线性代数、概率论与数理统计）、化学（含无机及分析化学、有机化学）、动物生理学、植物生理学、生物化学 5 个科目分别组织编写和出版。其中，对重点难点进行详细的剖析，对疑点作了详尽的解释；对考点、要点、重要公式和结论也都一一总结和梳理；对例题进行详解，每个步骤做到详细、不缺步跳步，便于考生理解和熟悉解题思路；每章节后还附有一定量的习题，对复习内容及时进行训练和巩固。

"历年真题与全真模拟题解析"系列辅导书，是考生在冲刺阶段的复习用书，采取历年真题加模拟题的训练和解析的模式编写。真题部分包含了十余年的统考试题，其中包含了诸多有价值的信息，例如出题角度、试题题型、内容的涵盖面以及出题规律等。考生可以通过这部分的演练进一步掌握命题规律，查缺补漏，了解考研试题的解答方式、得分点以及解题的技巧，达到"观千剑而后识器"的目的。模拟题针对考生在复习阶段出现的问题，从考研热考内容和重点题型中多角度设计题目，旨在冲刺阶段进行考前摸底与练兵，增强考生在应试中的变通能力。

为了编好这套书，我们邀请了学术水平高、治学严谨、经验丰富、权威性强的知名专家学者担任主编，编写队伍汇聚了教育部直属的多所国家重点农林高校和多所省属重点高校常年从事相关学科教学的骨干教师和考研辅导专家。各位编写人员本着为考生着想、对教学负责的态度，牺牲了大量休息时间，反复斟酌拿捏内容的广度和深度，把握例题、习题和模拟题的代表性，尽心尽力从考生的角度去组织内容和体系。这种高度的责任心和奉献精神使我们深受感动，在此向他们表示诚挚的感谢和崇高的敬意！

自该套丛书出版发行以来，受到农学门类考生的格外青睐。这既是在全国范围内率先正式出版发行、最系统全面的农学门类考研辅导书，同时也是目前权威性高、适用性广、实用性强的考研宝典。我们真诚地希望考生能通过这套丛书的学习和引导，熟悉各科考试大纲，温习贯通考试内容，巩固和掌握所学知识，提高解题能力和应试技巧。同时，希望本丛书也能成为大学生在校学习有关课程的好帮手、好伙伴。

尽管我们本着帮助考生更好地系统复习和备考的良好愿望，尽力组织编写好和出版好这套书，但仍不免有疏漏之处，恳请各位同学及老师们批评指正，以利于我们今后不断地改进和提高。

最后，预祝各位考生取得好成绩！

中国农业大学出版社

2024 年 3 月

前　　言

为帮助农学门类考研学生系统地复习和备考，在分析历年真题及有关课程教材、吸纳各有关高校辅导老师教学经验的基础上，我们精心组织编写了**《动物生理学复习指南暨习题解析》《生物化学复习指南暨习题解析》**，同时配套编写了**《动物生理学与生物化学历年真题与全真模拟题解析》**，希望考生能通过这套书的学习和引导，温习贯通考试内容，巩固和掌握所学知识，提高解题能力和应试技巧。

《动物生理学与生物化学历年真题与全真模拟题解析》由两部分内容组成。第一部分是10套考研模拟试题，同时附有详细参考答案，并进行了详解，建议考生先做模拟试题，然后再看参考答案；第二部分给出历年考研真题及参考答案，供同学复习时参考，今年我们按新的考试大纲要求对部分试题进行了修订，以期更符合对知识点的考查。

尽管本着为考生着想、对教学负责的态度，反复斟酌和拿捏内容的广度和深度，把握例题、习题和模拟题的代表性，尽心尽力编写好这套书，但仍不免有疏漏之处，恳请各位同学及老师批评指正，以利于我们今后不断地改进和提高。

预祝各位考生取得好成绩！

目　录

全真模拟试题及解析

历年真题及参考答案

全真模拟试题及解析

全真模拟试题一

动物生理学

一、单项选择题:1～10 小题,每小题 2 分,共 20 分。下列每题给出的四个选项中,只有一个选项是符合题目要求的。

1. 在 0.7% NaCl 溶液中,会发生的红细胞形态变化是(　　)。

A. 皱缩　　B. 正常

C. 膨大　　D. 破裂

2. 微循环最重要的生理意义是(　　)。

A. 物质交换　　B. 维持血容量

C. 促进散热　　D. 保持体温

3. 关于肺泡表面活性物质的叙述,错误的是(　　)。

A. 能增加肺的顺应性　　B. 能增加肺的弹性阻力

C. 能降低肺泡表面张力　　D. 减少时可引起肺水肿

4. 迷走神经兴奋时(　　)。

A. 胃肠平滑肌活动增强,消化腺分泌减少　　B. 胃肠平滑肌活动减弱,消化腺分泌增加

C. 胃肠平滑肌活动增强,消化腺分泌增加　　D. 胃肠平滑肌活动减弱,消化腺分泌减少

5. 给家兔静脉注射稀释的胆汁 10 mL,可引起(　　)。

A. 胰液和胆汁都减少　　B. 胰液和胆汁都增加

C. 胰液分泌不变,胆汁分泌增加　　D. 胆汁分泌不变,胰液分泌增加

6. 能促进机体产热的最重要的激素是(　　)。

A. 肾上腺素　　B. 糖皮质激素

C. 甲状腺激素　　D. 生长激素

7. 脑干网状结构上行激动系统是(　　)。

A. 通过特异性投射系统改变大脑的兴奋状态

B. 通过特异性投射系统激发大脑皮质产生特定感觉

C. 通过非特异性投射系统改变大脑的兴奋状态

D. 通过非特异性投射系统激发大脑皮质产生特定感觉

8. 下列属于副交感神经功能的生理意义是(　　)。

A. 主要参与应急反应　　B. 提高机体的代谢水平

C. 动员机体贮备的能量参加应急　　D. 利于维持安静的生活

9. 增强机体对应激刺激耐受力的最主要的激素是(　　)。

A. 催乳素　　B. 生长激素

C. 抗利尿激素　　D. 糖皮质激素

10. 下列关于性激素分泌的叙述,正确的是(　　)。

A. 只有卵巢才能分泌雌激素　　B. 只有睾丸才能分泌雄激素

C. 肾上腺皮质能分泌雄激素　　D. 前列腺能分泌雄激素

二、实验题:11 小题,13 分。

11. 设计实验证明大脑皮层运动区对躯体运动有交叉性和倒置性支配的特点。

三、问答题:12～14 小题,每小题 6 分,共 18 分;第 15～16 题,每小题 12 分,共 24 分。

12. 何谓化学突触和电突触?简述它们的功能特点。

13. 试述嗳气的排出过程和生理意义。

14. 影响肾小球滤过作用的因素有哪些?

15. 用稳态的观点论述正常机体内环境的相对恒定。

16. 分析凝血系统、抗凝系统以及纤溶系统相互之间的关系。

生 物 化 学

四、单项选择题:17～26 小题,每小题 2 分,共 20 分。下列每题给出的四个选项中,只有一个选项是符合题目要求的。

17. 下列(　　)是 TCA 循环的回补反应。

A. 产生丙酮酸羧化酶需要的生物素

B. 产生草酰乙酸和苹果酸以维持 TCA 循环中间产物浓度的稳定

C. 重新利用泛酸合成辅酶 A

D. 产生柠檬酸和丙酮酸以维持 TCA 循环中间产物浓度的稳定

18. 通过丙酮酸脱氢和 TCA 循环,转化 1 mol 丙酮酸为 3 mol CO_2 能够生成(　　)mol NADH,(　　)mol $FADH_2$ 以及(　　)mol ATP。

A. 2;2;2　　B. 3;1;1

C. 3;2;0　　D. 4;1;1

19. 磷脂和三酰甘油的合成需要(　　)。

A. CDP-胆碱　　B. CDP-二酰甘油

C. 磷脂酸　　D. CTP

20. 四氢叶酸及其衍生物在底物之间主要起转运(　　)的作用。

A. 脂酰基团　　B. 一碳基团

C. 氢离子　　D. 电子

21. 鸟氨酸合成瓜氨酸是合成(　　)的第一步反应。

A. 尿素　　B. 肉碱

C. 酪氨酸　　D. 天冬氨酸

22. 下列(　　)不参与脂肪酸的从头合成过程。

A. 乙酰 CoA　　B. 生物素

C. $FADH_2$　　D. HCO_3^-

23. 在细菌合成蛋白质的延伸过程中，(　　)不参与反应。

A. 氨酰-tRNA　　B. EF-Tu

C. GTP　　D. IF-2

24. 在呼吸链电子传递过程中伴随有质子的流动，这将(　　)。

A. 使 pH 在基质和膜间隙间保持相同水平　　B. 降低基质 pH

C. 降低基质和膜间隙 pH　　D. 降低膜间隙 pH

25. 下属有关蛋白质分离技术的阐述错误的是(　　)。

A. 除去溶液中的蛋白质可用三氯乙酸沉淀法

B. 用三氯乙酸沉淀的蛋白质可进一步进行活性分析

C. 用三氯乙酸沉淀的蛋白质可进一步进行 SDS-PAGE 分析

D. 可用三氯乙酸终止酶反应

26. 下述哪个配对项是错误的？(　　)

A. Miescher—DNA 发现　　B. Avery—DNA 是遗传物质

C. Watson 和 Crick—DNA 双螺旋结构　　D. Hoppe-Seyler—DNA 测序

五、实验题：27 小题，13 分。

27. 有一个蛋白质干粉样品，具有水溶性。请设计一个实验流程来证明该样品是否为纯品，并阐述基本原理。

六、问答题：第 28～30 小题，每小题 6 分，共 18 分；31～32 小题，每小题 12 分，共 24 分。

28. 请写出丙酮酸脱氢酶复合体的三个辅因子，并说明它们是该复合体中哪一种酶的辅因子。

29. 请从 ATP 的结构特征分析其产生大量自由能的原因。

30. 根据你的认识，请说明核苷酸及其衍生物的生物学功能，并举例说明其在糖和脂类物质代谢中的作用。

31. 什么是蛋白质辅基？以肌红蛋白为例，阐述辅基与蛋白质结构、功能的关系。

32. 原核生物基因表达调控通常发生在转录水平。以大肠杆菌为例，请分析说明当乳糖和葡萄糖都存在于培养基上时细菌细胞的乳糖操纵子是如何被调节的。

全真模拟试题二

动物生理学

一、单项选择题:1～10 小题,每小题 2 分,共 20 分。下列每题给出的四个选项中,只有一个选项是符合题目要求的。

1. 在对细胞膜的叙述中,错误的是(　　)。

A. 细胞膜是细胞内容物和细胞外环境的屏障

B. 水溶性物质可以直接通过细胞膜

C. 细胞膜主要由蛋白质、脂质和糖组成

D. 细胞膜所具有的各种功能主要取决于膜上的蛋白质

2. 终板电位的形成主要是由于 ACh 和(　　)。

A. K^+ 内流　　B. Cl^- 内流

C. Na^+ 内流　　D. Ca^{2+} 内流

3. 下列溶液中,易使哺乳动物成熟红细胞发生溶血的是(　　)。

A. 5%葡萄糖溶液　　B. 10%葡萄糖溶液

C. 0.6%NaCl 溶液　　D. 0.9%NaCl 溶液

4. HCl 对胃液的分泌具有很强的负反馈调节,其机制之一是(　　)。

A. 直接抑制十二指肠分泌促胰液素　　B. 直接抑制十二指肠分泌抑胃肽

C. 直接抑制 G 细胞分泌促胃液素　　D. 直接抑制 D 细胞分泌生长抑素

5. 反刍动物前胃与逆呕相关的收缩是(　　)。

A. 瘤胃 A 波　　B. 瘤胃 B 波

C. 网胃第二时相收缩　　D. 网胃附加收缩

6. 致密斑的主要功能是(　　)。

A. 直接释放肾素颗粒　　B. 引起入球小动脉收缩

C. 直接感受入球小动脉收缩　　D. 感受远曲小管液中 Na^+ 浓度的变化

7. 哺乳动物神经细胞间信息传递的主要方式是(　　)。

A. 单纯扩散　　B. 化学突触

C. 电突触　　D. 非突触性化学传递

8. 激素的“允许作用”是指(　　)。

A. 使别的激素能够分泌入血　　B. 使靶细胞的生理活动能够启动

C. 使其他激素能够在靶细胞上产生作用　　D. 使靶细胞内遗传物质诱导新的蛋白质合成

9. 机体发生化脓性炎症时,血液增多的白细胞主要是(　　)

A. 嗜碱性粒细胞　　B. 嗜酸性粒细胞

C. 单核细胞　　D. 中性粒细胞

10. 精原细胞发育形成的精子的主要贮存之处是(   )。

A. 附睾
B. 精囊腺
C. 输精管
D. 曲精组管

二、实验题:11 小题,13 分。

11. 设计实验并分析说明双侧肾上腺摘除大白鼠对冰水的反应。

三、问答题:12~14 小题,每小题 6 分,共 18 分;第 15~16 题,每小题 12 分,共 24 分。

12. 简述胰腺的主要功能。

13. 简述心血管活动的压力感受性反射调节。

14. 什么是细胞膜物质的主动转运?原发性和继发性主动转运有何不同?

15. 试述迷走神经对循环、呼吸和消化的生理作用及机理。

16. 试述促进胰液分泌的体液因素及其作用。

生 物 化 学

四、单项选择题:17~26 小题,每小题 2 分,共 20 分。下列每题给出的四个选项中,只有一个选项是符合题目要求的。

17. 在波长 280 nm 附近有特征光吸收峰的氨基酸是(   )。

A. Val
B. Met
C. Tyr
D. Ser

18. 下述试剂适合用于蛋白质含量测定的是(   )。

A. 考马斯亮蓝
B. EB
C. 茚三酮
D. 甲醛

19. 下列物质中,(   )是专门的甲基供体。

A. 四氢叶酸
B. S-腺苷甲硫氨酸
C. HS-CoA
D. ACP

20. 在生化实验室中,某学生将硫酸铵加入装有蛋白质提取液的离心管中,之后进行离心,他的目的是(   )。

A. 改变蛋白质提取液的 pH,以便所有蛋白质能够溶解
B. 水解蛋白质,以确定氨基酸的含量
C. 选择性地沉淀和纯化某种蛋白质
D. 破坏蛋白质中的二硫键

21. 下列关于生物膜的阐述正确的是(   )。

A. 组成生物膜的磷脂分子中脂肪酸链越长,膜的流动性越大。
B. 生物膜中存在的胆固醇分子越多,膜的流动性越大
C. 组成生物膜的磷脂分子中不饱和脂肪酸含量越大,摸的流动性越小
D. 生物膜是超分子复合体

22. 能使线粒体电子传递和氧化磷酸化解偶联的试剂是(　　)。

A. 2,4-二硝基苯酚　　B. 寡霉素

C. 一氧化碳　　D. 氰化物

23. 下列不是葡萄糖异生的前体物质的是(　　)。

A. 丙氨酸　　B. 乙醇

C. 乙酸　　D. 甘油

24. 下列(　　)是 dTMP 合成的正确顺序。

A. UMP→UDP→dUDP→dUMP→dTMP

B. UMP→dUMP→dTMP

C. UMP→UDP→dUDP→dTDP→dTMP

D. UMP→UDP→UTP→dTTP→dTMP

25. 丝氨酸族合成的碳骨架来源于(　　)。

A. 3-磷酸甘油　　B. 3-磷酸甘油醛

C. 3-磷酸甘油酸　　D. 1,3-二磷酸甘油酸

26. 下列关于大肠杆菌 DNA 聚合酶Ⅲ的叙述错误的是(　　)。

A. 具有 5′→3′的聚合酶活性

B. 具有 5′→3′核酸外切酶活性

C. 具有 3′→5′核酸外切酶活性

D. 是参与大肠杆菌 DNA 复制的主要复制酶

五、实验题:27 小题,13 分。

27. 实验室中有一个含有 Lys、Ala 和 Glu 三种氨基酸的混合样品。学生将采用离子交换柱层析进行 Lys 的分离。请简述离子交换层析的原理和具体操作包括哪些过程。如果学生采用阴离子交换柱层析进行氨基酸分离,请分析说明 Lys 被洗脱出的顺序。

六、问答题:第 28～30 小题,每小题 6 分,共 18 分;31～32 小题,每小题 12 分,共 24 分。

28. 在蛋白质和 DNA 这两种生物大分子的研究中,经常需要进行变性处理。讨论蛋白质和 DNA 变性后分子构象、活性及理化性质变化,并举一例说明变性处理在生物大分子研究中的用途。

29. 在遗传密码簿中, UUA、UUG、CUU、CUG、CUC、CUA 这 6 个密码子都编码亮氨酸,这反映了密码子的什么特性?请解释这种特性,并简要说明这种特性的生物学意义。从理论上分析,识别这些密码子需要多少种 tRNA?为什么?

30. 请简述什么是底物水平磷酸化反应,并写出参与糖酵解途径中两步底物水平磷酸化反应的底物、产物和酶。

31. 论述柠檬酸-丙酮酸循环是如何为脂肪酸从头合成途径提供支持的。

32. 大肠杆菌 *E. coli* 某一基因 A 的非模板链序列如下,(+1)表示转录起始,该基因至少编码 5 个氨基酸。

```
           (+1)     (10)      (20)      (30)      (40)      (50)
            |        |         |         |         |         |
TATAATAGACAGAATTTGGAGGTTGACCTTATGCGTAACGACGCTATTGGCTAGTAAGCTCTAA
                                   ↑
```

(1)利用上面的序列信息以及下面的密码表,写出 A 基因编码的多肽链的氨基酸序列。

(2)当用溴化乙锭处理该大肠杆菌后,A 基因突变为 X 基因,突变位点如箭头所示,即在 GT 之间插入一个核苷酸 A,请写出此突变菌株 X 基因编码的多肽链的氨基酸序列。

First position (5′end)	Second position U	C	A	G	Third position (3′end)
U	Phe	Ser	Tyr	Cys	U
	Phe	Ser	Tyr	Cys	C
	Leu	Ser	STOP	STOP	A
	Leu	Ser	STOP	Trp	G
C	Leu	Pro	His	Arg	U
	Leu	Pro	His	Arg	C
	Leu	Pro	Gin	Arg	A
	Leu	Pro	Gin	Arg	G
A	Ile	Thr	Asn	Ser	U
	Ile	Thr	Asn	Ser	C
	Ile	Thr	Lys	Arg	A
	Met	Thr	Lys	Arg	G
G	Val	Ala	Asp	Gly	U
	Val	Ala	Asp	Gly	C
	Val	Ala	Glu	Gly	A
	Val	Ala	Glu	Gly	G

全真模拟试题三

动物生理学

一、单项选择题：1～10 小题，每小题 2 分，共 20 分。下列每题给出的四个选项中，只有一个选项是符合题目要求的。

1. 动脉血压形成的基本前提条件是（　　）。

A. 心脏射血　　B. 外周阻力

C. 循环系统中有足够的血液充盈　　D. 大动脉弹性

2. 在微循环中，能使毛细血管交替开放的物质是（　　）。

A. 组胺　　B. 激肽

C. 血管升压素　　D. 局部代谢产物

3. 肠上皮经由肠腔吸收葡萄糖的方式是（　　）。

A. 单纯扩散　　B. 易化扩散

C. 原发性主动转运　　D. 继发性主动转运

4. 下列基础条件不属于测定基础代谢率要求的是（　　）。

A. 空腹　　B. 无体力活动和精神紧张

C. 环境温度 18～25℃　　D. 深睡状态

5. 动脉血压在 80～180 mmHg 范围内变化时，肾血流量保持相对稳定的主要调节方式是（　　）。

A. 神经调节　　B. 体液调节

C. 自身调节　　D. 多种调节

6. EPSP 是（　　）。

A. 动作电位　　B. 阈电位

C. 静息电位　　D. 局部去极化电位

7. 动物出现去大脑僵直时，意味着病损发生部位是（　　）。

A. 脊髓　　B. 延髓

C. 脑干　　D. 小脑

8. 分泌胰岛素的细胞是（　　）。

A. A 细胞　　B. B 细胞

C. D 细胞　　D. F 细胞

9. 在肝脏内合成时，不需要维生素 K 的凝血因子是（　　）。

A. Ⅰ　　B. Ⅱ

C. Ⅶ　　D. Ⅸ

10. 属于自发排卵的动物是(　　)。

A. 牛和兔　　B. 马和骆驼

C. 猫和犬　　D. 羊和小鼠

二、实验题:11 小题,13 分。

11. 通过实验证明神经体液因素对兔胆汁分泌的影响。

三、问答题:12~14 小题,每小题 6 分,共 18 分;第 15~16 小题,每小题 12 分,共 24 分。

12. 简述左心室的射血和充盈变化过程。

13. 简述下丘脑肽能神经元与腺垂体的功能关系。

14. 简述影响能量代谢的主要因素。

15. 叙述甲状腺激素分泌的调节机制。

16. 分析动物单纯缺 O_2 或 CO_2 增多时,对呼吸运动影响的异同点。

生 物 化 学

四、单项选择题:17~26 小题,每小题 2 分,共 20 分。下列每题给出的四个选项中,只有一个选项是符合题目要求的。

17. (　　)不仅参与了细胞嘌呤核苷酸的合成,而且还参与了嘧啶核苷酸的合成。

A. Glu　　B. Ser

C. Asp　　D. Gly

18. 假如一条多肽有 400 个氨基酸残基,该多肽的大致分子量是(　　)。

A. 11 000　　B. 22 000

C. 44 000　　D. 88 000

19. 参与真核生物 mRNA 内含子剪切的 RNA-蛋白质复合物是(　　)。

A. 复制体/the replisome　　B. 剪切体/the spliceosome

C. RNA 连接酶/RNA ligase　　D. 多核糖体/the polysome

20. 下面有关 SD 序列,错误的叙述是(　　)。

A. mRNA 上富含嘧啶的序列

B. 仅存在于原核生物 mRNA 上

C. 和核糖体小亚基中的 rRNA 上的一段序列互补

D. 与蛋白质合成的正确起始密切相关

21. Pro 很少出现在蛋白质 α-螺旋结构中,原因是该氨基酸(　　)。

A. 具有小的不带电荷的侧链

B. 具有非常大的侧链

C. 在与其他氨基酸形成肽键后,酰胺氮上无氢原子,不能形成链内氢键

D. 易于与邻近的氨基酸相互作用

22. (　　)的浓度变化将对血红蛋白与氧的结合能力产生影响。

A. 2,3-二磷酸甘油酸　　B. 血液中质子

C. 血液中 CO_2　　D. 以上所有物质

23. 溶菌酶通常被归类为(　　)。

A. 氧化还原酶　　B. 转移酶

C. 裂合酶　　D. 水解酶

24. 除了(　　),其他都是糖酵解途径调节的关键酶。

A. 己糖激酶　　B. 磷酸果糖激酶Ⅰ

C. 磷酸甘油酸激酶　　D. 丙酮酸激酶

25. (　　)不仅是EMP途径的中间产物,还是丝氨酸合成的直接前体。

A. 丙酮酸　　B. 3-磷酸甘油醛

C. 3-磷酸甘油酸　　D. PEP

26. 有关线粒体电子传递和氧化磷酸化的叙述,错误的是(　　)。

A. 电子在电子传递链上传递时,质子从线粒体基质被泵到线粒体内膜的外侧

B. 四个电子传递复合物都具有质子泵的功能

C. 电子传递体中,细胞色素c是唯一的可移动的单电子传递体

D. CoQ是可以在线粒体内膜的脂双层中进行移动的电子和氢的传递体

五、实验题:27小题,13分。

27. 某研究人员发现一个新酶,并设计实验对此酶进行分离纯化,具体步骤如下表:

步骤	总蛋白/mg	总活力/U	比活力	纯化倍数
粗酶提取液	20 000	4 000 000		
硫酸铵沉淀	5 000	3 000 000		
等电点沉淀	400	1 000 000		
离子交换柱层析	200	800 000		
亲和层析	50	750 000		

(1)计算该酶纯化各步骤的比活力以及纯化倍数,填在表中的空格处。

(2)分析数据,说明以上哪一个纯化步骤最有效,哪一个步骤纯化效果最差,为什么?

六、问答题:第28～30小题,每小题6分,共18分;31～32小题,每小题12分,共24分。

28. 比较原核生物DNA聚合酶Ⅰ和DNA聚合酶Ⅲ的差别,并说明它们在DNA复制延伸过程中的作用。

29. 某米氏酶,催化A→B的反应。反应体系中酶的浓度是1 nmol/L,底物浓度是5 μmol/L,测得的V_{max}为2 μmol/(L·s)。请计算(1)该酶的K_{cat}值;(2)当反应体系中加入一定量的非竞争抑制剂,V_{max}将会发生怎样的变化?为什么?

30. 参与真核细胞尿素循环的氨基酸有哪些?其分别参与了哪些反应?

31. 请举例说明如果人体缺乏维生素B_1,哪些生化反应将受到影响?为什么?

32. 请举例说明什么是酶的别构调节,并简述别构酶的特点。

全真模拟试题四

动物生理学

一、单项选择题:1～15 小题,每小题 1 分,共 15 分。下列每题给出的四个选项中,只有一个选项是符合题目要求的。

1. 下列关于稳态的叙述,错误的是(　　)。

A. 生物体内环境的理化性质经常保持绝对平衡状态称之为稳态

B. 稳态是一种复杂的由机体内部各种调节机制所维持的动态平衡过程

C. 稳态一旦不能维持,生物体的生命将受到威胁

D. 维持机体内环境的理化性质相对恒定的状态称之为稳态

2. 骨骼肌产生强直收缩前,其动作电位(　　)。

A. 时程延长　　B. 发生叠加并增高

C. 不发生叠加　　D. 没有明显变化

3. 关于细胞跨膜信号转导特征描述错误的是(　　)。

A. 刺激信号种类很多,又是多种细胞引发的多种功能改变,因此,细胞跨膜信号转导的途径也很多

B. 刺激信号种类很多,又是多种细胞引发的多种功能改变,但细胞跨膜信号转导是由离子通道介导途径完成的

C. 刺激信号种类很多,又是多种细胞引发的多种功能改变,细胞跨膜信号转导是由离子通道介导或 G 蛋白偶联介导途径完成的

D. 刺激信号种类很多,又是多种细胞引发的多种功能改变,细胞跨膜信号转导是由离子通道介导或 G 蛋白偶联受体介导或酶偶联受体介导等少数途径完成的

4. 心肌细胞分为自律细胞和工作细胞的主要根据是(　　)。

A. 动作电位的时程长短　　B. 动作电位复极化的速度

C. 0 期去极化的速度　　D. 4 期有无自动去极化

5. 一般情况下,决定舒张压高低的主要因素是(　　)。

A. 大动脉弹性　　B. 回心血量

C. 每搏输出量　　D. 心率

6. 胃特有的运动形式是(　　)。

A. 蠕动　　B. 紧张性收缩

C. 容受性舒张　　D. 分节运动

7. 消化道平滑肌细胞的动作电位是发生在(　　)。

A. 基本电节律波上　　B. 节律性的复极化波上

C. 慢波去极化波上　　D. 自发的复极化波上

8. 胃黏膜表面黏液-碳酸氢盐屏障可以防止(　　)。

A. 粗糙物、坚硬物对胃黏膜的机械损伤

B. H^+ 和 Na^+ 从黏膜向胃腔扩散,胃蛋白酶通过黏液层

C. H^+ 从胃腔向黏膜扩散,胃蛋白酶通过黏液层

D. H^+ 和 Na^+ 从胃腔向黏膜扩散

9. 体温调定点存在的部位是(　　)。

A. 下丘脑　　B. 大脑皮层

C. 下丘脑后部　　D. 视前区-下丘脑前部

10. 交感神经兴奋时,肾血流量的变化趋势是(　　)。

A. 不变　　B. 减少

C. 增多　　D. 先减少后增多

11. 维持躯体姿势最基本的反射活动是(　　)。

A. 腱反射　　B. 屈肌反射

C. 对侧伸肌反射　　D. 肌紧张

12. 对于蒸发的叙述,错误的是(　　)。

A. 蒸发分不感蒸发和发汗两种

B. 水分从体表汽化时吸收体热

C. 环境湿度越高,蒸发散热效率越高

D. 是外界温度高于体表温度时唯一的散热方式

13. 作为第二信使的 cAMP,它的作用是(　　)。

A. 激活磷酸化酶　　B. 激活蛋白激酶

C. 激活磷酸二酯酶　　D. 激活腺苷酸环化酶

14. 红细胞不具备的生理特征是(　　)。

A. 趋化性　　B. 渗透脆性

C. 悬浮稳定性　　D. 可塑变形性

15. 平静呼吸时,参与的肌肉是(　　)。

A. 肋间内肌与腹壁肌　　B. 肋间外肌与腹壁肌

C. 肋间内肌与膈肌　　D. 肋间外肌与膈肌

二、简答题:16～18 小题,每小题 8 分,共 24 分。

16. O_2 和 CO_2 在血液中的运输有哪些异同点?

17. 简述血小板的生理特性及其与生理功能的关系。

18. 什么是瘤胃尿素再循环?简述在生产中尿素替代部分蛋白质饲喂反刍家畜的意义。

三、实验题:19 小题,10 分。

19. 写出测定蟾蜍腓肠肌单收缩、不完全强直收缩和强直收缩的实验步骤,画出三种收缩曲线,并描述它们的特点。

四、分析论述题：20～21 小题，每小题 13 分，共 26 分。

20. 试述动脉血压形成原因及影响因素。

21. 试述特异性、非特异性投射系统的异同点及相互关系。

生物化学

五、单项选择题：22～36 小题，每小题 1 分，共 15 分。下列每题给出的四个选项中，只有一个选项是符合题目要求的。

22. 常在酶活性中心起酸碱催化作用的氨基酸是（　　）。
    A. N　　B. H
    C. C　　D. V

23. 下列关于肌红蛋白的叙述，正确的是（　　）。
    A. 肌红蛋白是多亚基蛋白质，含有血红素辅基
    B. 肌红蛋白多肽链的折叠为血红素辅基提供了氧化环境
    C. 肌红蛋白多肽链的折叠为血红素辅基结合氧创造了条件
    D. 血红素辅基在体外不能结合氧

24. 所有蛋白质三级结构中（　　）。
    A. 至少含有 2 种二级结构　　B. 一定含有多个结构域
    C. 至少含有一段 α-螺旋　　D. 至少含有一个 β-折叠片

25. 对于 DNA、tRNA、rRNA 来说（　　）。
    A. 它们分子中核苷酸的连键性质都是 $3',5'$-磷酸二酯键
    B. 只有 DNA 的连键是 $3',5'$-磷酸二酯键
    C. 只有 tRNA 的连键是 $3',5'$-磷酸二酯键
    D. 只有 rRNA 的连键是 $3',5'$-磷酸二酯键

26. 限制性内切酶（　　）。
    A. 水解 DNA 和 RNA 的效率相似　　B. 不能水解 DNA
    C. 专一水解 DNA 的一股链　　D. 专一水解 DNA 双链

27. 下列关于酶的活性调节的叙述，正确的是（　　）。
    A. 别构调节是可逆、共价调节
    B. 共价调节是不可逆的
    C. 酶原激活实质是酶原的特异性蛋白水解
    D. 酶原激活反应能可逆进行

28. 细胞色素 c（　　）。
    A. 是一种小的有机色素分子　　B. 是一和无机色素分子
    C. 是一种结合蛋白质　　D. 是一种简单蛋白质

29. 按照化学渗透学说，驱动 F_OF_1-ATP 合酶合成 ATP 的力是（　　）。
    A. 跨线粒体内膜的膜电势　　B. 跨线粒体内膜的化学势
    C. 跨线粒体内膜的电化学势　　D. F_OF_1-ATP 合酶“转子”的转动力

30. 奇数碳脂肪酸链 β-氧化产物丙酰 CoA 通过转化为(　　)进入 TCA 循环或者其他途径。
A. 长链脂酰 CoA　　B. 琥珀酰 CoA
C. 乙酰 CoA　　D. 柠檬酰 CoA

31. 下列(　　)参与打开 DNA 双螺旋结构。
A. 引物酶　　B. 端粒酶
C. 拓扑异构酶　　D. 解螺旋酶

32. 胆固醇合成途径的关键调控酶是(　　)。
A. 乙酰乙酰 CoA 硫解酶　　B. HMG-CoA 合酶
C. HMG-CoA 还原酶　　D. 异戊烯焦磷酸异构酶

33. 下列(　　)导致的 DNA 损伤引起生物体致死的可能性最大。
A. 转换　　B. 颠换
C. 插入一个核苷酸　　D. 胸腺嘧啶二聚体的形成

34. 在与尿素形成相关的一系列反应中,(　　)反应需要 ATP 的参与。
A. 谷氨酸→α-酮戊二酸,延胡索酸→苹果酸
B. 鸟氨酸＋HCO_3^-＋NH_4^+→瓜氨酸,天冬氨酸＋瓜氨酸→精氨酸代琥珀酸
C. 鸟氨酸＋HCO_3^-＋NH_4^+→瓜氨酸,精氨酸代琥珀酸→延胡索酸＋精氨酸
D. 天冬氨酸＋瓜氨酸→精氨酸代琥珀酸,精氨酸→鸟氨酸＋尿素

35. 嘌呤核苷酸 AMP 和 GMP 合成的调节方式是(　　)。
A. 共价修饰　　B. 反馈抑制
C. 前馈激活　　D. 竞争抑制

36. 真核生物蛋白质生物合成的特异抑制剂是(　　)。
A. 放线菌酮　　B. 溴化乙锭
C. 链霉素　　D. 利福平

六、简答题:37～39 小题,每小题 8 分,共 24 分。

37. 不同来源的生物膜在结构上有哪些共性?(至少指出 4 点)
38. 请描述脂肪酸合成与降解过程的物质运输情况。
39. 请简述 EF-Tu、EF-Ts 和 EF-G 在大肠杆菌蛋白质合成延伸过程中所起的作用。

七、实验题:40 小题,10 分。

40. 在测定酶的活力时,除了配制所需要的底物、缓冲溶液外,许多情况下还要配制高浓度的“三氯乙酸”试剂。请问:在酶活测定中,三氯乙酸的生物化学作用是什么?如果样品“测定管”中加入各试剂的顺序是:缓冲液→酶→底物(保持反应时间)→三氯乙酸,请问在“对照管”中三氯乙酸何时加入合适?

八、分析论述题:41～42 小题,每小题 13 分,共 26 分。

41. 什么是 Western Blot 和 Southern Blot?请分析二者在技术上的三个共同点和应用上的主要区别。
42. 请论述酶的磷酸化共价修饰在糖原代谢、葡萄糖降解的 EMP 途径及葡萄糖异生中所起的调节作用。

全真模拟试题五

动物生理学

一、单项选择题:1～15 小题,每小题 1 分,共 15 分。下列每题给出的四个选项中,只有一个选项是符合题目要求的。

1. 下列各项研究工作中,属于整体水平的是(　　)。
   A. 描记家兔小肠平滑肌的收缩曲线
   B. 观察血液在活体蟾蜍的动脉、静脉和毛细血管中流动的情况
   C. 反刍动物静止能量代谢的测定
   D. 心肌细胞动作电位的测定
2. 心肌细胞和骨骼肌细胞兴奋分期不同的是(　　)。
   A. 绝对不应期　　B. 相对不应期
   C. 超常期　　D. 低常期
3. 关于细胞跨膜信号转导的叙述,错误的是(　　)。
   A. 各种形式的外界信号作用于细胞膜上受体,经识别变构后,信号以弱电变化形式,将信息传递至细胞内的过程
   B. 细胞跨膜信号转导是一系列蛋白质构型和功能的改变,具有放大信号的作用
   C. 各种形式的外界信号可以引发多种功能的改变,但跨膜信号转导的途径只是几类
   D. 各种形式的外界信号作用于细胞膜上受体,经识别后,进入细胞内,以此影响细胞内功能的改变
4. 关于同一细胞兴奋传导的叙述,错误的是(　　)。
   A. 动作电位可以沿细胞膜传导到整个细胞　　B. 动作电位的幅度随传导的距离增加而衰减
   C. 有髓纤维是以跳跃式方式传导的　　D. 传导的机制是通过局部电流实现的
5. 心肌不会产生强直收缩的原因是(　　)。
   A. 心肌的收缩呈“全或无”式反应　　B. 心肌有特殊传导组织
   C. 心肌肌浆网不发达,贮存 Ca^{2+} 比较少　　D. 心肌细胞兴奋后有效不应期长
6. 促进静脉血液回流最重要的因素是(　　)。
   A. 重力作用　　B. 心脏收缩能力
   C. 骨骼肌收缩　　D. 呼吸运动
7. 引起胆囊收缩的一个重要体液因素是(　　)。
   A. 胆盐　　B. 盐酸
   C. 促胰液素　　D. 促胰酶素
8. . 某种营养物质氧化时,消耗 1 L 氧所产生的热量称为该物质的(　　)。
   A. 氧热价　　B. 呼吸商

C. 物理热价　　D. 生物热价

9. 关于肾小球的滤过,下述各项中错误的是(　　)。

A. 动脉血压在 80～180 mmHg 范围内变动时,原尿量基本维持不变

B. 血浆晶体渗透压升高,原尿量减少

C. 肾小囊内压升高,原尿量减少

D. 血浆胶体渗透压降低,原尿量增多

10. 下列不属于小脑功能的是(　　)。

A. 管理平衡　　B. 调节肌紧张

C. 发动随意运动　　D. 使随意运动更准确

11. 下列不属于排泄的是(　　)。

A. 结肠与直肠排出食物残渣　　B. 结肠与直肠排出胆色素

C. 肺呼出 CO_2　　D. 皮肤分泌汗液

12. 下列激素中不属于类固醇激素的是(　　)。

A. 孕激素　　B. 皮质醇

C. 醛固酮　　D. 肾上腺素

13. 肾上腺髓质激素分泌所受支配的神经纤维是(　　)。

A. 交感神经节后纤维　　B. 交感神经节前纤维

C. 副交感神经节后纤维　　D. 副交感神经节前纤维

14. 外源性凝血过程的启动因子是(　　)。

A. Ⅻ因子　　B. Ⅹ因子

C. Ⅳ因子　　D. Ⅲ因子

15. 下列有关雌激素生理作用的叙述中,错误的是(　　)。

A. 大量雌激素能抑制卵泡刺激素的分泌,促进黄体生成素的释放

B. 减少输卵管和子宫平滑肌的收缩力和收缩频率

C. 促进阴道上皮增生、角质化

D. 促进乳腺导管系统的发育

二、简答题:16～18 小题,每小题 8 分,共 24 分。

16. 简要比较反射活动中的突触前抑制与突触后抑制。

17. 简述肾素-血管紧张素系统对水盐代谢的调节。

18. 简述心室肌动作电位与心电图波形不同的原因。

三、实验题:19 小题,10 分。

19. 设计实验证明迷走神经对家兔呼吸运动的调节作用。

四、分析论述题:20～21 小题,每小题 13 分,共 26 分。

20. 分析体液中 Ca^{2+} 的主要生理作用。

21. 试述反刍动物唾液分泌的特点及其对瘤胃消化代谢的作用。

生物化学

五、单项选择题:22～36 小题,每小题 1 分,共 15 分。下列每题给出的四个选项中,只有一个选项是符合题目要求的。

22. 赖氨酸在中性 pH 下(　　)。
A. 整个分子带负电
B. 羧基不解离,氨基带正电
C. 整个分子带正电
D. 羧基和氨基均不带电

23. 组成蛋白质的基本单位是(　　)。
A. L-α-氨基酸
B. L-β-氨基酸
C. D-α-氨基酸
D. D-β-氨基酸

24. 同源蛋白质(　　)。
A. 来源于同一物种
B. 氨基酸残基组成相同
C. 氨基酸残基数目相同
D. 一级结构氨基酸顺序具有相似性

25. 可使蛋白质二硫键发生断裂的试剂是(　　)。
A. 尿素
B. 巯基乙醇
C. 溴化氰
D. SDS

26. 镰状细胞贫血病是由于血红蛋白(　　)。
A. β 亚基氨基酸发生了单位点突变
B. α 亚基氨基酸发生了单位点突变
C. β 亚基氨基酸发生了多位点突变
D. α 亚基缬氨酸发生了突变

27. 溴化乙锭(EB)(　　)。
A. 常用来染色细胞核
B. 常用来染色核蛋白质
C. 染色后可直接观察到凝胶上的核酸目标条带
D. 染色后在可见光下无法观察到凝胶上的核酸目标条带

28. DNA 变性后(　　)。
A. 紫外吸收升高,黏度下降
B. 紫外吸收和黏度都升高
C. 氢键发生断裂,黏度升高
D. 3′,5′-磷酸二酯键发生断裂

29. 在含完整线粒体且有氧供应的反应系统中,加入(　　)能提高氧消耗量。
A. NAD^+
B. FAD
C. NADH
D. FMN

30. 下列(　　)是以 FAD 为辅基的。
A. β-羟脂酰 CoA 脱氢酶
B. 琥珀酸脱氢酶
C. 异柠檬酸脱氢酶
D. 苹果酸脱氢酶

31. 不饱和脂肪酸棕榈油酸经过 β-氧化可以生成(　　)ATP 和(　　)乙酰 CoA(NADH 和 $FADH_2$ 分别按照 2.5 个和 1.5 个 ATP 计算)。
A. 32 个和 9 个
B. 28 个和 8 个
C. 25.5 个和 8 个
D. 26.5 个和 8 个

32. 大肠杆菌 DNA 连接酶需要下列(　　)参与反应过程。

A. NADH 作为电子受体　　B. NAD^+ 形成活性腺苷酰酶

C. $NADP^+$ 作为电子受体　　D. $NADP^+$ 作为磷酸供体

33. 肝中能直接进行氧化脱氨基作用产生游离 NH_4^+ 的氨基酸是(　　)。

A. Asp　　B. Asn

C. Glu　　D. Arg

34. 痛风症患者血液中(　　)含量升高。

A. 尿素　　B. 尿囊素

C. 尿囊酸　　D. 尿酸

35. 巴斯德效应是(　　)。

A. 糖酵解抑制糖有氧氧化　　B. 糖酵解抑制磷酸戊糖途径

C. 糖有氧氧化抑制糖酵解　　D. 葡萄糖异生抑制糖酵解

36. 以 RNA 为模板合成 DNA 的过程是(　　)。

A. 转录　　B. 翻译

C. 转化　　D. 反转录作用

六、简答题:37～39 小题,每小题 8 分,共 24 分。

37. 简述解偶联剂(DNP)使线粒体氧化磷酸化和电子传递链解偶联的作用实质。

38. 右面是利用双脱氧法对未知 DNA 序列进行测定的电泳凝胶图,请根据电泳结果写出被测 DNA 的序列。

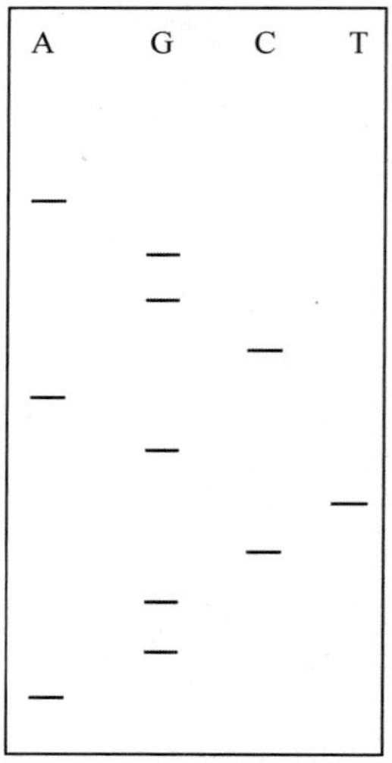

39. 请描述糖核苷酸的合成过程,并举例说明 UDPG、ADPG 分别参与了哪些物质的合成代谢。

七、实验题:40 小题,10 分。

40. 如何用动物细胞融合技术证明生物膜的流动性?

八、分析论述题:41～42 小题,每小题 13 分,共 26 分。

41. 比较 mRNA、tRNA、rRNA 在功能上的共性和特性,并结合前沿进展讨论核酶与 rRNA 的关系及发现核酶的重要意义。

42. 在无细胞翻译体系中,按照 4 : 1 的比例加入 A 和 G。如果以 A、G 形成的 mRNA 为蛋白质合成模板,则有哪些氨基酸参与蛋白质合成?请写出这些氨基酸的密码子,并指出哪种氨基酸掺入的频率最高,哪种氨基酸掺入的频率最低(密码字典请参考相关教材)。

全真模拟试题六

动物生理学

一、单项选择题：1～15 小题，每小题 1 分，共 15 分。下列每题给出的四个选项中，只有一个选项是符合题目要求的。

1. 轻触眼球角膜引起眨眼动作属于(　　)。

A. 自身调节　　B. 局部体液调节

C. 神经调节　　D. 体液调节

2. 下列关于钠泵的叙述，错误的是(　　)。

A. 建立和维持 Na^+ 和 K^+ 在膜内外的势能储备

B. 逆着浓度梯度将 K^+ 由膜外转运到膜内

C. 逆着浓度梯度将 Na^+ 由膜内转运到膜外

D. 将 Na^+ 转运到膜外，将 K^+ 转运到膜内

3. 关于神经干复合动作电位的叙述，正确的是(　　)。

A. 它的幅度是“全或无”的

B. 它的兴奋阈值是整个神经干全部纤维的兴奋阈值

C. 它记录的是细胞内外在兴奋过程中的电位变化过程

D. 它的幅度随刺激强度的增大而增大

4. 划分自律细胞和非自律细胞的主要依据是(　　)。

A. 0 期去极化速度　　B. 动作电位时程的长短

C. 是否有 4 期自动去极化电位　　D. 是否有超极化电位

5. 血沉加快可能的红细胞变化是(　　)。

A. 可塑性差　　B. 膜通透性大

C. 渗透脆性大　　D. 悬浮稳定性差

6. 一般情况下，决定舒张压高低的主要因素是(　　)。

A. 大动脉弹性　　B. 搏出量

C. 外周阻力　　D. 回心血量

7. 下列各项中属于内呼吸的是(　　)。

A. 细胞内的气体交换

B. 细胞之间的气体交换

C. 肺泡和肺毛细血管血液之间的气体交换

D. 组织细胞和组织毛细血管血液之间的气体交换

8. 反刍动物前胃与逆呕有关的收缩是(　　)。

A. 瘤胃 A 波　　B. 瘤胃 B 波

C. 网胃附加收缩　　D. 网胃第二时相收缩

9. 动物进入寒冷环境后,最初增加产热量的主要方式是(　　)。

A. 温度刺激性肌紧张　　B. 寒战性产热

C. 非寒战性产热　　D. 肝脏代谢亢进

10. 下列有关血管紧张素Ⅱ的说法,错误的是(　　)。

A. 在氨基肽酶的作用下可转化为血管紧张素Ⅲ

B. 可刺激肾上腺皮质球状带醛固酮的分泌

C. 促进血管收缩,使血压上升

D. 可刺激肾上腺髓质分泌肾上腺素

11. 在肾中,葡萄糖重吸收的部位是(　　)。

A. 近曲小管　　B. 髓袢

C. 远曲小管　　D. 集合管

12. 下列关于感受器的生理特性的叙述,错误的是(　　)。

A. 感受器对刺激具有选择性

B. 感受器具有换能和放大作用

C. 感受器具有编码作用

D. 一定强度的刺激持续作用于感受器时,所引起的感觉冲动频率不会随刺激时间延长而降低

13. 正常生理状态下血中激素含量很低却能起到有效的生理作用,其原因是(　　)。

A. 激素的放大效应　　B. 激素的特异性很强

C. 激素的半衰期很长　　D. 激素可随血液到达全身细胞

14. 动物发情周期调控中,具有正反馈作用的激素是(　　)。

A. LH　　B. FSH

C. 雌激素　　D. 孕激素

15. 5. 精子发育成熟并获得运动能力的部位是(　　)。

A. 输精管　　B. 前列腺

C. 睾丸　　D. 附睾

二、简答题:16~18 小题,每小题 8 分,共 24 分。

16. 比较神经纤维传导兴奋和神经-肌肉接头传递兴奋的不同之处。

17. 血液的血浆渗透压如何组成?有何生理意义?

18. 机体在突然受到极度寒冷刺激时会有何反应?

三、实验题:19 小题,10 分。

19. 设计实验证明,适当增加家兔吸入气中的 CO_2 浓度和血中的 H^+ 浓度对血压和呼吸的影响。简要写出实验方法与步骤,预测并分析实验结果。

四、分析论述题:20~21 小题,每小题 13 分,共 26 分。

20. 正常单胃草食动物大肠内如何维持其生态环境的稳定性?

21. 何为 EPSP 与 IPSP？阐述二者异同。

生 物 化 学

五、单项选择题：22～36 小题，每小题 1 分，共 15 分。下列每题给出的四个选项中，只有一个选项是符合题目要求的。

22. 蛋白质标准氨基酸（　　）。

A. 是指蛋白质分子中分子量比较标准的氨基酸

B. 是指功能蛋白质中不会被修饰的氨基酸

C. 是指存在于蛋白质中常见的氨基酸

D. 是指蛋白质分子中比较保守的氨基酸

23. 在 Met-Ile-Glu-Val-Ala-Ser-Phe-Lys 这个短肽中，（　　）。

A. 第 1 个氨基酸残基含有巯基　　B. 第 2 个氨基酸残基在生理 pH 下带正电荷

C. 第 6 个氨基酸残基含有羟基　　D. 第 7 个氨基酸残基在生理 pH 下带负电荷

24. 下述有关酶作用特点叙述错误的是（　　）。

A. 所有的酶都具有高效性　　B. 所有的酶都是以蛋白质为主要构成成分

C. 所有的酶都能与底物形成中间产物　　D. 所有的酶都具有专一性

25. 在蛋白质三维结构中，通常（　　）。

A. 二硫键是不可或缺的　　B. 疏水力很重要

C. 氢键可有可无　　D. A 和 B 均正确

26. 用考马斯亮蓝法测定溶液中的蛋白质浓度，（　　）。

A. 在任何蛋白质含量下，显色深度都与蛋白质浓度成正比

B. 在一定蛋白质含量范围内，显色深度与蛋白质浓度成正比

C. 显色深度与摩尔消光系数成反比

D. 显色深度与比色杯中溶液量成正比

27. 下述对常见生物化学单位描述正确的是（　　）。

A. 米氏常数没有单位

B. 米氏常数的单位是“cm”

C. 摩尔消光系数的单位是“$cm \cdot L^{-1} \cdot mol^{-1}$”

D. 摩尔消光系数的单位是“$L \cdot mol^{-1} \cdot cm^{-1}$”

28. 用于蛋白质柱层析用的介质，（　　）。

A. 都含有识别蛋白质的特异配基　　B. 都含有亲水性固体成分

C. 使用前都需要反复用酸碱处理　　D. 使用过程中都要从流动相转化为固定相

29. 在 EMP 途径中伴有底物水平磷酸化的反应有（　　）。

A. 葡萄糖→1-磷酸葡萄糖　　B. 葡萄糖→6-磷酸葡萄糖

C. 6-磷酸果糖→1,6-二磷酸果糖　　D. 1,3-二磷酸甘油酸→3-磷酸甘油酸

30. 当 1 分子的 18:0 脂肪酸经过 β-氧化生成 9 分子乙酰 CoA 时，伴随（　　）ATP 生成。

A. 16 分子　　B. 24 分子

C. 40 分子　　D. 48 分子

31. 在下列核苷三磷酸中，（　　）参与了从 1,2-二酰甘油生成磷脂酰乙醇胺的反应。

A. ATP　　B. GTP

C. CTP　　D. UTP

32. 下列科学家（　　）发现了逆转录酶。

A. M. Meselson 和 M. W. Nirenberg　　B. H. Temin 和 D. Baltimore

C. M. W. Nirenberg 和 F. W. Stahl　　D. K. Mullis 和 D. Baltimore

33. 下列修复方式，（　　）不参与 DNA 胸腺嘧啶二聚体引发的 DNA 损伤的修复。

A. 切除修复　　B. 重组修复

C. 直接修复　　D. 错配修复

34. 在氨基酸合成与降解过程中，转氨酶发挥了非常重要的作用。转氨酶属于（　　）。

A. 水解酶　　B. 合成酶

C. 裂合酶　　D. 转移酶

35. 下列（　　）参与磷酸戊糖途径的代谢调节。

A. 6-磷酸葡萄糖脱氢酶　　B. 6-磷酸葡萄糖酸内酯酶

C. 转酮酶　　D. 转醛酶

36. 如果 3 分子葡萄糖经过 EMP 途径产生乳酸，在此过程中能够生成（　　）分子（$NADH+H^+$）。

A. 0　　B. 3

C. 6　　D. 9

六、简答题：37～39 小题，每小题 8 分，共 24 分。

37. 蛋白质的生物功能通常分为六大类。请列出这六大功能，并分别举一例。

38. 简述原核生物大肠杆菌蛋白质合成 70 S 起始复合物的形成过程。

39. 请论述原核生物大肠杆菌 DNA 滞后链的合成过程。

七.实验题：40 小题，10 分。

40. 蛋白质电泳是实验室常用技术之一。请阅读下述文字，结合蛋白质电泳原理和具体实验操作过程完成填空。

在进行蛋白质变性电泳时，常用的蛋白质变性剂是 SDS，即__________，它是一种________型去污剂，能破坏蛋白质的________力，使________性基团暴露。在制备 SDS-PAGE 电泳凝胶时，除了需要丙烯酰胺、________丙烯酰胺、过硫酸铵、SDS 溶液外，还需要加入一种具有浓烈味道的微量液体试剂__________以加速凝胶聚合反应。凝胶制备很简单，通常将事先配制好的电泳胶储液按一定比例混合，但________需要新鲜配制。对于不连续电泳，在双层________玻璃板之间首先灌入________胶，然后在胶上再加一薄层水，这不仅能使胶表面整齐，而且可以加速凝胶的聚合反应，因为丙烯酰胺凝胶的聚合需要________条件。当在凝胶和水之间出现界面时表明凝胶已经聚合好，就可以除去水层，加入浓缩胶了。

八、分析论述题:41～42 小题,每小题 13 分,共 26 分。

41. 一个蛋白质分子的某些氨基酸残基明明发生了突变,但在功能上并没有表现出明显变化。请结合这一现象,用辩证的观点讨论蛋白质一级结构与功能的关系。

42. 请讨论在葡萄糖经过糖酵解和 TCA 循环彻底氧化分解为 CO_2 和 H_2O 这个过程中有哪些代谢调控酶,并写出这些酶催化的反应。

全真模拟试题七

动物生理学

一、单项选择题：1～15 小题，每小题 1 分，共 15 分。下列每题给出的四个选项中，只有一个选项是符合题目要求的。

1. 下列生理机能活动过程中，存在负反馈调节的是(　　)。

A. 神经膜受到刺激后，少量 Na^+ 的内流可快速促进 Na^+ 通道的全部打开

B. 血液凝固

C. 排尿反射

D. 颈动脉窦和主动脉弓压力感受性反射对动脉血压的调节

2. 关于同一细胞兴奋传导的速度，错误的是(　　)。

A. 动作电位可以沿细胞膜传导到整个细胞

B. 动作电位的幅度随传导的距离增加而衰减

C. 有髓纤维是以跳跃式方式传导的

D. 无髓纤维传导的机制是通过局部电流实现的

3. 下列关于血浆渗透压的描述，正确的是(　　)。

A. 血浆总渗透压由血浆蛋白形成

B. 血浆渗透压约为 6.7 个大气压

C. 血浆总渗透压与 0.5%葡萄糖溶液的渗透压大致相等

D. 血浆总渗透压与 0.9%氯化钠溶液的渗透压大致相等

4. 血小板数量减少易导致皮肤呈现出血斑点，其发生的主要原因是(　　)。

A. 血管回缩障碍　　B. 血小板不易聚集

C. 血小板第三因子释放量减少　　D. 血小板修复和维持血管内皮细胞完整性的作用减弱

5. 促进静脉血液回流最主要的因素是(　　)。

A. 心脏收缩能力　　B. 呼吸运动

C. 重力作用　　D. 骨骼肌的收缩

6. 由肺扩张或肺缩小引起的吸气抑制或兴奋的反射称为(　　)。

A. 黑-伯反射　　B. 咳嗽反射

C. 喷嚏反射　　D. 本体感受性反射

7. 平均动脉压等于(　　)。

A. (收缩压＋舒张压)/2　　B. (收缩压＋舒张压)/3

C. (收缩压＋脉压)/3　　D. (舒张压＋脉压)/3

8. 脂肪的水解产物中，短、中链脂肪酸可直接进入(　　)。

A. 胸导管　　B. 右淋巴导管

C. 小肠绒毛内的毛细血管　　D. 小肠绒毛内的中央乳糜管

9. 胃黏膜上黏液-碳酸氢盐屏障的主要作用是(　　)。

A. 防止胃黏膜上皮细胞内的 H^+ 扩散入胃腔

B. 防止胃腔内的 H^+ 扩散入黏膜上皮细胞内

C. 防止胃腔内的 Fe^{2+} 扩散入黏膜上皮细胞内

D. 防止胃腔内的 Cl^- 扩散入黏膜上皮细胞内

10. 下列各项中,抑制肾素分泌的是(　　)。

A. 入球小动脉血压下降　　B. 肾血流量减少

C. 交感神经兴奋　　D. 通过致密斑的 Na^+ 量增加

11. 抑制性递质与突触后膜上受体结合后,使后膜超极化的主要离子是(　　)。

A. Na^+　　B. Cl^-

C. Ca^{2+}　　D. K^+

12. 植物性神经节前纤维释放的递质是(　　)。

A. 肾上腺素　　B. 乙酰胆碱

C. 5-羟色胺　　D. 多巴胺

13. 甲状腺合成物中,生物学活性最强的是(　　)。

A. 一碘甲腺原氨酸　　B. 二碘甲腺原氨酸

C. 三碘甲腺原氨酸　　D. 四碘甲腺原氨酸

14. 甲状旁腺激素对血液中钙或磷的调节作用是(　　)。

A. 降低血钙和升高血磷　　B. 升高血钙和降低血磷

C. 降低血钙和降低血磷　　D. 升高血钙和升高血磷

15. 促进乳腺腺泡发育的最重要激素是(　　)。

A. 雌激素　　B. 孕激素

C. 催乳素　　D. 生长激素

二、简答题:16～18 小题,每小题 8 分,共 24 分。

16. 何谓氧解离曲线?曲线在 P_{O_2} 为 2.0～5.3 kPa(15～40 mmHg)阶段时的特点和生理意义是什么?

17. 简述体温调节的调定点学说。

18. 比较交感神经和副交感神经调节内脏生理活动的特点。

三、实验题:19 小题,10 分。

19. 设计实验证明刺激迷走神经对家兔尿液生成的影响。

四、分析论述题:20～21 小题,每小题 13 分,共 26 分。

20. 比较骨骼肌、心肌、平滑肌收缩性的异同。

21. 影响动脉血压的主要体液因素有哪些?

生物化学

五、单项选择题：22～36 小题，每小题 1 分，共 15 分。下列每题给出的四个选项中，只有一个选项是符合题目要求的。

22. 蛋白质标准氨基酸的(　　)。

A. α-碳原子只连接着氨基、羧基

B. β-碳原子只连接着氢原子和 R 基团

C. 氨基、羧基、氢原子和 R 基团连接于同一个碳原子

D. R 基团是一个长度不同的含有羧基的碳氢链

23. 在 Cys-Lys-Arg-Gln-Gly-Tyr-Trp-Met 这个短肽中，(　　)。

A. 第 1 个氨基酸残基含有巯基　B. 第 2 个氨基酸残基在生理 pH 下带负电荷

C. 第 6 个氨基酸残基含有苯丙基　D. 第 8 个氨基酸残基含有羟基

24. 所有的酶(　　)。

A. 只对底物有专一性　B. 只对产物有专一性

C. 一般对底物、反应物都具有一定专一性　D. 都具有绝对专一性

25. 在蛋白质一级结构中，(　　)。

A. 含有数量不等的芳香族氨基酸　B. 一定含有酰胺键

C. 一定含有次级键　D. 氨基酸顺序和构象都是特定的

26. 用考马斯亮蓝法测定蛋白质浓度，(　　)。

A. 需要高温反应数分钟　B. 需要低温条件

C. 反应后需要离心去掉沉淀　D. 考马斯亮蓝试剂中不能有悬浮颗粒

27. 下述常见表示符号，正确的是(　　)。

A. 蛋白质分子质量通常用“u”表示　B. 蛋白质相对分子质量通常用“kb”表示

C. 酶的比活通常用“mg/mL”表示　D. 核酸序列长度通常用“S”表示

28. 所有柱层析技术，(　　)。

A. 都需要在样品饱和吸附后才能进行　B. 都需要使用高于柱床体积很多倍的洗脱剂

C. 都需要在低温下进行　D. 层析介质必须用新购置的

29. 在淀粉、纤维素、蛋白质和 DNA 分子中，(　　)。

A. 只有 DNA 含有螺旋状结构　B. 螺旋状结构只存在于 DNA 和蛋白质中

C. 都存在螺旋状结构　D. 其中三种都有可能含有螺旋状结构

30. 1 分子 16:1 的棕榈酰 CoA 经过 β-氧化和 TCA 循环产生 CO_2 和 H_2O，在此过程中能够生成(　　)。

A. 30 分子$(NADH+H^+)$　B. 31 分子$(NADH+H^+)$

C. 32 分子$(NADH+H^+)$　D. 38 分子$(NADH+H^+)$

31. 3 分子葡萄糖经过 EMP 途径产生乳酸时，能够生成(　　)分子 ATP。

A. 3　B. 6

C. 9　D. 12

32. α-酮戊二酸脱氢酶属于(　　)。

A. 氧化还原酶　　B. 水解酶

C. 转移酶　　D. 合成酶

33. 科学家(　　)由于在遗传密码破译和蛋白质合成机理的研究获得诺贝尔奖。

A. H. Temin　　B. M. Meselson

C. M. W. Nirenberg　　D. K. Mullis

34. 在脂肪酸的 β-氧化过程中担任酰基载体的是(　　)。

A. 硫辛酸　　B. CoA

C. ACP　　D. 柠檬酸

35. 某一 tRNA,其反密码子是 CAU,与之对应的密码子是(　　)。

A. GUA　　B. AUG

C. UAC　　D. CAT

36. (　　)参与了嘌呤核苷酸的从头合成过程,并提供了 IMP 上嘌呤环的 7 位 N。

A. Gly　　B. Gln

C. Asp　　D. CO_2

六、简答题:37～39 小题,每小题 8 分,共 24 分。

37. 对酶和无机催化剂的作用特点进行比较分析,并举一例说明酶的专一性。

38. 简述逆转录酶的生物学功能及逆转录过程发现的生物学意义。

39. 讨论真核生物细胞质中产生的 NADH 是如何进入电子传递链的。

七、实验题:40 小题,10 分。

40. 利用经典的 Edman 降解法直接测定多肽链氨基酸顺序时,通常需要对多肽链进行专一性有限水解,而且需要选择两种以上水解方法。请分析其原因,并给出 2 种具体方法。

八、分析论述题:41～42 小题,每小题 13 分,共 26 分。

41. 在不同底物浓度[S]下测定酶促反应初速度(v_0),作图如下。你从这个图上能获得哪些信息?

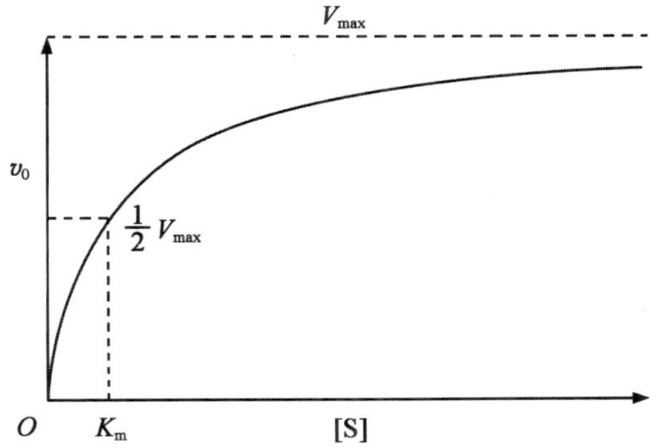

42. 简述磷酸果糖激酶与果糖 1,6-二磷酸酶的功能及其活性调节。

全真模拟试题八

动物生理学

一、单项选择题：1～15 小题，每小题 1 分，共 15 分。下列每题给出的四个选项中，只有一个选项是符合题目要求的。

1. 动作电位的峰电位主要形成的原因是(　　)。

A. Na^+ 内流、K^+ 外流　　B. K^+ 内流、Na^+ 内流

C. Ca^{2+} 外流、Na^+ 内流　　D. Cl^- 外流、K^+ 内流

2. 下列属于可兴奋细胞的是(　　)。

A. 神经细胞、腺细胞　　B. 腺细胞、上皮细胞

C. 上皮细胞、神经细胞　　D. 肌细胞、胶质细胞

3. 下列各项中占体液比例最大的是(　　)。

A. 细胞内液　　B. 血浆

C. 细胞外液　　D. 淋巴液

4. 造成血沉加快时红细胞叠连的原因是(　　)。

A. 血浆中白蛋白增加　　B. 血浆球蛋白和纤维蛋白原都增多

C. 血浆白蛋白和球蛋白都增多　　D. 血浆白蛋白和纤维蛋白原都增多

5. 动物实验中，用手指按压颈动脉窦所在之处，动脉血压的变化是(　　)。

A. 先升后降　　B. 不变

C. 升高　　D. 下降

6. 影响气道阻力最重要的因素是(　　)。

A. 气流速度　　B. 气流形式

C. 气道管径　　D. 呼吸道长度

7. 决定胃肠道平滑肌节律性收缩频率的主要原因是(　　)。

A. 慢波的幅度　　B. 慢波的频率

C. 动作电位的频率　　D. 平滑肌本身的节律

8. 胆囊收缩素对胰液分泌的作用是(　　)。

A. 促进酶分泌　　B. 促进无机盐分泌

C. 抑制作用　　D. 无影响

9. 在常温下，下列各项中与传导散热量的多少无关的是(　　)。

A. 皮肤和环境的温差　　B. 接触面积

C. 物体的导热性　　D. 风速

10. 大量饮清水后引起尿量增多的原因是(　　)。

A. 血浆晶体渗透压升高　　B. 血浆胶体渗透压升高

C. 血浆晶体渗透压降低　　D. 肾小管液晶体渗透压升高

11. 以下有关神经纤维结构和机能的叙述，正确的是(　　)。
A. 神经纤维位于外周神经中
B. 只要结构完整就能传导兴奋
C. 有髓神经纤维传导兴奋比无髓纤维快
D. 兴奋在神经纤维上的传导是单向的
12. 神经冲动传向骨骼肌细胞的递质是(　　)。
A. 多巴胺
B. 5-羟色胺
C. 乙酰胆碱
D. 去甲肾上腺素
13. 糖皮质激素本身没有缩血管效应，但能加强去甲肾上腺素的缩血管作用，这称为(　　)。
A. 协同作用
B. 致敏作用
C. 增强作用
D. 允许作用
14. 下列激素中属于含氮激素的是(　　)。
A. 1,25-二羟维生素 D_3
B. 雌二醇
C. 促甲状腺激素
D. 醛固酮
15. 排卵前血液中黄体生成素出现高峰的原因是(　　)。
A. 血中孕激素与雌激素的共同作用
B. 少量黄体生成素本身的短反馈作用
C. 血中高水平雌激素对腺垂体的正反馈作用
D. 血中孕激素的正反馈作用

二、简答题：16～18 小题，每小题 8 分，共 24 分。

16. 什么是功能余气量？其存在有何生理意义？
17. 什么是血沉？测定红细胞沉降率有何生理意义？
18. 说明胃期胃液分泌的机制。

三、实验题：19 小题，10 分。

19. 通过活体实验如何直接证明肾上腺素和组织胺对动脉、静脉及毛细血管流动情况的影响。

四、分析论述题：20～21 小题，每小题 13 分，共 26 分。

20. 比较交感和副交感神经系统的功能特征。
21. 试论述血浆晶体渗透压及血浆胶体渗透压升高对机体尿量的影响及相关机制。

生物化学

五、单项选择题：22～36 小题，每小题 1 分，共 15 分。下列每题给出的四个选项中，只有一个选项是符合题目要求的。

22. 蛋白质标准氨基酸的侧链上(　　)。
A. 有些含有磷酸基团
B. 有些含有磺酸基团
C. 有些含有羧基
D. 有些含有糖基
23. 在 GEDTMSWF 这个短肽中，(　　)。
A. 第 1 个氨基酸残基侧链最大
B. 第 2 个氨基酸残基在生理 pH 下带负电荷
C. 第 6 个氨基酸残基含有巯基
D. 第 8 个氨基酸残基含有羟基

24. 通过蛋白质工程产生的酶,(　　)。
A. 酶活性一定发生明显变化　　B. 米氏常数一定有明显变化
C. 酶的三维结构一定有明显变化　　D. 酶的一级结构一定有明显变化

25. 蛋白质一级结构发生变化,(　　)。
A. 氨基酸残基数量必然改变　　B. 氨基酸残基种类必然改变
C. 蛋白质氨基酸组成必然发生改变　　D. 蛋白质氨基酸序列必然发生改变

26. 用考马斯亮蓝法测定蛋白质浓度,(　　)。
A. 不符合比尔定律　　B. 比双缩脲法敏感
C. 不需要石英比色杯　　D. 固体蛋白质样品不需要溶解

27. 下述常见生物化学单位,描述错误的是(　　)。
A. 球状蛋白质原子之间的距离通常用“μm”表示
B. 蛋白质 X 晶体衍射的分辨率用“Å”表示
C. 核酸长度用“kb”表示
D. 核酸 T_m 用“℃”表示

28. 层析技术(　　)。
A. 都含有固定相和流动相　　B. 就是柱层析技术,或称色谱技术
C. 能将大、小分子分开　　D. 能将溶解度不同的物质分开

29. 在生物膜中,呈不对称分布的组分(　　)。
A. 唯有糖基　　B. 不仅有糖基,还有蛋白质分子
C. 不仅有糖基、蛋白质分子,还有磷脂分子　　D. 可以转变为对称分布

30. 编码某蛋白质的 DNA 有意义链核苷酸序列是 5′-ACTAGTCAG-3′,下列(　　)是编码该蛋白质的 mRNA 序列。
A. 5′-ACTAGTCAG-3′　　B. 5′-UGAUCAGUC-3′
C. 5′-GACTGATCA-3′　　D. 3′-GACUGAUCA-5′

31. 下列合成 CTP 的过程,正确的是(　　)。
A. UTP→TTP→CTP　　B. GMP→GDP→GTP→CTP
C. UMP→UDP→UTP→CTP　　D. UMP→CMP→CDP→CTP

32. 人体嘌呤核苷酸代谢的终产物是(　　)。
A. 尿酸　　B. 尿素
C. 尿囊酸　　D. 尿囊素

33. (　　)不是丙酮酸脱氢酶复合体的辅因子。
A. FAD　　B. $NADP^+$
C. NAD^+　　D. TPP

34. 在大肠杆菌蛋白质合成过程中,(　　)催化肽键的形成。
A. 16S rRNA　　B. 23S rRNA
C. 5S rRNA　　D. 核糖体大亚基中的蛋白质

35. 嘌呤核苷酸 IMP 的各元素直接来源于除(　　)外的氨基酸。
A. Asp　　B. Gly
C. Glu　　D. Gln

36.(　　)不参与磷酸戊糖途径非氧化阶段的反应。

A. 6-磷酸葡萄糖脱氢酶　　B. 转酮酶

C. 转醛酶　　D. 醛缩酶

六、简答题:37～39 小题,每小题 8 分,共 24 分。

37. 将 RNA 和 DNA 分别加到稀碱(0.1 mol/L NaOH)溶液中,请预测 RNA 和 DNA 的稳定性,并结合分子结构特点进行解释。

38. 请写出糖代谢、脂代谢中产生 $FADH_2$ 的脱氢反应,并且这些反应产生的 $FADH_2$ 进入电子传递链分别产生 2 个 ATP。

39. 论述乙酰 CoA 羧化酶的作用、组成及其活性调节。

七、实验题:40 小题,10 分。

40. 酶在分离纯化过程中容易失去活。为了获得有活力、高纯度的酶制剂,需要在经历每一次纯化步骤后追踪酶活力。对于一个 100 mL 的粗提醛液(蛋白质浓度 2 mg/mL),如果测定总活为 100 U;经过亲和柱层析进行纯化后获得 2 mL 纯品(蛋白质浓度 0.5 mg/mL),测定酶总活为 70 U。请问:酶回收率是多少?酶的纯化倍数是多少?请给出计算根据。

八、分析论述题:41～42 小题,每小题 13 分,共 26 分。

41. 酶实现高效催化的因素有哪些?(至少写出 4 种)讨论酶实现高效催化的实质,并举例说明酶抑制剂在农业生产上的应用。

42. 请从遗传密码的特性考虑,举例说明为什么有些氨基酸具有一种以上的 tRNA 作为运载工具参与蛋白质合成,并推断理论上完成 20 种氨基酸的转运需要多少种 tRNA。

全真模拟试题九

动物生理学

一、单项选择题：1～15 小题，每小题 1 分，共 15 分。下列每题给出的四个选项中，只有一个选项是符合题目要求的。

1. O_2 和 CO_2 跨膜转运进入一般细胞的形式为（　　）。

A. 单纯扩散　　B. 通道转运
C. 泵转运　　D. 载体转运

2. 葡萄糖、氨基酸在体内跨膜转运的主要方式是（　　）。

A. 单纯扩散和原发性主动转运　　B. 原发性主动转运和继发性主动转运
C. 易化扩散和继发性主动转运　　D. 继发性主动转运和单纯扩散

3. 骨骼肌收缩过程中起关键作用的外界因素是（　　）。

A. 需要 ATP 和 Ca^{2+}　　B. 只需要 Ca^{2+}
C. 需要 ATP 和 Mg^{2+}　　D. 只需要 Mg^{2+}

4. 外科手术时用温盐水纱布压迫可止血的原因是（　　）。

A. 组织释放激活物增多　　B. 血小板解体、加速酶促反应
C. 血浆中抗凝血物质减少　　D. 凝血因子增多

5. 某人的红细胞与 B 型血的血清发生凝集，其血清与 B 型血的红细胞也发生凝集，此人的血型是（　　）。

A. A 型　　B. B 型
C. AB 型　　D. O 型

6. 缺氧引起呼吸的加深加快是通过（　　）。

A. 直接刺激延髓呼吸中枢　　B. 刺激颈动脉体和主动脉体化学感受器
C. 刺激中枢化学感受器　　D. 刺激颈动脉窦和主动脉弓压力感受器

7. 在肠腔中，（　　）不是脂肪的消化产物。

A. 游离脂肪酸　　B. 甘油
C. 甘油一酯　　D. 乳糜微粒

8. 小肠的分节运动不能（　　）。

A. 使食糜与消化液及淋巴液回流　　B. 促使营养物质吸收
C. 促使食糜向肛门方向推进　　D. 有助于血液及淋巴回流

9. 动物机体内能促进机体产热的最重要的激素是（　　）。

A. 胰岛素　　B. 甲状旁腺素
C. 甲状腺素　　D. 生长激素

10. 下列因素中可引起抗利尿激素释放减少的是（　　）。

A. 机体大量失水　　B. 血浆晶体渗透压下降

C. 循环血量减少 D. 动脉血压降低

11. 下列各项中属于脊髓对内脏的反射调节是(　　)。

A. 腱反射 B. 排粪反射

C. 屈肌反射 D. 肌紧张

12. 下列有关大脑皮层运动区所在位置及对躯体运动调节的叙述,错误的是(　　)。

A. 主要为交叉性支配 B. 定位精确,倒置排列

C. 大脑皮层运动区主要在中央后回 D. 运动越精细复杂,皮层代表区越大

13. 下列各项中,不属于下丘脑机能的是(　　)。

A. 调节体温 B. 调节内分泌腺的活动

C. 调节肌紧张 D. 调节体内水平衡

14. 食物中长期缺碘将会引起(　　)。

A. 血浆中促甲状腺激素浓度降低 B. 血浆中甲状腺激素含量增高

C. 甲状腺增生、腺体肥大 D. 血中蛋白结合碘增高

15. 下列关于孕激素的叙述,错误的是(　　)。

A. 孕激素仅由黄体分泌

B. 猪、山羊等动物在妊娠期切除黄体可导致流产

C. 孕激素可降低子宫平滑肌对催产素的敏感性

D. 大量孕激素能抑制 LH 的分泌

二、简答题:16～18 小题,每小题 8 分,共 24 分。

16. 刺激与反应的关系是什么?

17. 比较犬、马散热方式的异同点。

18. 比较腱反射与肌紧张的异同点。

三、实验题:19 小题,10 分。

19. 设计实验,比较在低渗溶液中具有不同溶血程度的兔 A 和兔 B 的红细胞脆性。简要写出实验方法与步骤,预测并分析实验结果。

四、分析论述题:20～21 小题,每小题 13 分,共 26 分。

20. 心室肌与骨骼肌在兴奋与收缩上有哪些异同?有何生理意义?

21. 甲状腺激素在机体代谢中的主要作用。

生 物 化 学

五、单项选择题:22～36 小题,每小题 1 分,共 15 分。下列每题给出的四个选项中,只有一个选项是符合题目要求的。

22. 下列(　　)是生糖兼生酮氨基酸。

A. 异亮氨酸与酪氨酸 B. 缬氨酸、异亮氨酸与酪氨酸

C. 缬氨酸和精氨酸 D. 组氨酸、缬氨酸和精氨酸

23. 下列有关核糖核苷二磷酸还原酶的描述，错误的是(　　)。
A. 谷胱甘肽是电子传递过程中的一个中间化合物
B. 该酶作用于核糖核苷二磷酸
C. 针对不同的底物(ADP、UDP、CDP 和 GDP)，有不同的核糖核苷二磷酸还原酶
D. 硫氧还蛋白是电子传递过程中的一个中间化合物

24. 下列有关脂肪酸从头合成和 β-氧化过程比较的描述，错误的是(　　)。
A. D-β-羟基丁酸的硫酯衍生物出现在脂肪酸的从头合成过程中
B. 脂肪酸合成利用 NADPH，而脂肪酸 β-氧化产生 NADH
C. 脂肪酸合成的酶系存在于线粒体中，而脂肪酸 β-氧化的酶出现在细胞质中
D. 脂肪酸合成的物质运输需要柠檬酸，而脂肪酸 β-氧化的物质运输需要肉碱

25. 下列有关脂肪酸合成过程中丙二酸单酰 CoA 合成的描述，错误的是(　　)。
A. 该过程受到柠檬酸的激活
B. 该过程需要脂酰载体蛋白 ACP
C. 该过程需要生物素
D. 该过程需要 ATP

26. 真核生物 mRNA 加工不包括(　　)。
A. 在 mRNA 3′ 端加尾
B. 转化正常的碱基为修饰碱基
C. 外显子连接
D. 在 mRNA 5′端对鸟嘌呤核苷酸进行甲基化

27. 下列有关 PPP 途径的描述，正确的是(　　)。
A. 在 PPP 途径中，细胞每消耗 1 分子葡萄糖能够生成 36 mol ATP
B. PPP 途径是一条还原途径生成 NADH
C. PPP 途径只存在于植物中
D. PPP 途径能够提供核苷酸合成的前体分子

28. 细菌蛋白质合成起始复合物的形成不需要(　　)。
A. EF-Tu
B. $fMet\text{-}tRNA^{Met}$
C. GTP
D. IF-2

29. 在尿素循环中，鸟氨酸转氨甲酰酶催化(　　)。
A. 尿素断裂生成氨
B. 生成瓜氨酸的反应
C. 生成精氨酸的反应
D. 生成延胡索酸的反应

30. 非蛋白质的氨基酸往往可以转变为(　　)。
A. 神经递质
B. 甲基供体
C. 抗生素
D. 上述都有可能

31. 蛋白质可以被(　　)修饰。
A. 糖和磷酸基团
B. 羟基和甲基
C. 半胱氨酸
D. A 和 B

32. 抗体常用于疾病诊断，是因为它们(　　)。
A. 可以被标记上放射性信号
B. 容易纯化
C. 能特异结合抗原
D. 即使微量存在也可以被鉴定

33. 下述分子只有(　　)不含有糖苷键。
A. 肽聚糖
B. 脂蛋白
C. 糖蛋白
D. 核蛋白

34. 下列 DNA 序列,(　　)含有回文结构。

A. GCATCC　　B. CGATTAGC

C. GAGAGAGA　　D. GCATATGC

35. 在中性 pH 下,组氨酸常作为酶活性中心关键残基发挥作用,是因为(　　)。

A. 它属于疏水氨基酸　　B. 它参与电子转移过程

C. 它处于非离子化状态　　D. 它的 R-基团 pK_a 为 6～7

36. 有关细胞中游离脂肪酸浓度的阐述,正确的是(　　)。

A. 脂肪酸很少游离存在于细胞内,因为它们很容易破坏细胞膜

B. 脂肪酸的合成位点是胞外基质,因此细胞内脂肪酸浓度很低

C. 脂肪酸在细胞内高浓度存在,以便用于细胞膜构建

D. 由于线粒体不断合成脂肪酸,所以细胞内脂肪酸含量比较高

六、简答题:37～39 小题,每小题 8 分,共 24 分。

37. 请计算 16:1 的脂肪酸在经过 β-氧化彻底产生二氧化碳和水的过程中 ATP 生成的数量。

38. 请比较 DNA 复制、RNA 转录和蛋白质合成过程,说明各自合成的忠实性机制。

39. 简述利用 Sanger 法鉴定多肽链氨基末端氨基酸的基本原理。并列出另外两种方法的名称。

七、实验题:40 小题,10 分。

40. 何为蛋白质 pI? 如何用生物化学法快速鉴定一种蛋白质的 pI? 举一例说明蛋白质 pI 在分离蛋白质中的应用。

八、分析论述题:41～42 小题,每小题 13 分,共 26 分。

41. 请说明为什么三羧酸循环不仅是糖、脂肪和蛋白质降解的共同途径,而且还是某些物质的合成途径。

42. 比较分析"锁-钥模型"和"诱导契合模型"理论要点,指出它们分别阐述了哪种生物化学原理。

全真模拟试题十

动物生理学

一、单项选择题:1～15 小题,每小题 1 分,共 15 分。下列每题给出的四个选项中,只有一个选项是符合题目要求的。

1. 下列研究不属于细胞分子水平的是(　　)。
   A. 对头期胃液分泌的研究
   B. 骨骼肌收缩过程中兴奋-收缩偶联过程的研究
   C. 细胞膜离子通道的研究
   D. 神经递质合成与受体蛋白的基因表达

2. 不属于神经-骨骼肌接头处传递兴奋的特点是(　　)。
   A. 单向传递　　B. 有时间延搁
   C. 需要化学递质参与　　D. 相对不疲劳性

3. 不属于胃肠激素生理作用的是(　　)。
   A. 调节消化腺的分泌　　B. 调节消化管的运动
   C. 调节其他激素的释放　　D. 调节神经系统的兴奋性

4. 不能刺激胃酸分泌的因素是(　　)。
   A. 促胃液素　　B. 胃液中的盐酸
   C. 乙酰胆碱　　D. 肾上腺皮质激素

5. 下列各项中属于条件反射特点的是(　　)。
   A. 种族进化先天具有　　B. 反射弧固定
   C. 后天获得　　D. 不必由大脑皮质参与

6. 影响突触前神经元释放递质的主要离子是(　　)。
   A. Na^{+}　　B. Mg^{2+}
   C. Ca^{2+}　　D. Cl^{-}

7. 下列有关下丘脑的主要功能的描述,正确的是(　　)。
   A. 较高级的交感神经中枢　　B. 较高级的副交感神经中枢
   C. 较高级的内脏活动中枢　　D. 重要的躯体运动中枢

8. 下列不具有舒张血管作用的是(　　)。
   A. 激肽　　B. 前列环素
   C. 抗利尿素　　D. 心钠素

9. 心室肌细胞不具有(　　)。
   A. 兴奋性　　B. 传导性
   C. 自律性　　D. 收缩性

10. 下列情况可出现蛋白尿的是(　　)。
A. 滤过膜通透性增大
B. 滤过膜面积增大
C. 大分子蛋白质含量增加
D. 有效滤过压增大

11. 决定肺部气体交换方向的主要因素是(　　)。
A. 气体的分压差
B. 气体的相对分子质量
C. 气体的溶解度
D. 呼吸膜的通透性

12. 参与生理性止血的血细胞是(　　)。
A. 红细胞
B. 血小板
C. 淋巴细胞
D. 嗜碱性粒细胞

13. 激素作用一般特性的共同点是(　　)。
A. 有高效能的生物放大作用
B. 以 cAMP 为第二信使
C. 受体位于靶细胞膜上
D. 经由血液运至靶细胞发挥作用

14. 下列激素中不由腺垂体合成分泌的是(　　)。
A. 促甲状腺激素
B. 促肾上腺皮质激素
C. 生长激素
D. 催产素

15. 在雌性动物发情周期中,卵巢内黄体退化的时期是(　　)。
A. 发情前期
B. 发情期
C. 发情后期
D. 间情期

二、简答题:16～18 小题,每小题 8 分,共 24 分。

16. 简述突触后抑制及其生理意义。
17. 什么是通气/血流比值?其对肺通气效率有何影响?
18. 试述影响肾素分泌的因素。

三、实验题:19 小题,10 分。

19. 设计实验证明可兴奋组织的阈下刺激强度、阈刺激强度和最大刺激强度。

四、分析论述题:20～21 小题,每小题 13 分,共 26 分。

20. 试述猪胃、肠消化的特点。
21. 什么是初乳?它对新生幼畜有什么生理意义?

生 物 化 学

五、单项选择题:22～36 小题,每小题 1 分,共 15 分。下列每题给出的四个选项中,只有一个选项是符合题目要求的。

22. TCA 循环回补反应(　　)。
A. 产生丙酮酸羧化酶需要的生物素
B. 产生草酰乙酸和苹果酸以维持 TCA 循环中间产物浓度的稳定
C. 重新利用泛酸合成辅酶 A

D. 产生柠檬酸和丙酮酸以维持 TCA 循环中间产物浓度的稳定

23. 通过丙酮酸脱氢和 TCA 循环，转化 1 mol 丙酮酸为 3 mol CO_2 能够生成（　　）mol NADH，（　　）mol $FADH_2$ 以及（　　）mol ATP。

A. 2；2；2　　B. 3；1；1

C. 3；2；0　　D. 4；1；1

24. 磷脂和三酰甘油的合成需要（　　）。

A. CDP-胆碱　　B. CDP-二酰甘油

C. 磷脂酸　　D. CTP

25. 四氢叶酸及其衍生物在底物之间主要起转运（　　）的作用。

A. 脂酰基团　　B. 一碳基团

C. 氢离子　　D. 电子

26. 鸟氨酸合成瓜氨酸是合成（　　）的一步反应。

A. 尿素　　B. 肉碱

C. 酪氨酸　　D. 天冬氨酸

27. 下列（　　）不参与脂肪酸的从头合成过程。

A. 乙酰 CoA　　B. 生物素

C. NADH　　D. HCO_3^-

28. 在细菌合成蛋白质的延伸过程中，（　　）不参与反应。

A. 氨酰-tRNA　　B. EF-Tu

C. GTP　　D. IF-2

29. 无机氟化物能够抑制烯醇化酶。在厌氧条件下，在葡萄糖代谢体系中如果加入无机氟化物，下列（　　）将首先发生积累。

A. 2-磷酸甘油酸　　B. 丙酮酸

C. 磷酸烯醇式丙酮酸　　D. 葡萄糖

30. “ω-3”所表示的脂肪酸是（　　）。

A. 含有 2 个双键

B. 为饱和脂肪酸

C. 有一个双键位于链末端第 3 个碳原子处

D. 有一个双键位于 α 碳原子后第 3 个碳原子处

31. 在呼吸链电子传递过程中伴随有质子的流动，这将（　　）。

A. 使 pH 在基质和膜间隙间保持相同水平　　B. 降低基质 pH

C. 降低基质和膜间隙 pH　　D. 降低膜间隙 pH

32. 带有非解离侧链的氨基酸（　　）处于兼性离子。

A. 在任何溶液中　　B. 在生理 pH 下

C. 仅在碱性溶液中　　D. 仅在酸性溶液中

33. 下述蛋白质中，适合做同源比较的是（　　）。

A. 血红蛋白和肌红蛋白　　B. 胶原蛋白和角蛋白

C. DNA 聚合酶和胰蛋白酶　　D. 以上都可以

34. 下属有关蛋白质分离技术的阐述，错误的是(　　)。

A. 除去溶液中的蛋白质可用三氯乙酸沉淀法

B. 用三氯乙酸沉淀的蛋白质可进一步进行活性分析

C. 用三氯乙酸沉淀的蛋白质可进一步进行 SDS-PAGE 分析

D. 可用三氯乙酸终止酶反应

35. 下述单糖中，含有 5 个羟基的是(　　)。

A. *D*-甘油醛、*D*-核糖、*D*-半乳糖　　B. *D*-核糖、*D*-半乳糖、*D*-果糖

C. *D*-半乳糖、*D*-果糖、*D*-甘露糖　　D. *D*-核酮糖、*D*-果糖、*D*-核糖

36. 下述配对项错误的是(　　)。

A. Miescher—DNA 发现　　B. Avery—DNA 是遗传物质

C. Watson 和 Crick—DNA 双螺旋结构　　D. Hoppe-Seyler—DNA 顺序

六、简答题:37～39 小题，每小题 8 分，共 24 分。

37. 请简述磷酸烯醇式丙酮酸(PEP)所参与的物质合成与降解的生物化学反应。

38. 什么是酶的可逆共价修饰？常见有哪些类型(至少 3 种)？

39. 根据你的认识，请说明核苷酸及其衍生物的生物学功能，并举例说明其在糖和脂类物质代谢中的作用。

七、实验题:40 小题，10 分。

40. 有一个蛋白质干粉样品，具有水溶性。请设计一个实验流程来证明该样品是否纯品，并阐述基本原理。

八、分析论述题:41～42 小题，每小题 13 分，共 26 分。

41. 大肠杆菌 *E. coli* 某一基因 A 的非模板链序列如下，(+1)表示转录起始，该基因至少编码 5 个氨基酸。

```
         (+1)       (10)       (20)       (30)       (40)       (50)
          |          |          |          |          |          |
TATAATAGACAGAATTTGGAGGTTGACCTTATGCGTAACGACGCTATTGGCTAGTAAGCTCTAA
                                        ↑
```

(1)利用上面的序列信息以及下面的密码表，写出 A 基因编码的多肽链的氨基酸序列。

(2)当用溴化乙锭处理该大肠杆菌后，A 基因突变为 X 基因，突变位点如箭头所示，即在 GT 之间插入一个核苷酸 A，请写出此突变菌株 X 基因编码的多肽链的氨基酸序列。

第 1 位	第 2 位				第 3 位
(5′端)	U	C	A	G	(3′端)
U	Phe	Ser	Tyr	Cys	U
	Phe	Ser	Tyr	Cys	C
	Leu	Ser	Stop	Stop	A
	Leu	Ser	Stop	Trp	G

第1位	第2位				第3位
(5′端)	U	C	A	G	(3′端)
C	Leu	Pro	His	Arg	U
	Leu	Pro	His	Arg	C
	Leu	Pro	Gin	Arg	A
	Leu	Pro	Gin	Arg	G
A	Ile	Thr	Asn	Ser	U
	Ile	Thr	Asn	Ser	C
	Ile	Thr	Lys	Arg	A
	Met	Thr	Lys	Arg	G
G	Val	Ala	Asp	Gly	U
	Val	Ala	Asp	Gly	C
	Val	Ala	Glu	Gly	A
	Val	Ala	Glu	Gly	G

42. 讨论氧化磷酸化在细胞能量转换中的作用。

全真模拟试题一答案及解析

动物生理学

一、单项选择题：每小题 2 分，共 20 分。

1.【考点】红细胞的渗透脆性。

【解析】选择 C。

红细胞的等渗溶液是 0.9%的 NaCl 溶液，在此浓度的溶液中，红细胞可保持正常的形态和大小。当红细胞悬浮于一系列浓度递减的低渗 NaCl 溶液中，水将渗透到细胞内，使红细胞的体积逐渐增大甚至细胞膜张力过高而发生破裂，这是红细胞的生理特性之一，即渗透脆性。题目所给予的 0.7% NaCl 溶液，显然是使红细胞处于较低渗的状态，因而细胞会膨大，但还不足以使红细胞发生破裂溶血。

【提示】如将红细胞置于高渗溶液中，则细胞体积会缩小，以至于呈皱缩状态。

2.【考点】微循环基本功能的比较。

【解析】选择 A。

选项 A、B、C、D 都属于微循环的重要功能，具有重要意义。选项 B、C、D 的作用是辅助其他器官发挥作用，而微循环的基本功能是在血液和组织液之间，通过面积很大的迂回曲折通路不断进行地物质交换，维持机体的新陈代谢，因此，正确答案是 A。

【提示】结合微循环的三条通路，比较微循环的基本功能，回答更准确。

3.【考点】肺泡表面活性物质的生理作用。

【解析】选择 B。

肺泡表面活性物质的生理作用是降低肺泡的表面张力，可以防止毛细血管滤出液体过多而引起肺水肿，因而减少时可引起肺水肿；可降低吸气阻力，增加肺的顺应性。所以，选项 A、C、D 是对的。肺组织的弹性阻力主要来自弹性纤维和胶原纤维，选项 B 不对。

【提示】注意问题需要选择的"是"或"不是"。

4.【考点】迷走神经兴奋对胃肠平滑肌活动和消化腺分泌的影响。

【解析】选择 C。

迷走神经兴奋可使胃肠平滑肌活动增强，并使消化腺分泌增加。

【提示】明确迷走神经兴奋对胃肠平滑肌活动和消化腺分泌的影响，就可以判断正确答案，而排除其他选项。

5.【考点】胆盐的肠肝循环；胆盐的作用。

【解析】选择 C。

给家兔静脉注射稀释的胆汁 10 mL(模拟吸收后的胆汁入血)经门静脉进入肝脏，胆汁内的胆盐有很强的促进肝细胞分泌胆汁的作用，对胰液的分泌没有作用。因此，正确答案只能是 C。

【提示】注意题干中主要的关键词"胆汁""静脉注射"。胆汁中起作用的是"胆盐"，"静脉注射"胆汁体现了胆盐肠肝循环的特点。

6.【考点】机体产热活动的体液调节。

【解析】选择 C。

甲状腺激素是调节机体产热活动最重要的体液因素。其调节特点是作用缓慢,但持续时间长。肾上腺素和生长激素也可刺激产热,但其特点是起效较快,但维持时间较短。而糖皮质激素对机体产热活动并无直接的调节作用。

7.【考点】脑干网状结构上行激动系统的投射途径及作用。

【解析】选择 C。

脑干网状结构上行激动系统主要是通过非特异性投射系统而发挥作用的。非特异性投射系统的功能是维持和改变大脑皮质的兴奋状态。

【提示】进一步思考特异性投射系统有何作用。

8.【考点】交感神经和副交感神经的生理意义。

【解析】选择 D。

与交感神经相比,副交感神经的活动较为局限,在安静时作用较强。其功能意义在于促进消化、吸收与合成代谢,积蓄能量,加强排泄和生殖功能,保护机体,利于维持安静的生活。选项 A、B 和 C 均为交感神经的功能。

【提示】清楚地区分交感和副交感神经的功能特征和生理意义。

9.【考点】参与应激反应的激素。

【解析】选择 D。

对机体有害的多种刺激,能激活垂体-肾上腺皮质轴,导致促肾上腺皮质激素和糖皮质激素分泌增加的反应被称为应激反应。多种激素参与应激反应,如选项中的各种激素。但从应激反应的定义可见,主要是指促肾上腺皮质激素和糖皮质激素分泌增加的反应,因而选项 D 是正确答案,因为四个选项中只有糖皮质激素是最主要的。

【提示】应激和应急两种反应有所区别,但往往是相互伴随发生的。

10.【考点】性激素的分泌部位。

【解析】选择 C。

性激素中的雌激素和雄激素,均可由卵巢、睾丸和肾上腺皮质合成分泌,只是量有所不同。因而选项 A、B 是错的,而选项 C 是对的。由于前列腺不分泌雄激素,所以选项 D 也是错的。

二、实验题:13 分。

11. 设计实验证明大脑皮层运动区对躯体运动有交叉性和倒置性支配的特点。

【考点】实验设计方法和实验过程;能否证实实验要求的结果;分析大脑皮层运动区对躯体运动的调节。

【解析】

(1)方法与步骤

①取一只家兔,将其麻醉后腹位固定于手术台上。用剪毛剪将头顶部被毛剪去,再用手术刀由眉间至枕骨部纵向切开皮肤,沿中线切开骨膜。用手术刀柄自切口处向两侧刮开骨膜,暴露额骨及顶骨。用骨钻在一侧的顶骨上开孔(勿伤及脑组织)后,将咬骨钳小心伸入孔内,自孔处向四周咬骨以扩展创口。向前开颅至额骨前部,向后开至顶骨后部及人字

缝之前(切勿掀动人字缝前的顶骨,以免出血不止),暴露双侧大脑半球。

②用眼科剪小心剪开脑膜,暴露脑组织。将温热生理盐水浸湿的薄棉片盖在裸露的大脑皮层上(或滴几滴石蜡油)防止干燥。

③放松动物四肢,用棉球吸干脑表面的液体。将无关电极固定在头部切开的皮肤上,先用刺激电极接触皮下肌肉,调节刺激强度。以引起肌肉收缩的最小刺激强度及25~30次/s的频率刺激大脑皮层的不同区域,观察躯体肌肉活动的反应。绘出大脑半球背面观的轮廓图,标出躯体肌肉运动的代表点。

(2)结果预测及分析

刺激家兔皮层运动区左顶部,可引起右后肢运动;刺激右顶部,可引起左后肢运动;刺激中间部,可引起前肢运动。本实验验证了大脑皮层运动区对躯体运动支配的特点,如交叉性、倒置性等。

三、问答题:12~14小题,每小题6分,共18分;第15~16题,每小题12分,共24分。

12.何谓化学突触和电突触?简述它们的功能特点

【考点】化学突触和电突触的基本概念和功能特点。

【解析】

(1)基本概念

突触是两个神经元之间或神经元与效应器细胞之相互接触并借以传递信息的部位。突触前细胞借助化学信号,即递质,将信息传送到突触后细胞者,称化学突触;借助于电信号传递信息者,称电突触。

(2)化学突触与电突触的功能特点

①冲动在神经纤维上的传导速度比较恒定,但在通过化学突触时均呈现突触延搁,即从兴奋传导到突触前末梢到突触后电位出现的时间间隔,哺乳动物的突触延搁0.3~0.5 ms。经电突触的兴奋传递不显现突触延搁。

②化学突触传递因受递质代谢的限制易出现疲劳;电突触的传递不易疲劳。

③化学突触传递易受环境因素如血流、代谢以及能影响递质合成、分解、释放和受体功能的药物等的抑制和促进;电突触的传递则不易受这些因素的影响。

【提示】要掌握各类突触的结构以及信息的传递方式。

13.试述嗳气的排出过程和生理意义。

【考点】嗳气的概念;嗳气的反射过程;嗳气的生理意义。

【解析】嗳气是瘤胃微生物发酵产生的大量气体由食道、口腔向体外排出的过程。这个过程是反射活动,当胃内增多的气体刺激了瘤胃内壁的机械感受器,可将信息通过传入神经传至中枢延髓,信息经整合后再经传出神经至瘤胃、网胃平滑肌,它们相继舒缩,压迫气体移向食管方向、液面下降、阻止食糜前涌,随之贲门舒张,大部分气体伴随食管的逆蠕动,从口逸出。

嗳气的产生和排出是维持瘤胃正常内环境相对稳定的重要指标之一。一旦嗳气排出被抑制,可引起瘤胃臌气,干扰了瘤胃的正常发酵,降低或抑制动物采食,严重的可造成动物死亡。

【提示】应该知道,小部分气体或被微生物利用或通过瘤胃壁吸收后进入血液经肺排出或随食物残渣经肛门排出。在本题可以不必回答。

14. 影响肾小球滤过作用的因素有哪些？

【考点】肾小球的有效滤过压；肾小球滤过作用的影响因素。

【解析】影响肾小球滤过作用的因素有如下几点。

(1)有效滤过压

凡能影响组成有效滤过压的 3 个因素中的任何一个因素，都可以使有效滤过压发生变化。

①肾小球毛细血管血压的变化：当动脉血压在一定范围波动时，肾血流量和肾小球滤过率可保持相对稳定。在大失血引起全身血压显著降低时，肾小球毛细血管血压可以明显降低，有效滤过压减少，以至到零，可导致少尿甚至无尿。

②肾小囊内压：正常情况下，囊内压比较稳定。但在肾盂或输尿管结石、肿瘤压迫等引起尿路梗阻时，因尿液潴留，囊内压可逐渐升高，使有效滤过压和滤过率降低。

③血浆胶体渗透压：一般情况下，血浆胶体渗透压变动不大，但在大量饮水、静脉输入生理盐水时，则可导致血浆胶体渗透压降低，肾小球滤过率升高。

(2)肾小球血浆流量

①当肾小球血浆流量增大时，由于血浆胶体渗透压上升速度减慢，因此具有滤过作用的毛细血管段随之加长。当肾血浆流量增加到正常量的 3 倍时，全段毛细血管便都有滤过作用，肾小球滤过率明显增加。相反，当肾血浆流量减少时，肾小球滤过作用即减少。

②机体在热环境、重役情况下，全身血流重新分配，肾血浆流量减少，肾小球滤过率降低。

(3)滤过膜

①滤过膜的通透性：在正常情况下，肾小球滤过膜有一定的通透性，且较为稳定。在病理情况下，滤过膜的通透性可有很大变化。例如，中毒或缺 O_2 可使膜的通透性增加，机械屏障和电学屏障作用均减弱，原来只有少量能透过的血浆蛋白，这时能大量通过，尿中可出现大量蛋白质和血细胞。

②滤过膜的面积：肾小球的滤过率与有效的滤过面积有密切关系，当滤过面积显著减少时，肾小球的滤过率也将下降。

【提示】绝对不能忽视肾脏的结构与功能的关系。

15. 用稳态的观点论述正常机体内环境的相对恒定。

【考点】内环境的概念；稳态的概念；内环境和稳态的相互关系；正常机体如何维持内环境的相对恒定。

【解析】正常机体是由细胞组成的，细胞浸浴在细胞外液之中，这是细胞生活的环境，称为内环境。内环境中有细胞所需要的 O_2、氨基酸、葡萄糖、脂肪酸等养分，以及 Na^+、Cl^-、HCO_3^- 等离子，还含有 CO_2 及细胞代谢产物。这些物质成分和理化性质(如血液 pH、渗透压等)不是不变的，而是不断变化的，但又是相对恒定的，把这种状态称为内环境稳态。稳态的维持是细胞内外之间、内环境和外环境之间不断地进行物质交换取得动态平衡的结果。只有内环境保持稳态，机体才能生存，体内的各个器官、组织、细胞才能正常活动。具体地说，经过消化器官将食物水解成可吸收的营养物质和通过呼吸器官吸进的 O_2 以及经过细胞产生的代谢产物和 CO_2 都通过血液循环系统进行运输，不断向细胞提供营养物质和 O_2，也不断将细胞产生的代谢产物和 CO_2 经肺和肾排出体外，以维持内环境新的动态平衡。在整体情况下，上述内环境新的动态平衡的维持需在神经和体液的调控下完成。如果内环境的各种成分和理化性质超出了正常机体的变化范围，内环境稳态就会受到破坏，轻者得病，重者生命完结。

【提示】注意机体的内环境是一个相对恒定的状态，稳态也是相对的。

16. 分析凝血系统、抗凝系统以及纤溶系统相互之间的关系。

【考点】三个系统的生理作用（简要）；三个系统协调保证血液在循环系统中正常流动（主要）。

【解析】凝血系统、抗凝系统以及纤溶系统都有各自的生理功能，它们之间又保持着动态平衡，保证血液在循环系统中正常流动。

凝血系统包括内源性和外源性凝血系统，可使血液由流动的液体状态转变为不能流动的凝胶状态，即血液凝固或血凝。血管内的血凝块，可刺激血管内皮细胞产生大量纤溶酶原激活物，活化的凝血因子Ⅻ（Ⅻa）可使前激肽释放酶转变为激肽释放酶，再激活纤溶酶原，进而启动纤溶系统。一些纤溶抑制物除可灭活纤溶酶外，还可抑制凝血酶、激肽释放酶等。

抗凝系统包括细胞抗凝系统和体液抗凝系统。细胞抗凝系统指单核巨噬细胞系统，可吞噬已被激活的凝血因子、组织因子、凝血酶原复合物和可溶性纤维蛋白单体。体液抗凝系统指抗凝血酶Ⅲ、肝素、蛋白质 C 和组织因子途径抑制物等物质，可抑制血凝过程。蛋白质 C 可被凝血酶激活。

纤溶系统包括纤维蛋白溶解酶原（纤溶酶原）、纤维蛋白溶解酶（纤溶酶）、激活物和抑制物。纤溶的基本过程分为两个阶段，即纤溶酶原的激活和纤维蛋白的降解。纤溶酶可以清除纤维蛋白凝块和血管内的血栓，保证血液在血管内的畅通，利于受损组织的再生和修复。纤溶酶原激活物可被肝素、蛋白质 C 激活而释放。

总之，凝血系统的活动，可因血管或组织的损伤被激活，而抗凝系统和纤溶系统的活动又可将血液的凝固限制在一定的生理范围内，已形成的血凝块也可被及时溶解。

【提示】三个系统的活动过强或过弱，相互不协调，均可造成疾病。

生 物 化 学

四、单项选择题：每小题 2 分，共 20 分。

17. 选择 B。

【考点】TCA 循环回补反应及催化反应的相关的酶等内容。

【解析】该反应的功能是通过生成苹果酸或者草酰乙酸维持 TCA 循环正常进行。除选项 B 外，其他选项都是不正确的描述。

18. 选择 D。

【考点】考察丙酮酸的氧化脱羧和 TCA 循环过程中还原性辅酶和 ATP 生成的情况。

【解析】丙酮酸的氧化脱羧生成 1 mol NADH，而 1 mol 乙酰 CoA 经过 TCA 循环能够生成 3 mol NADH，1 mol $FADH_2$ 以及 1 mol ATP。所以，只有选项 D 是正确的。

19. 选择 C。

【考点】考察三酰甘油和磷脂的合成前体。

【解析】选项 C 磷脂酸是两者合成的共同前体，而选项 A、B 是磷脂合成的前体，而 CTP 以 CDP-胆碱和 CDP-二酰甘油等形式参与磷脂合成。所以，选项 C 是正确的。

20. 选择 B。

【考点】本题目涉及四氢叶酸与一碳单位的关系。

【解析】选项 A 脂酰基团的载体通常是 CoA 和 ACP。氢离子和电子的主要载体不是四氢叶酸，而四氢叶酸及其衍生物主要是负责转化一碳基团的，所以选择 B。

21. 选择 A。

【考点】该题目是有关尿素循环反应的。

【解析】选项简单，容易判断。只有 A 正确。

22. 选择 C。

【考点】脂肪酸从头合成途径。

【解析】该题目比较简单，只有选项 C 即 $FADH_2$ 不参与脂肪酸从头合成途径。

23. 选择 D。

【考点】考察原核生物蛋白质合成延伸过程。

【解析】氨酰-tRNA、EF-Tu 和 GTP 都参与蛋白质合成延伸过程，只是 IF-2 参与的是起始过程，所以选择 D。

24. 选择 D。

【考点】呼吸链质子流方向。

【解析】根据化学渗透理论，伴随线粒体呼吸链电子传递过程，质子从线粒体基质泵到线粒体内外膜间隙中，这将降低膜间隙的 pH。

25. 选择 B。

【考点】蛋白质变性沉淀技术。

【解析】蛋白质沉淀技术不同，获得的蛋白质样品活性不同。利用“等电沉淀”“盐析”“有机溶剂沉淀”可以获得有活性的蛋白质，但三氯乙酸沉淀的蛋白质处于变性状态。

26. 选择 D。

【考点】生物化学著名科学家的成就。

【解析】Hoppe-Seyler 是生物化学学科建立之初贡献最大的科学家之一，他于 1877 年创办《生理化学杂志》。DNA 测序开始于 20 世纪 70 年代，著名的科学家有 Sanger 等。

五、实验题：13 分。

27. 有一个蛋白质干粉样品，具有水溶性。请设计一个实验流程来证明该样品是否纯，并阐述基本原理。

【考点】蛋白质性质与鉴定。

【答题要点】

(1)用缓冲液将蛋白质干粉在低温(通常 4℃)下溶解。(原理：蛋白质为生物大分子，溶液变性降解。缓冲液、低温对蛋白质有保护作用，保证多肽链不被很快破坏)。(2 分)

(2)将蛋白质溶液制成 SDS-样品，进行 SDS-PAGE 分析。(原理：SDS-PAGE 是变性电泳，可以用来鉴定蛋白质纯度。如果电泳结果是一条带，证明样品纯度达到电泳纯；如果 SDS-PAGE 结果出现 2 个以上条带，则显示两种可能性：或者是样品为单一蛋白，但由多亚基组

成;或者是样品不纯,含有多种蛋白。需要进一步鉴定)。(6分)

(3)将蛋白质溶液制成活性样品,然后利用PAGE分析蛋白质条带。(原理:PAGE为非变性电泳,多亚基纯蛋白应该为1条带;如果电泳结果为多条,则证明不纯)。(也可选择分子筛柱层析技术等说明或其他可行流程)。(2分)

【知识拓展】蛋白质是生物大分子,在分离、分析过程中,要结合实验目的严格控制条件。高温、极端pH等容易破坏蛋白质,对这种样品进行SDS-PAGE分析,即便是很纯的单亚基蛋白也有可能出现多条带。相反,对于天然结构完整的蛋白质,即使SDS-PAGE出现多条带,也不能下结论说不纯,因为有些蛋白质天然结构本来就是多亚基的,在这种情况下,需要结合其他技术进行验证。

六、问答题:第28～30小题,每小题6分,共8分;第31～32小题,每小题12分,共24分。

28. 请写出丙酮酸脱氢酶复合体的三个辅因子,并说明它们是该复合体中哪一种酶的辅因子。

【考点】丙酮酸脱氢酶复合体的组成及酶的辅因子。

【答题要点】

(1)丙酮酸脱氢酶复合体由三个酶和五个辅因子组成,酶的活性还依赖于Mg^{2+}。

(2)三个酶分别是丙酮酸脱氢酶,其辅因子是TPP,是维生素B_1的活性形式;

二氢硫辛酰胺乙酰转移酶,辅因子是HS-CoA,是维生素泛酸的活性形式;二氢硫辛酰胺脱氢酶,其辅因子是FAD和NAD^+。

29. 请从ATP的结构特征分析其产生大量自由能的原因。

【考点】ATP与能量。

【答题要点】

(1)ATP结构的不稳定性:ATP有3个磷酸基团,有4个相邻的负电荷,电荷相互排斥,结构不稳定;

(2)ATP水解产物具有较好的稳定性:ATP水解产物HPO_4^{2-}容易形成共振杂化体,相对

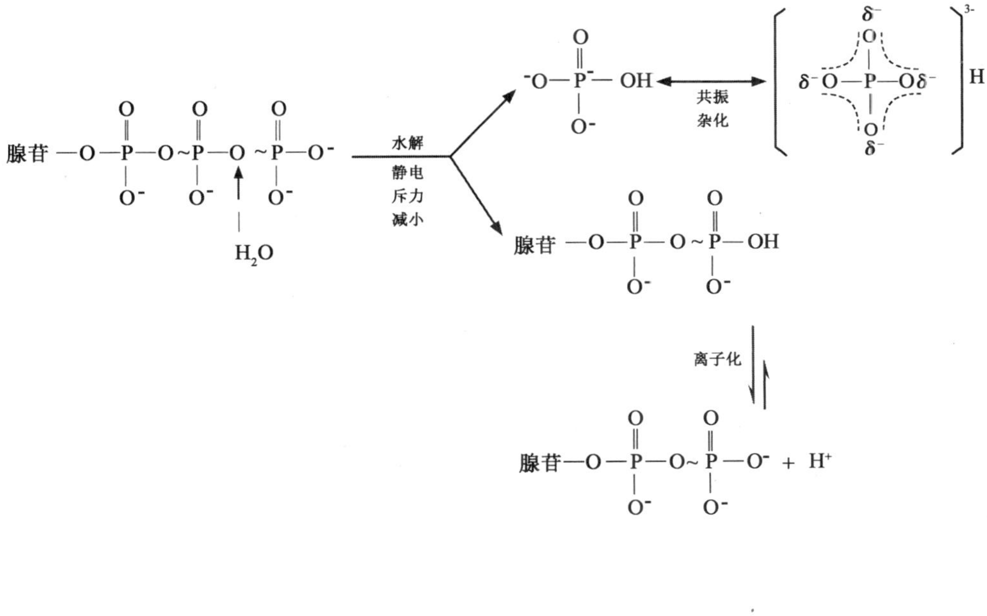

稳定;同时 ADP 在溶液中立即离子化,释放质子,拉动 ATP 水解的平衡。如图所示。

30. 根据你的认识,请说明核苷酸及其衍生物的生物学功能,并举例说明其在糖和脂类物质代谢中的作用。

【考点】核苷酸及其衍生物的功能。

【答题要点】

(1)生物学功能:信号分子;能量分子;调节分子;直接参与化学反应底物分子,等等。

(2)UDPG 参与蔗糖和糖原合成;ADPG 参与淀粉合成;CDP 参与脂肪合成;NADH、NADPH、$FADH_2$ 等都参与了糖和脂类物质的代谢;另外,如 cAMP 可以作为信号分子调节糖、脂物质代谢。可以举几个例子说明它们的作用。

【知识拓展】这类题目比较简单,针对的是一些具体的知识点,但是由于核苷酸及其衍生物的特殊作用,该题目也同样涉及一些代谢途径,只是知识点比较零散,可通过核苷酸及衍生物构成联系,同学们可以找类似的化合物进行回答。

31. 什么是蛋白质辅基?以肌红蛋白为例,阐述辅基与蛋白质结构、功能的关系。

【考点】蛋白质辅基;缀合蛋白质(结合蛋白质)结构与功能。

【答题要点】

(1)蛋白质辅基是缀合蛋白质(结合蛋白质)分子中的非蛋白质部分。相对于辅酶而言,辅基与蛋白质分子结合紧密,以共价键相连,不能被普通透析技术除去。辅基是整个分子的一部分,是蛋白质实现功能所必需的,脱辅基蛋白会部分甚至完全丧失活性。

(2)肌红蛋白的完整结构由 1 个血红素辅基和 1 个珠蛋白(或多肽链)组成。血红素辅基由卟啉环和 Fe 原子两部分组成,位于珠蛋白分子表面裂缝的疏水微环境中。血红素辅基本身有结合氧的能力,但结合能力很强;当它与多肽链结合后,Fe 原子除了与卟啉环上的 4 个 N 原子分别形成 4 个配位键外,在环一侧与附近多肽链上的 His 形成 1 个配位键,在环另一侧则与氧以一定角度形成 1 个配位键。这种结合方式赋予肌红蛋白可逆结合氧的能力。

【知识扩展】蛋白质有单体蛋白质和结合蛋白质之分。蛋白质辅基有多种,如糖蛋白的糖基,核蛋白的核酸部分,磷蛋白的磷酸基团,脂蛋白的脂类部分等。它们不仅参与蛋白质结构的形成,还与蛋白质功能有关。谈到蛋白质辅基,不能只写一句话“蛋白质辅基是结合蛋白质分子中的非蛋白质部分”,而应展开一些。辅基是相对于辅酶而言的,将辅酶与蛋白质的结合特点作一简单比较,并指出“脱辅基蛋白会部分甚至完全丧失活性”则显得理解更深刻。

32. 原核生物基因表达调控通常发生在转录水平。以大肠杆菌为例,请分析说明当乳糖和葡萄糖都存在于培养基上时细菌细胞的乳糖操纵子是如何被调节的。

【考点】原核生物基因转录调控、乳糖操纵子、诱导物。

【答题要点】

(1)简述乳糖操纵子的结构

细菌的乳糖操纵子具有控制基因转录的正调节蛋白 CAP 结合序列(CAP 结合位点)、RNA 聚合酶结合的启动子序列(P)、阻遏蛋白结合的操纵基因序列(O)以及结构基因序列 Z、Y 和 A。对该操纵子而言,调节基因产生的阻遏蛋白具有活性,可以与操纵基因结合关闭操纵子。

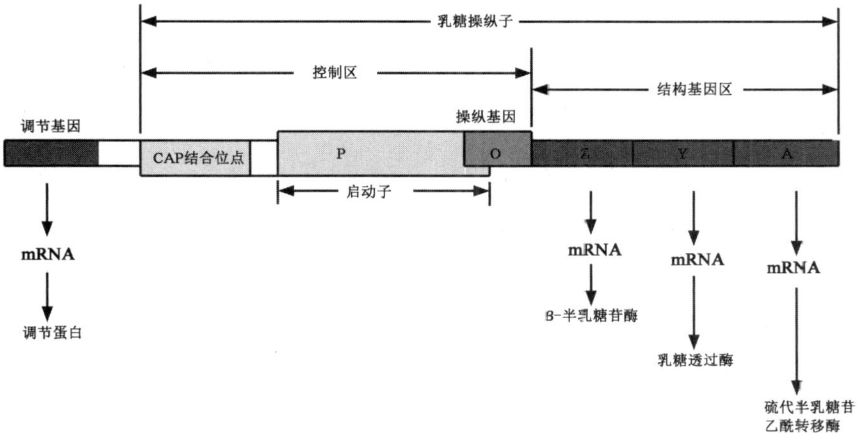

(2)培养基中乳糖能够导致细菌细胞中产生少量别乳糖,后者作为诱导物,与阻遏蛋白结合,诱发阻遏蛋白空间构象发生变化,从而无法与操纵序列结合,这种情况下,操纵子开启。此外,乳糖操纵子开启后,还需要 cAMP 与乳糖操纵子的正调控蛋白 CAP 结合形成有活性的 cAMP-CAP 复合物募集 RNA 聚合酶以加速转录。但是,当葡萄糖存在时,细胞中的 cAMP 含量会降低,不能形成一定量的 cAMP-CAP 复合物,虽然操纵子开启,但是缺乏正调控,转录水平处于比较低的状态。这种情况下,细菌先利用葡萄糖。当葡萄糖消耗殆尽后,随着 cAMP 含量的升高,cAMP-CAP 复合物含量增加,发挥其募集 RNA 聚合酶的功能,加速转录,产生利用乳糖的酶,利用乳糖。

【知识拓展】原核生物基因调控的操纵子相关内容包括:①简述乳糖操纵子的正负调节方式;②阐述什么是葡萄糖效应;等。

全真模拟试题二答案及解析

动物生理学

一、单项选择题：每小题 2 分，共 20 分。

1.【考点】细胞膜的基本结构和特性。

【解析】选择 B。

脂质双分子层是细胞膜的基本骨架，因此，脂溶性物质可以直接通过细胞膜，而水溶性物质是不可以直接通过细胞膜的。选项 A、C、D 均是对细胞膜特性的正确描述。

【提示】明确结构和特性及功能间的关系。

2.【考点】终板电位的形成过程。

【解析】选择 C。

神经末梢释放的 ACh 与终板膜上的受体结合以后，主要打开了终板膜上的 Na^+ 通道，而且终板电位主要是 Na^+ 内流的结果。

【提示】可以沿上述思路分析"兴奋性突触后电位"和"抑制性突触后电位"的形成过程。

3.【考点】溶血及等渗概念。

【解析】选择 C。

红细胞在低渗溶液中会膨胀，细胞膜最终破裂而释放出血红蛋白，即为溶血。本题给的选项只有 C 符合。A，D 均为等渗溶液。B 项为高渗溶液，会使细胞皱缩。

【提示】注意生理盐水和葡萄糖的等渗值，肾糖阈概念及测定。

4.【考点】负反馈调节的概念；HCl 对胃液分泌的负反馈调节。

【解析】选择 C。

正常情况下，胃窦的 G 细胞所分泌的促胃液素，可以促进 HCl 的分泌，但 HCl 分泌过多时，胃窦的 pH 降低，便抑制了胃液的分泌，这是负反馈效应。现已明确，抑制胃液分泌产生的机制之一是直接抑制 G 细胞分泌促胃液素。这样，选项 A、B、D 很容易就被排除了。

【提示】由此可以举一反三。机体的负反馈例子很多，不但要了解它的结果，还应知道产生该结果的原因，这样理解问题深刻了，判断能力也就强了。

5.【考点】反刍动物的逆呕过程。

【解析】选择 D。

反刍动物的逆呕过程是一个复杂的反射活动。吞咽至瘤胃的粗糙饲草会刺激瘤胃、网胃以及食管沟黏膜上的感受器，反射性将冲动传至网胃、食管、呼吸肌以及与咀嚼、吞咽相关的肌群，首先是网胃产生附加收缩→使部分胃内容物上升至贲门口→声门关闭→动物吸气→食管扩张→食管内压力下降→胃内容物经贲门口入食管→食管的逆蠕动→胃内容物回到口腔，完成逆呕。这样，很容易判断正确答案是选项 D。若对瘤胃 A 波、瘤胃 B 波产生过程很清楚，便知网胃第二时相收缩与瘤胃 A 波有关，而瘤胃 B 波是瘤胃本身收缩产生的。

用排除法也可以判断出正确答案。

【提示】正确理解生理名词很重要。

6.【考点】近球小体(肾小球旁器)的组成和功能,重点考查致密斑的功能。

【解析】选择 D。

近球小体(肾小球旁器)由颗粒细胞、系膜细胞和致密斑组成,颗粒细胞分泌肾素,致密斑感受远曲小管液中 Na^+ 含量的变化,将信息传至颗粒细胞,参与调节肾素的释放。

【提示】注意区分颗粒细胞和致密斑的功能,以免混淆。

7.【考点】神经细胞间信息传递的基本结构。

【解析】选择 B。

神经细胞之间联系的基本结构是突触。哺乳动物体内主要为化学突触,而电突触多见于无脊椎动物。

【提示】看清题干中的限制条件"哺乳动物神经细胞间"。

8.【考点】激素的"允许作用"。

【解析】选择 C。

"允许作用"是激素作用的特征之一。有的激素本身对某些组织细胞并不直接产生生理效应,但它却能明显增强另一种激素的作用,即它的存在是另一种激素发挥作用的前提,这种现象称为允许作用。因而,选项 C 是正确的。

【提示】要会举例说明。

9.【考点】白细胞的分类、特性及功能。

【解析】选择 D。

化脓性炎症时,往往存留有渗出液、死亡的细菌、白细胞等。白细胞中中性粒细胞有比其他白细胞更强的变形运动、趋化和吞噬能力,迅速趋向感染处出现的结果。

【提示】了解其他白细胞功能。

10.【考点】精子的贮存部位。

【解析】选择 A。

附睾是精子贮存的主要场所,特别是附睾尾。精子在附睾尾的数量大、存活时间长。精囊腺是雄性动物的副性腺之一;输精管是输送精子的重要通道;曲精细管是精子生成的场所。因而,选项 A 是正确的。

【提示】附睾能够较长时间贮存精子,与附睾管上皮的分泌作用以及附睾内环境为酸性、渗透压高、温度较低等利于精子的保存有关。

二、实验题:13 分。

11. 设计实验并分析说明双侧肾上腺摘除大白鼠对冰水的反应。

【考点】实验设计及实验过程、结果;双侧肾上腺摘除大白鼠对冰水的反应;肾上腺在应激及应急反应中的功能。

【解析】

(1)方法与步骤

①选取品种、性别相同,体重相近的大白鼠 8 只,随机分为 2 组,每组 4 只,第一组为对照组,第二组为试验组。将大白鼠扣于大烧杯中用浸有乙醚的棉球将其麻醉后(勿麻

醉过深)，俯卧固定于解剖台上，于最后肋骨至骨盆区之间背部剪去被毛，消毒后，从最后胸椎处向后沿背部正中线切开皮肤 1.0～2.0 cm，在一侧背最长肌外缘分离肌肉，剪开腹腔，扩创，略将肝脏前推，暴露脂肪囊，找到肾脏，在肾脏的前方即可找到由脂肪组织包埋的粉色绿豆大小的肾上腺，用小镊子轻轻摘除肾上腺(与肾脏之间的血管和组织可用镊子夹住片刻，不必结扎血管)。然后将皮肤切口向另一侧牵拉，用同样的方法摘除另一侧肾上腺。最后缝合肌层和皮肤，消毒。对照组的大白鼠也做同样的手术，但不摘除肾上腺。

②手术 3 d 后，观察记录各组动物溺水下沉的时间。对下沉大白鼠立即捞出，记录其恢复时间。

(2)结果预测及分析

摘除肾上腺大白鼠溺水下沉的时间会短于假手术对照组，而恢复时间会明显长于假手术对照组，其原因主要是因为摘除组机体内失去了参与应激反应的糖皮质激素和参与应急反应的肾上腺素的来源。

三、问答题：12～14 小题，每小题 6 分，共 18 分；第 15～16 题，每小题 12 分，共 24 分。

12. 简述胰腺的主要功能。

【考点】

①胰腺的外分泌功能：胰液的分泌；胰液的成分；胰液的作用。

②胰腺的内分泌功能：胰岛的内分泌细胞；胰岛素、胰高血糖素、生长抑素和胰多肽的主要作用。

【解析】胰腺由外分泌腺和内分泌腺两部分组成。

(1)外分泌腺内的胰液由腺泡细胞和胰腺导管细胞分泌，经胰腺导管进入十二指肠。胰液包括无机盐和有机物。无机盐中以碳酸氢盐($NaHCO_3$ 和 $KHCO_3$)的量较高，有机物主要由 α-胰淀粉酶、胰蛋白水解酶、羧基肽酶、氨基肽酶以及胰胆固醇酯酶、胰脂肪酶、核糖核酸酶、脱氧核糖核酸酶等消化酶组成。胰液具有如下作用。

①中和胃酸、保护肠黏膜。胰液分泌弱碱性物质可不断地中和随食糜进入十二指肠的胃酸，以保护肠黏膜，并为小肠内各种消化酶提供适宜的弱碱性环境。

②胰液中消化酶的水解作用。胰液中的 α-淀粉酶可将淀粉水解成糊精、麦芽糖和麦芽寡糖。激活后的胰蛋白酶和糜蛋白酶，可将蛋白质水解成际和胨、肽及氨基酸；一些肽在羧基肽酶及氨基肽酶的作用下也能生成氨基酸；胰肽酶可水解硬蛋白。胰脂肪酶和辅脂酶将已经被胆盐乳化的甘油三酯水解成甘油、脂肪酸和甘油一酯；胰胆固醇酯酶可水解胰胆固醇酯使之生成胆固醇和脂肪酸。核糖核酸酶和脱氧核糖核酸酶可分别水解相应的核酸为单核苷酸。

(2)内分泌腺部分即胰岛，主要由 A(α)、B(β)、D(δ)、F(pp)等细胞组成。以上细胞分别可以分泌胰高血糖素、胰岛素、生长抑素和胰多肽，它们属内分泌激素，不通过导管而通过血液或直接作用于靶细胞。

胰岛素的主要生理作用是降低血糖，促进脂肪合成和贮存以及促进蛋白质合成。胰高血糖素主要是促进糖原分解和葡萄糖异生使血糖升高，促进脂肪和蛋白质分解。生长抑素参与胰岛素分泌的调节。而胰多肽有减慢食物的吸收的作用。

【提示】一提胰腺就要考虑到它是由外分泌腺和内分泌腺两部分组成。外分泌腺功能一定要结合腺体分泌的成分回答,而内分泌腺功能一定要结合不同分泌细胞类型回答。

13. 简述心血管活动的压力感受性反射调节。

【考点】压力感受性反射的概念;加压和减压的反射调节路径。

【解析】当动脉血压变化时,处于颈动脉窦和主动脉弓压力感受器兴奋性也随之发生变化,引起一系列反射活动,从而调节血压。包括两种情况:

(1)当动脉血压升高时,颈动脉窦和主动脉弓压力感受器兴奋性升高,窦神经和主动脉神经传入冲动增加,作用于延髓心血管活动中枢,使心迷走神经紧张性加强,心交感神经紧张性减弱,结果心脏活动减弱及交感缩血管紧张性降低血管舒张,最终导致血压降低,称为减压反射。

(2)当动脉血压降低时,颈动脉窦和主动脉弓压力感受器兴奋性降低,引起与上述情况相反的调节过程,最终导致血压升高。

【提示】反射弧必须完整。压力反射性调节是负反馈调节,意义在于维持动脉血压的相对稳定。

14. 什么是细胞膜物质的主动转运?原发性和继发性主动转运有何不同?

【考点】主动转运的定义;原发性和继发性主动转运之间的关系和区别。

【解析】主动转运是指细胞通过本身的某种耗能过程将某种物质分子或离子逆着电-化学梯度(电荷梯度和浓度梯度)由膜的一侧移向另一侧的过程。

原发性主动转运是由离子泵介导的逆电-化学梯度的离子跨膜转运。如 K^+-Na^+ 泵。

继发性主动转运是利用原发性主动转运建立膜电-化学势能的间接供能(如 Na^+ 泵活动形成的贮备势能),不是由离子泵介导而是依靠了耗能的含 Na^+ 的转运体蛋白逆浓度梯度的跨膜转运。例如,肠上皮细胞将低浓度的葡萄糖、氨基酸从肠腔液中吸收的过程。

【提示】需要将主动转运、原发性和继发性主动转运的定义搞清楚。

15. 试述迷走神经对循环、呼吸和消化的生理作用及机理。

【考点】迷走神经的特性、途径及作用;迷走神经对循环的生理作用及机理;迷走神经对呼吸的生理作用及机理;迷走神经对消化的生理作用及机理。

【解析】迷走神经为混合神经,既可以直接作用于效应器又可以通过神经-体液间接起作用,还可以通过反射来发挥作用。分述于下。

①在心血管中的作用及机理。位于心房、心室和肺循环大血管壁的感受器兴奋,反射性使交感紧张性下降、心迷走神经兴奋,其节后纤维末梢释放的乙酰胆碱作用于心肌细胞膜的 M 受体,可产生负性变时、变力和变传导作用,导致心率减慢,心房肌不应期缩短,收缩能力减弱,心输出量减少,房室传导速度减慢,并导致血压下降;若血管壁受到压力或容积发生改变刺激了颈动脉窦、主动脉弓感受器,可经迷走神经传入(减压神经)反射性调整血压,维持其相对恒定。

②在呼吸中的作用及机理。迷走神经为气管和支气管的平滑肌中牵张感受器的传入神经,可通过呼吸切断机制维持呼吸的正常频率;由于 CO_2、H^+ 和 O_2 三因素发生改变刺激了颈、主动脉体感受器,可经迷走神经传入反射性调整通气量,并维持其相对恒定;鼻黏膜、喉、气管和支气管的黏膜受异物等机械刺激后,同样通过迷走神经传入反射性地引起咳嗽反射或喷嚏反射。

③在消化中的作用及机理。迷走神经兴奋时，释放乙酰胆碱并与肌膜 M 受体结合，影响生电性钠泵活动，使静息电位降低，平滑肌 Ca^{2+} 通道开放，Ca^{2+} 内流增大，可使胃(包括反刍动物前胃)、肠(包括小肠和大肠前段)平滑肌收缩幅度和频率都增加；还可作用于相应的胃、肠内分泌细胞，促进促胃液素或促胰液素的分泌，再促进胃液或胰液的分泌。

【提示】要想回答的比较全面，首先要搞清迷走神经的特性、途径及作用。

16. 试述促进胰液分泌的体液因素及其作用。

【考点】胰液分泌的体液调节。

【解析】促进胰液分泌的体液因素主要有促胰液素、促胰酶素(胆囊收缩素)和胃泌素(促胃液素)。当胃内容物刺激了小肠黏膜，分泌的促胰液素和促胰酶素经血液循环，前者作用于胰腺导管上皮细胞，分泌水和碳酸氢盐，使胰液分泌量增加，加强促胰酶素的作用；后者作用于胰腺腺泡细胞分泌胰酶，促进胰液分泌，胆囊收缩，胆汁分泌增加。胃泌素可以使胰液和胰酶分泌增加，但作用较弱。

【提示】胰液分泌的神经调节呢？

生物化学

四、单项选择题：每小题 2 分，共 20 分。

17. 选择 C。

【解析】Tyr 为酪氨酸，含有共轭双键。Val 为缬氨酸，Met 为甲硫氨酸，Ser 为丝氨酸，都不含共轭双键，在 280 nm 附近没有特征光吸收峰。

18. 选择 A。

【解析】EB 为溴化乙锭，用于核酸荧光显色；茚三酮是氨基酸显色剂；甲醛不能与蛋白质产生显色反应。

19. 选择 B。

【解析】本题考点是专门的甲基供体。选项 A 和 B 都可以携带甲基，四氢叶酸以 N_5，N_{10}-亚甲基四氢叶酸作为甲基供体，也能够以 N_{10}-甲酰四氢叶酸提供甲酰基(如嘌呤核苷酸合成)，四氢叶酸是一碳单位的载体/供体；而选项 B 通常提供甲基，是专门的甲基供体(如卵磷脂的合成)。选项 C 是脂酰基载体(如脂肪酸 β-氧化)，选项 D 是脂肪酸从头合成途径中脂酰基的载体蛋白。

20. 选择 C。

【解析】硫酸铵是中性盐，不是酶，不能打断肽键，导致蛋白质降解产生氨基酸，也不能打断二硫键，不能调节蛋白质提取缓冲液的 pH。硫酸铵由于能够破坏蛋白质表面的水化层，导致蛋白质互相聚集沉淀，常被用来进行蛋白质的初级分离。不同的蛋白质在不同浓度硫酸铵溶液中的溶解度不同，因此在蛋白提取液中加入特定量的固体硫酸铵或者硫酸铵溶液可以沉淀目标蛋白。所以选项 C 是对的。

21. 选择 D。

【解析】选项内容主要涉及膜的流动性。影响生物膜流动性的因素包括脂肪酸链的长度、饱和度以及胆固醇含量。脂肪酸链越长，饱和度越高，膜的流动性相对越差。胆固醇对膜流动性的调节与相变温度有关，相变温度以下，胆固醇有助于增强膜的流动性，相变温度以上，作用相反。生物膜不是生物大分子，是由磷脂和蛋白质等形成的超分子复合体，所以 D 选项是对的。

22. 选择 A。

【解析】2，4-二硝基苯酚为弱酸性疏水分子，既可以在膜口运动，还可以解离质子，能破坏线粒体内膜跨膜质子梯度，使氧化磷酸化不能进行，但线粒体电子传递可照常进行；寡霉素是氧化磷酸化抑制剂；一氧化碳和氰化物可以抑制线粒体电子传递，同时导致氧化磷酸化无法进行。

23. 选择 B。

【解析】丙氨酸可以通过转氨基作用产生丙酮酸；乙酸通过硫激酶的作用生成乙酰 CoA；甘油通过甘油激酶催化生成 3-磷酸甘油，而后在 3-磷酸甘油脱氢酶的催化下生成磷酸二羟丙酮；之后这些物质可以进入葡萄糖异生途径。目前没有乙醇可以作为糖异生前体物质的说法。

24. 选择 A。

【解析】核糖核苷酸转化为脱氧核糖核苷酸是在二磷酸的水平上进行的，因此该题的关键是 UDP 转化为 dUDP 的过程是正确的，其次 dTMP 是通过 dUMP 进行甲基化生成。因此，只有 A 顺序是正确的。

25. 选择 C。

【解析】丝氨酸族氨基酸合成的碳骨架来源于 3-磷酸甘油酸。其他选项是用来做陷阱的，目的是考查学生对氨基酸合成的几个碳骨架的掌握情况。

26. 选择 B。

【解析】DNA 聚合酶Ⅰ具有 5′→3′核酸外切酶活性，而 DNA 聚合酶Ⅲ没有。

五、实验题：13 分。

27. 实验室中有一个含有 Lys、Ala 和 Glu 三种氨基酸的混合样品。学生将采用离子交换柱层析进行 Lys 的分离。请简述离子交换层析的原理和具体操作过程。如果学生采用阴离子交换柱层析进行氨基酸分离，请分析说明 Lys 洗脱出的顺序。

【考点】离子交换柱层析原理及操作过程。

【答题要点】

(1)原理：离子交换柱层析是以离子交换剂作为固定相，洗脱液体为流动相，依据待分离样品各组分与柱中离子交换剂结合能力的差别进行各组分分离的一种层析技术。离子交换剂由惰性高分子聚合物和可解离的基团构成。交换剂中可解离基团解离后剩余的部分为带电基团，解离出来的离子为平衡离子。如果平衡离子是阳离子，该交换剂为阳离子交换剂，反之亦然。离子交换层析分离样品混合物是依据样品中各组分与离子交换剂的结合能力差异进行的，结合能力弱的组分先行被洗脱出来，结合能力强的组分被最后洗脱下来。

(2)操作过程：包括准备层析柱、平衡层析柱、上样、洗脱和收集目标组分几个过程。

(3)本实验学生采用阳离子交换剂，样品中的三种氨基酸中 Glu 是酸性氨基酸，Ala 是中性氨基酸，赖氨酸是碱性氨基酸。在一定 pH 条件下，假如样品溶液的 pH 为 6 时，Glu 带负电，Ala 几乎不带电荷，而 Lys 带正电荷。三者与阳离子交换剂的结合紧密程度是 Lys＞

Ala＞Glu，所以洗脱顺序是 Glu＞Ala＞Lys。

【知识拓展】分离混合样品中蛋白质时，也是类似的原理，此时要考虑不同蛋白质与离子交换剂的结合程度，还要考虑使用的是什么类型的交换剂。

六、问答题：第 28～30 小题，每小题 6 分，共 8 分；第 31～32 小题，每小题 12 分，共 24 分。

28. 在蛋白质和 DNA 这两种生物大分子的研究中，经常需要进行变性处理。讨论蛋白质和 DNA 变性后分子构象、活性及理化性质变化，并举一例说明变性处理在生物大分子研究中的用途。

【考点】蛋白质变性；核酸变性。

【答题要点】

(1)蛋白质变性后，维持高级结构的次级键被破坏，天然构象解体，生物活性丧失，溶解度降低，黏度增加。

(2)DNA 变性后，氢键断裂，双螺旋区解体变成单链，生物活性丧失，紫外吸收升高，黏度下降。

(3)如 SDS-PAGE。在制备蛋白质样品时，蛋白质变性剂 SDS 的加入可改变蛋白质分子形状和带电状况，使各蛋白质多肽链仅存在分子大小的差异，这样经过凝胶电泳后，蛋白质亚基便可按相对分子质量分开；与标准蛋白相比，即可测定蛋白质亚基的相对分子质量。

【知识扩展】无论蛋白质还是 DNA，变性后都会出现构象破坏和生物活性丧失，这是生物大分子变性的共同点。除此之外，人们对蛋白质变性后的溶解度变化比较关注。蛋白质溶液放置时间过长出现沉淀，就是变性后溶解度下降引起的。蛋白质变性沉淀还可用于终止酶反应。DNA 变性后一个重要现象是增色效应，即紫外吸收增加。核酸变性在现代生命科学研究中应用广泛，如 PCR 中的热变性步骤，Southern 杂交过程中 DNA 分子的变性处理等。黏度与分子的不对称性成正比。可溶性蛋白质变性后由球状变为絮状，黏度增加；DNA 分子变性后由长形分子变为絮状，黏度减小。

29. 在遗传密码簿中，UUA、UUG、CUU、CUG、CUC、CUA 这 6 个密码子都编码亮氨酸，这反映了密码子的什么特性？请解释这种特性，并简要说明这种特性的生物学意义。从理论上分析，识别这些密码子需要多少种 tRNA？为什么？

【考点】密码子的简并性和变偶性/摆动性。

【答题要点】

(1)这反映了密码子的简并性。多个密码子编码同一种氨基酸的现象被称为密码子的简并性，简并性的存在能够消除单碱基突变对生物造成的伤害。

(2)密码子的变偶性/摆动性是指密码子 3′第一个核苷酸碱基与 tRNA 反密码子 5′第一个核苷酸碱基配对时不是简单的 A、U 和 G、C 配对，配对存在 U、C、A 都可以与 I 对应的非一对一配对的变偶规则，因此针对这 4 个密码子 CUU、CUG、CUC、CUA，至少需要具有 2 种 tRNA 的识别，对于 UUA、UUG 密码子需要至少一种 tRNA 识别，所以对于亮氨酸，至少需要 3 种 tRNA 与之识别。

30. 请简述什么是底物水平磷酸化反应，并写出参与糖酵解途径中两步底物水平磷酸化反应的底物、产物和酶。

【考点】底物水平磷酸化、糖酵解途径的反应。

【答题要点】

(1)磷酸基团通过酶的催化从非核苷酸底物转移到 ADP 形成 ATP 的过程,被称为底物水平磷酸化。

(2)糖酵解途径有两步底物水平磷酸化反应,如下所示。

1,3-二磷酸甘油酸＋ADP→3-磷酸甘油酸＋ATP　磷酸甘油酸激酶

PEP＋ADP→丙酮酸＋ATP　丙酮酸激酶

31. 论述柠檬酸-丙酮酸循环是如何为脂肪酸从头合成途径提供支持的。

【考点】柠檬酸-丙酮酸循环,脂肪酸从头合成的过程。

【答题要点】

(1)真核细胞脂肪酸从头合成途径在细胞质中进行,需要的原料有乙酰 CoA 和 NADPH 等。

(2)细胞中乙酰 CoA 主要在线粒体中生成,因此需要转运系统柠檬酸-丙酮酸循环将其转运到细胞质。

(3)柠檬酸-丙酮酸循环如下图所示。

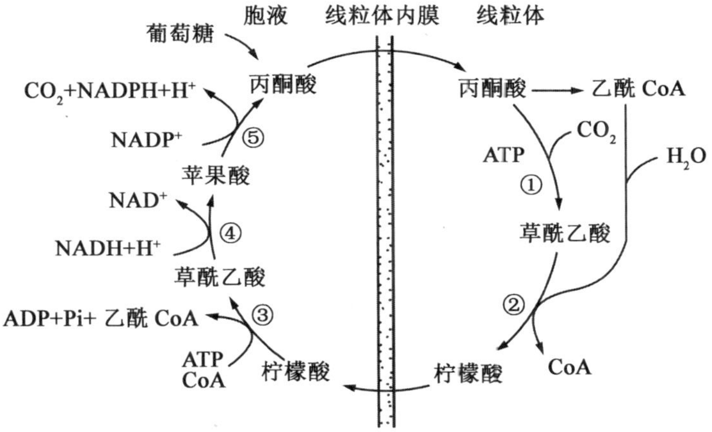

(4)从图中可以发现,通过该循环乙酰 CoA 在线粒体中形成柠檬酸,之后被转运到细胞质中,在柠檬酸裂合酶的催化下,产生了乙酰 CoA;同时,在细胞质中苹果酸向丙酮酸的转化过程中,生成了 NADPH,这为脂肪酸从头合成途径提供了原料。

32. 大肠杆菌 *E. coli* 某一基因 A 的非模板链序列如下,(－1)表示转录起始,该基因至少编码 5 个氨基酸。

```
        (+1)        (10)         (20)         (30)         (40)         (50)
          |           |            |            |            |            |
TATAATAGACAGAATTTGGAGGTTGACCTTATGCGTAACGACGCTATTGGCTAGTAAGCTCTAA
                                               ↑
```

(1)利用上面的序列信息以及下面的密码表,写出 A 基因编码的多肽链的氨基酸序列。

(2)当用溴化乙锭处理该大肠杆菌后,A 基因突变为 X 基因,突变位点如箭头所示,即在 GT 之间插入一个核苷酸 A,请写出此突变菌株 X 基因编码的多肽链的氨基酸序列。

First position (5′end)	Second position U	C	A	G	Third position (3′end)
U	Phe	Ser	Tyr	Cys	U
	Phe	Ser	Tyr	Cys	C
	Leu	Ser	STOP	STOP	A
	Leu	Ser	STOP	Trp	G
C	Leu	Pro	His	Arg	U
	Leu	Pro	His	Arg	C
	Leu	Pro	Gin	Arg	A
	Leu	Pro	Gin	Arg	G
A	Ile	Thr	Asn	Ser	U
	Ile	Thr	Asn	Ser	C
	Ile	Thr	Lys	Arg	A
	Met	Thr	Lys	Arg	G
G	Val	Ala	Asp	Gly	U
	Val	Ala	Asp	Gly	C
	Val	Ala	Glu	Gly	A
	Val	Ala	Glu	Gly	G

【考点】RNA 转录中模板链与编码链的概念以及原核生物蛋白质合成中的起始以及密码子的相关内容。

【答题要点】

(1)确定给定的链是编码链序列,从(+1)开始向右基因的下游找起始密码子 ATG(+19 的 A 开始)和终止密码子 TAA、TAG 和 TGA,确定该基因的读码框。在此读码框中终止密码子为 TAG(+40 开始)。

(2)依据密码簿写出氨基酸序列,由于是原核生物,第一个甲硫氨酸是甲酰化的,因此序列为 fMet—Arg—Asn—Asp—Ala—Ile—Gly。

(3)当基因核苷酸序列中插入一个核苷酸 A 后,发生移码突变,终止密码子提前出现,原基因转化为 ATG—CGA—TAA,因此氨基酸序列也转化为 fMet—Arg。

【知识拓展】这类题目综合性强一些,是 DNA、RNA 和蛋白质三章结合较为紧密的题目,并且具有一定的难度。其中任何一个小的知识点没有掌握,将影响到正确结果的得出,值得重视。

全真模拟试题三答案及解析

动物生理学

一、单项选择题：每小题 2 分，共 20 分。

1.【考点】动脉血压形成的基本前提条件。

【解析】选择 C。

选项 A、B、C 均为动脉血压形成的条件，选项 D 是影响动脉血压形成的因素。循环系统是一个密闭的管道系统，因此，唯独有足够的血液充盈（选项 C），才能使血量的容积满足心血管自然容积的需要，也才能使动脉扩张形成血压。

【提示】区别动脉血压形成的基本前提条件和动脉血压形成的条件。

2.【考点】微循环的自身调节（毛细血管的交替开放）；微循环自身调节的启动物质（启动毛细血管交替开放的物质）。

【解析】选择 D。

在微循环中，毛细血管交替开放的本质，是微循环的自身调节。在微循环中，没有神经调节，组织胺、激肽、血管升压素都是活性物质，它们对毛细血管的舒缩有调节作用，但是不能满足毛细血管的交替开放，只有通过微循环的自身调节。当局部细胞代谢产物堆积（包括舒血管物质）→毛细血管前括约肌舒张→毛细血管开放→血流量↑→代谢产物（包括舒血管物质）被稀释或运走→血管平滑肌对缩血管物质的反应恢复→毛细血管关闭→血流量↓→又促使局部细胞代谢产物再堆积（包括舒血管物质），往后又开始了下一轮的毛细血管交替开放，它的启动物质就是局部代谢产物。不言而喻，正确答案是选项 D。

【提示】阅读题目后，要从例子或现象分析回答某些概念或原理等。

3.【考点】单纯扩散、易化扩散、原发性主动转运、继发性主动转运的概念；肠上皮经由肠腔吸收葡萄糖的方式。

【解析】选择 D。

肠上皮经由肠腔吸收葡萄糖，是葡萄糖逆浓度、需要供能的跨膜转运，它依赖于肠黏膜上含 Na^{+} 的转运体蛋白与肠腔内的单糖结合，将单糖转运入细胞，属继发性主动转运过程。排除了选项 A、B、C，因此，正确答案是选项 D。

【提示】一定要搞清葡萄糖跨膜转运是顺浓度方向还是逆浓度方向。若顺浓度方向，不需要供能，但需要载体，转运通过易化扩散。

4.【考点】基础代谢。

【解析】选择 D。

人在基础状态下的能量代谢称为基础代谢。基础状态包括：受试者在清晨、清醒、静卧、无肌肉活动和精神紧张，禁食（空腹）12 h 以上，环境温度 20～25℃ 条件下。因此，深睡状态不在其内，选项 D 为正确选项。

【提示】清楚地掌握基础代谢的概念。

5.【考点】肾血流量的自身调节。

【解析】选择C。

在一定血压范围(80～180 mmHg)内,肾脏可维持其血流量相对稳定而不依赖于外来的神经和体液因素,此种调节方式为肾血流量的自身调节。而在紧急情况下,肾脏血流量可在神经和体液因素的调节下使其与全身血流分配的需要相适应。

【提示】注意看清题干的限制性条件“动脉血压在80～180 mmHg范围内变化时”。

6.【考点】兴奋性突触后电位。

【解析】选择D。

EPSP为兴奋性突触后电位,兴奋性递质与突触后膜上受体结合,使后膜去极化,产生EPSP。EPSP为局部电位,只有经过总和后,在轴突始段首先达到阈值,才能产生动作电位。

【提示】勿与动作电位发生混淆。

7.【考点】去大脑僵直。

【解析】选择C。

在中脑上(前)、下(后)丘之间横断脑干,动物出现四肢伸直、脊柱后挺、头尾昂起等肌肉紧张亢进现象,称为去大脑僵直。产生原因:在中脑水平切断脑干,中断了皮层、纹状体等对网状结构抑制区的功能联系,使抑制区活动减弱,而易化区活动相对占优势,导致伸肌反射的亢进。

8.【考点】分泌胰岛素的细胞。

【解析】选择B。

胰岛细胞依其形态、染色特点和不同功能,可分为:A细胞(25%),分泌胰高血糖素;B细胞(60%～70%),分泌胰岛素;D细胞(约10%),分泌生长抑素(SS);少量的F细胞,分泌胰多肽(PP)。该题问的是分泌胰岛素的细胞,正确的选项应该是B。

9.【考点】在肝脏内合成时需要维生素K的凝血因子。

【解析】选择A。

合成时需要维生素K的凝血因子是Ⅱ、Ⅶ、Ⅸ、Ⅹ 4种。本题问的是不需要维生素K的凝血因子,而凝血因子Ⅰ正是属于不需要的。

【提示】注意问题需要选择的“是”或“不是”。

10.【考点】自发排卵的动物。

【解析】选择D。

自发排卵的动物在卵泡发育成熟后,不需要施加其他的促排卵刺激即可自行排卵,如马、牛、羊、犬、鼠类等动物。而骆驼、兔、猫等动物在繁殖季节里,卵巢中已发育成熟的卵泡必须经过交配刺激(如兔、猫)或精液中的某种成分的作用(如骆驼)后才能排卵,属诱发性排卵动物。因而,选项中只有D是正确的。

【提示】鼠类动物虽属自发排卵动物,但需经过交配才能形成功能黄体。

二、实验题:13分。

11. 通过实验证明神经体液因素对兔胆汁分泌的影响。

【考点】测定兔胆汁分泌的方法和步骤;记录兔胆汁的正常分泌;刺激迷走神经及静脉注射乙酰胆碱拟似物毛果芸香碱观察对兔胆汁分泌的影响;静脉注射促胰液素或胆

汁观察对兔胆汁分泌的影响。

【解析】

(1)方法与步骤

①家兔称重后麻醉。

②将兔仰卧位固定于手术台上。

③剪颈部毛，切开颈部皮肤，钝性分离皮下组织，分离出两侧迷走神经并穿线备用。

④沿腹白线切开腹壁，在肝内侧找到胆囊及胆囊管，将胆囊管结扎，用注射器抽取胆囊胆汁数毫升，备用。通过胆囊及胆囊管找出胆总管，插管，结扎固定。

⑤将插管游离端引至腹外，接电动计滴器记录。

⑥记录正常情况下胆汁的分泌滴数，连续记录 5～10 min，计算每分钟滴数。

⑦静脉注射 0.1%毛果芸香碱 0.5～1 mL(模拟乙酰胆碱刺激)，记录胆汁的分泌滴数，观察有何变化，直至恢复正常。

⑧静脉注射阿托品(1 mg)，以阻断迷走神经。以方波刺激迷走神经外周端，记录胆汁的分泌滴数，观察有何变化，直至恢复正常。

⑨静脉注射稀释 5 倍备好的胆汁 5～10 mL，记录胆汁的分泌滴数，观察有何变化，直至恢复正常。

⑩静脉注射制备好的粗提促胰液素 5～10 mL，记录胆汁的分泌滴数，观察有何变化，直至恢复正常。

(2)证明神经、体液因素对兔胆汁分泌的影响

①静脉注射毛果芸香碱和刺激迷走神经外周端，均可促进胆汁的分泌。

②静脉注射胆汁，可见胆汁的分泌增加。该实验是模拟肠肝循环，即胆汁通过静脉进入肝脏，促进肝脏分泌胆汁。

③静脉注射促胰液素，可见胆汁的分泌增加。促胰液素主要促进水和碳酸氢根离子的增加。

三、问答题：12～14 小题，每小题 6 分，共 18 分；第 15～16 题，每小题 12 分，共 24 分。

12. 简述左心室的射血和充盈变化过程。

【考点】左心室泵血的最基本过程；前负荷、后负荷及心肌收缩力之间的关系。

【解析】该题是回答左心室的泵血变化过程。左心室充盈是左心室射血的前提。左心室舒张时，静脉回心血量和左心室射血后剩余血量之和充盈了左心室(反映心室肌在收缩前所承载的负荷即前负荷)。随后，左心室开始收缩，当收缩压大于主动脉压(指后负荷)时开始射血。这是泵血的最基本过程。这一过程受到了心室充盈量(前负荷)、主动脉压(后负荷)及心肌收缩力的影响。只有静脉回心血量大和左心室射血后剩余血量少时，左心室的充盈量大，加之心肌收缩力强，射出的血量就大；反之，射出的血量就小。若主动脉压高，就迫使加大心肌收缩力才能将血液射出。

【提示】实质是考查学生对心室肌前负荷、后负荷及心肌收缩力之间关系的理解。

13. 简述下丘脑肽能神经元与腺垂体的功能关系。

【考点】下丘脑肽能神经元；下丘脑-腺垂体系统；下丘脑调节肽。

【解析】下丘脑具有内分泌功能的神经元，即是下丘脑的神经内分泌细胞，它们能分泌肽类激素或神经肽，统称为肽能神经元。下丘脑肽能神经元分为小细胞神经元（神经内分泌小细胞）和大细胞神经元（神经内分泌大细胞）。

小细胞神经元所在区域，为下丘脑促垂体区。神经元的轴突末梢终止于正中隆起处垂体门脉系统的第一级毛细血管网。神经元分泌的肽类激素，统称为下丘脑调节肽，经垂体门脉系统运送至腺垂体，调节腺垂体的分泌活动，构成了下丘脑-腺垂体系统。

目前已知9种下丘脑调节肽：促甲状腺激素释放激素、促肾上腺皮质激素释放激素、促性腺激素释放激素、生长激素释放激素、生长抑素（生长激素释放抑制激素）、催乳素释放因子、催乳素释放抑制激素、促黑（素细胞）激素释放因子和促黑（素细胞）激素释放抑制因子。上述下丘脑激素，分别促进或抑制腺垂体激素的释放。而促甲状腺激素释放激素、促肾上腺皮质激素释放激素和促性腺激素释放激素只是促进腺垂体相应激素的释放，若腺垂体相应激素释放增加会抑制相应释放激素的分泌。

【提示】对于反馈性和开放式调节的理解。

14. 简述影响能量代谢的主要因素。

【考点】动物机体能量的产生；能量代谢的主要影响因素。

【解析】

①肌肉活动。肌肉活动是影响能量代谢最明显的因素。动物机体任何轻微的活动都会提高能量代谢率。动物在安静时的肌肉产热量占全身总产热量的20%，在使役或运动时可高达总产热量的90%。

②环境温度。哺乳动物能量代谢在20～30℃的环境中最稳定。当环境温度明显变化时，机体代谢发生相应的改变。

③食物的特殊动力效应。动物在进食后的一段时间内，虽然处于安静状态下，但产热量比进食前增高，这种由食物刺激机体产生额外热量消耗的作用，称为食物的特殊动力效应。蛋白质的食物特殊动力效应最为明显。

④精神活动。机体在惊慌、恐惧、愤怒等精神紧张状况下，能量代谢将显著升高。主要是由于在精神紧张的情况下，促进代谢的激素分泌增多，从而使能量代谢显著升高。

【提示】可从内部及外部环境变化来着手解答此题。

15. 叙述甲状腺激素分泌的调节机制。

【考点】甲状腺激素分泌的调节。

【解析】甲状腺激素的分泌主要受下丘脑-腺垂体-甲状腺轴的调节。此外，甲状腺有一定程度的自身调节功能，也接受植物性神经（自主神经）的支配。

①下丘脑-垂体-甲状腺轴的调节。下丘脑释放的TRH作用于腺垂体，可促进TSH的合成和释放。TSH通过促进甲状腺激素的合成与释放和促进甲状腺细胞增生、腺体肥大，调节甲状腺的功能活动。环境因素的刺激可通过神经系统向下丘脑TRH神经元传递信息，进而调节TSH和甲状腺激素的合成和释放。如机体受到寒冷刺激时，下丘脑体温中枢及其相邻的TRH神经元促进TRH的释放，使T_4、T_3释放增加，机体的产热也增加，从而抵御寒冷。

血中游离的T_4、T_3浓度改变时，对腺垂体TSH的分泌有反馈调节作用。T_4、T_3浓度增高，可刺激腺垂体促甲状腺激素细胞产生一种抑制性蛋白，后者能使TSH的合成与分泌减少，并使腺垂体对TRH的敏感性降低，血中T_4、T_3的浓度亦随之降低。某些地区水和食物中缺碘，造成机体T_4、T_3合成减少，对腺垂体TSH分泌的反馈性抑制作用减弱，使TSH分泌增加，导致甲状腺组织代偿性增生肥大，称为地方性甲状腺肿或单纯性甲状腺肿。

②自身调节。甲状腺的自身调节，是指甲状腺不受神经和体液因素影响的情况下，其自身具有适应碘的供应水平的变化，而调节碘的摄取与合成甲状腺激素的能力。这一调节过程较为缓慢。

③植物性神经(自主神经)的调节。植物性神经(自主神经)可调节甲状腺的分泌活动。交感神经肾上腺素能纤维兴奋可促进甲状腺激素的合成与释放，副交感神经胆碱能纤维兴奋则抑制甲状腺激素的分泌。

【提示】“自主神经系统”“植物性神经系统”及“内脏神经系统”是一个意思。目前，三个名词均被使用。在动物生理学教科书中，多使用“植物性神经系统”一词。

16. 分析动物单纯缺O_2或CO_2增多时，对呼吸运动影响的异同点。

【考点】动物在单纯缺O_2或CO_2增多时，对呼吸运动的影响；二者的相同和不同之处。

【解析】

(1)相同之处

①单纯缺O_2或CO_2增多在一定范围内，均可引起呼吸加深、加快，肺通气量增加。

②无论单纯缺O_2或CO_2增多，都可以通过外周化学感受器或中枢化学感受器两条调节途径影响呼吸运动。

③单纯缺O_2或CO_2增多，都会兴奋颈动脉体和主动脉体外周化学感受器，经窦神经和主动脉神经将兴奋传至延髓呼吸中枢，引起呼吸加深、加快。

④缺O_2或CO_2增多超过适量范围，则均会发生严重后果。严重缺氧时，对中枢的抑制作用就会变为主要调节因素，机体表现为呼吸抑制；CO_2浓度过大，也会引起呼吸中枢麻痹，发生呼吸抑制。

(2)不同之处

①CO_2在血液中保持一定的浓度，可以维持呼吸中枢的正常兴奋性。但微量的浓度变化，就可使肺通气发生明显的变化。与O_2相比，CO_2对呼吸的调节更加灵敏、更加重要。

②CO_2在外周化学感受器或中枢化学感受器两条兴奋途径中，后一途径是主要的。CO_2很容易通过血-脑屏障进入脑脊液，并与H_2O结合成H_2CO_3，再解离出H^+。中枢化学感受器对脑脊液中的H^+敏感，通过一定的神经联系，延髓呼吸中枢产生兴奋，呼吸运动增强。

③缺O_2对呼吸中枢的直接作用是抑制。而缺O_2对中枢的抑制作用常被对外周的兴奋作用所掩盖，轻度缺O_2的整体表现仍然是呼吸加强。

【提示】此题讨论的缺O_2或CO_2增多，应在适当的浓度或分压范围内。而且是一种因子不变，另一种因子减少或增加情况下的变化。

生 物 化 学

四、单项选择题:每小题 2 分,共 20 分。

17. 选择 C。

【考点】嘌呤和嘧啶核苷酸的合成 。

【解析】Gly 和 Asp 是嘌呤核苷酸合成的前体,Asp 是嘧啶核苷酸合成的前体。所以正确选项是 C。

18. 选择 C。

【考点】蛋白质的分子量。

【解析】通常计算蛋白质分子量时,氨基酸残基分子量按照 110 进行计算。本题中多肽有 400 个氨基酸残基,所以分子量大约是 44 000。

19. 选择 B。

【考点】剪切体。

【解析】真核细胞 mRNA 内含子的剪切是在剪切体(RNA-蛋白质复合物)参与下完成的。其他选项都是干扰选项。选项 A 参与 DNA 复制。选项 C 参与 RNA 连接、修复等过程。选项 D 参与蛋白质翻译。

20. 选择 A。

【考点】SD 序列。

【解析】SD 序列是原核生物 mRNA 5′端起始密码子前的富含嘌呤的序列,可以和核糖体小亚基中的 16S rRNA 上的反 SD 序列互补结合,与起始密码子正确定位于核糖体 P 位点有关。选项 A 是错误的,应该是富含嘌呤的序列。

21. 选择 C。

【考点】氨基酸的结构以及蛋白质 α-螺旋的稳定性。

【解析】脯氨酸是 20 种蛋白质基本氨基酸中唯一一个亚氨基酸,其酰胺氮上缺乏氢原子,无法提供氢原子形成链内氢键以稳定 α-螺旋结构。

22. 选择 D。

【考点】影响血红蛋白与氧结合能力的因素。

【解析】选项 A 是血红蛋白的别构效应物,它的浓度增高将降低血红蛋白与氧的结合能力;血液 pH 降低和 CO_2 浓度增高将会降低血红蛋白结合氧的能力,这就是所谓的波尔效应。

23. 选择 D。

【考点】酶的分类。

【解析】溶菌酶的催化机制通常在生化教材中都会进行介绍,从催化机制可知该酶催化的反应属于水解反应。

24. 选择 C。

【考点】糖酵解途径的调节。

【解析】只有选项 C 不是调控的关键酶。

25. 选择 C。

【考点】EMP/糖酵解途径的中间产物,氨基酸合成的碳骨架。

【解析】选项 A 丙酮酸是丙氨酸族氨基酸合成前体;选项 B 不是任何氨基酸合成的直接前体;选项 D 是芳香族氨基酸合成的前体之一。

26. 选择 B。

【考点】电子传递体的特征,氧化磷酸化的机理。

【解析】电子传递复合物Ⅱ没有质子泵的功能。

五、实验题:13 分。

27. 某研究人员发现一个新酶,并设计实验对此酶进行分离纯化,具体步骤如下表:

步骤	总蛋白/mg	总活力/U	比活力	纯化倍数
粗酶提取液	20 000	4 000 000		
硫酸铵沉淀	5 000	3 000 000		
等电点沉淀	400	1 000 000		
离子交换柱层析	200	800 000		
亲和层析	50	750 000		

(1)计算该酶纯化各步骤的比活力以及纯化倍数,填在表中的空格中。

(2)分析数据说明以上哪一个纯化步骤最有效,哪一个步骤纯化效果最差,为什么?

【考点】酶和蛋白质的分离纯化、酶的比活力及纯化倍数计算。

【答题要点】

首先,要掌握酶活性/酶活力、比活力、纯化倍数等概念。酶活力:也称酶活性,是指酶催化某一反应的能力。酶的比活力是指每毫克酶制剂中所含的酶活力单位数(U/mg)。其次,要能够计算酶的比活力和纯化倍数。酶的比活力 = 酶活性/酶蛋白含量(mg);纯化倍数 = 酶制剂比活力/粗酶比活力。

(1)纯化倍数如下表所示。

步骤	总蛋白/mg	活性/U	比活力	纯化倍数
粗酶提取液	20 000	4 000 000	200	1
硫酸铵沉淀	5 000	3 000 000	600	3
等电点沉淀	400	1 000 000	2 500	12.5
离子交换柱层析	200	800 000	4 000	20
亲和层析	50	750 000	15 000	75

(2)亲和层析最有效,因为在离子交换层析之后通过亲和层析纯化倍数从 20 倍增加到 75 倍。而硫酸铵沉淀的纯化效果最差,因为相较粗酶提取液的纯化倍数变化只有 3 倍。

六、问答题:第 28～30 小题,每小题 6 分,共 8 分;第 31～32 小题,每小题 12 分,共 24 分。

28. 比较原核生物 DNA 聚合酶Ⅰ和 DNA 聚合酶Ⅲ的差别,并说明它们在 DNA 复制延伸过程中的作用。

【考点】原核生物 DNA 复制的延伸过程及 DNA 聚合酶Ⅰ和Ⅲ的功能。

【答题要点】

(1)原核生物 DNA 复制的延伸过程包括前导链和滞后链的合成。

(2)DNA 聚合酶Ⅰ由一条肽链组成,当用胰蛋白酶处理该多肽链时,可以获得 C 端大片段,即 Klenow 片段,它具有 $5'\rightarrow3'$聚合活性和 $3'\rightarrow5'$外切活性,而 N 端小片段具有 $5'\rightarrow3'$外切活性。

(3)DNA 聚合酶Ⅲ由多个亚基组成,它具有 $5'\rightarrow3'$聚合活性和 $3'\rightarrow5'$外切活性。

在 DNA 复制的延伸阶段,DNA 聚合酶Ⅲ参与前导链和滞后链的核苷酸聚合延伸,而 DNA 聚合酶Ⅰ主要参与滞后链引物切除和空隙填补。

29. 某米氏酶,催化 A→B 的反应。反应体系中酶的浓度是 1 nmol/L,底物浓度是 5 μmol/L,测得的 V_{max} 为 2 μmol/(L·s)。请计算(1)该酶的 K_{cat} 值;(2)当反应体系中加入一定量的非竞争抑制剂,V_{max} 将会发生怎样的变化?为什么?

【考点】K_{cat} 值的概念及计算、非竞争抑制剂的特点。

【答题要点】

(1)当底物过量时,$V_{max}=K_{cat}\times[E]$。此题中,底物浓度是 5 μmol/L,相对于[E]浓度 1 nmol/L 是极大过量的,因此,依据公式,$K_{cat}=V_{Max}/[E]$,V_{max} 为 2 μmol/(L·s),即 2 000 nmol/(L·s),代入公式,可知 $K_{cat}=2\ 000\ s^{-1}$。

(2)依据非竞争性抑制剂特点可知,非竞争性抑制剂不仅能够结合游离的酶,而且能够与 ES 复合物结合从而降低[ES]的浓度,所以 V_{max} 会降低。

30. 参与真核细胞尿素循环的氨基酸有哪些?其分别参与了哪些反应?

【考点】尿素循环。

【答题要点】

(1)参与尿素循环的氨基酸有鸟氨酸、瓜氨酸、天冬氨酸、精氨酸。前两者是非蛋白质氨基酸,后两者是组成蛋白质的基本氨基酸。

(2)鸟氨酸从细胞质进入线粒体,在鸟氨酸转氨甲酰酶的作用下与氨甲酰磷酸反应产生瓜氨酸;瓜氨酸进入细胞质与天冬氨酸在精氨基琥珀酸合成酶的催化下产生精氨基琥珀酸,后者在精氨基琥珀酸裂合酶的催化下释放延胡索酸,生成精氨酸。精氨酸在精氨酸酶的催化下水解释放尿素,转化为鸟氨酸。

31. 请举例说明如果人体缺乏维生素 B_1,哪些生化反应将受到影响?为什么?

【考点】辅酶及各代谢途径中以焦磷酸硫胺素为辅酶的酶。

【答题要点】

(1)维生素 B_1 是硫胺素,其活性形式是焦磷酸硫胺素,简称 TPP。TPP 是很多酶的辅酶,例如,丙酮酸脱氢酶复合体中的丙酮酸脱氢酶、α-酮戊二酸脱氢酶复合体中的 α-酮戊二酸脱氢酶以及参与 PPP 途径非氧化阶段反应的转酮酶等。

(2)如果人体缺乏维生素 B_1,丙酮酸脱氢脱羧产生乙酰 CoA 的反应以及 α-酮戊二酸脱氢脱羧产生琥珀酰 CoA 的反应将受到抑制。同时,PPP 途径中转酮酶的辅酶也是 TPP,其活性也会由于维生素 B_1 缺乏而受到影响,因此 5-磷酸核糖和 5-磷酸木酮糖生成 3-磷酸甘油醛和 7-磷酸景天庚酮糖的反应,以及 4-磷酸赤藓糖和 5-磷酸木酮糖生成 6-磷酸果糖和

3-磷酸甘油醛的反应也将受到抑制。著名的"脚气病"就是人体缺乏维生素 B_1 的结果。

32. 请举例说明什么是酶的别构调节,并简述别构酶的特点。

【考点】别构调节的概念及别构酶的特点。

【答题要点】

(1)一些代谢物与酶活性中心以外部位可逆结合,通过使酶构象发生变化来改变酶催化活性的调节方式称为别构调节。

(2)以天冬氨酸氨甲酰转移酶为例,该酶能够催化天冬氨酸与氨甲酰磷酸合成氨甲酰天冬氨酸的反应,它含有 12 个亚基,其中调节亚基由 3 个二聚体组成,催化亚基由 2 个三聚体组成。ATP 是该酶的别构激活剂,CTP 是该酶的别构抑制剂。

(3)别构酶分子结构比较复杂,一般为寡聚酶,除了催化中心,还有调节部位。与调节部位结合的代谢物称为别构效应物,它们与酶非共价键结合,可逆调节酶活性。如果该调节物具有激活酶活性的作用,则称之为正效应物;反之,称之为负效应物。别构酶的酶促反应动力学曲线通常为 S 形。

全真模拟试题四答案及解析

动物生理学

一、单项选择题:每小题 1 分,共 15 分。

1.【考点】稳态的概念及意义。

【解析】选择 A。

选项 B、C、D 从不同的角度回答了稳态是活的有机体在内外环境不断变化的情况下,经调节动态维持相对恒定的概念和意义,而选项 A 所描述的"绝对平衡"是错误的,因此选项 A 为正确答案。

【提示】凡遇到否定题时,一定明确了"是",才能"否"。

2.【考点】动作电位的特点。

【解析】选择 C。

动作电位是"全"或"无"的概念。一旦产生,它的大小不变;若连续刺激间隔时间缩短、频率加快、不可叠加。否定选项 A、B、D,因此,正确答案是选项 C。

【提示】区别动作电位和强直收缩的概念。强直收缩可发生叠加并增高。

3.【考点】细胞跨膜信号转导途径;刺激信号和细胞跨膜信号转导途径的区别。

【解析】选择 A。

刺激信号即外来信号可以有千变万化,经研究对跨膜信号转导的途径的了解逐渐增多,现证实是通过少数途径来完成的。不是刺激信号种类很多,细胞跨膜信号转导的途径就一定很多。因此,正确答案是选项 A。

【提示】用科学事实来回答问题。

4.【考点】自律细胞动作电位特点;工作细胞动作电位特点;比较自律细胞和工作细胞动作电位的最大不同。

【解析】选择 D。

选项 A、B、C、D 都能说明自律细胞和工作细胞动作电位的不同,只有选项 D 是最大的不同。自律细胞 4 期能自动去极化,而工作细胞 4 期不能自动去极化。

【提示】明确两种细胞动作电位的特点,找出最大区别。

5.【考点】影响动脉血压舒张压高低的主要因素。

【解析】选择 D。

心率(选项 D)直接影响心动周期的长短,也就影响收缩期和舒张期的时程。心率主要影响舒张压。心率加快,舒张期缩短比收缩期缩短明显,因此在舒张期从大动脉流向外周的血液量减少,存在主动脉的血量增多,致使舒张压增高,收缩压升高的少。而选项 A、B、C 主要影响收缩压。心室充盈不足和心脏每搏输出量的变化均影响收缩压。当每搏输出量增加时,心缩期射入动脉的血量增多,血液对管壁的侧压也增大,收缩压明显升高,血流速度明显加快,在心舒末期存留在大动脉内的血量增加不多,舒张压就增加的不多。

【提示】以上的分析均是某一因素变化时，对动脉血压舒张压高低的影响。

6.【考点】胃特有的运动形式。

【解析】选择 C。

胃、小肠、大肠都有蠕动和紧张性收缩，分节运动形式小肠很突出，而容受性舒张小肠和大肠都没有，只有胃有，可暂时贮存食物。因此，正确答案是选项 C。

【提示】比较胃、小肠、大肠的运动形式，可用排除法。

7.【考点】消化道平滑肌细胞的电生理特点；消化道平滑肌细胞动作电位的特点。

【解析】选择 C。

在消化道平滑肌细胞静息电位基础上，可记录到节律性去极化波，称为慢波或基本电节律。消化道平滑肌细胞的动作电位是发生在慢波去极化波的基础上，触发一个或多个连续的动作电位。这样就比较容易排除了选项 A、B、D，选项 C 是正确的。

【提示】在搞清消化道平滑肌细胞的静息电位、慢波或基本电节律和动作电位区别以及它们之间的关系后，相关的问题就比较容易解决。

8.【考点】胃黏膜表面黏液-碳酸氢盐屏障的概念和作用。

【解析】选择 C。

在胃黏膜表面形成黏液-碳酸氢盐屏障，即胃黏膜表面的黏液层不断地分泌大量的 HCO_3^- 和黏液凝胶，HCO_3^- 缓慢地向胃腔扩散，胃腔内的 H^+ 进行反相扩散可以中和一部分，并在胃腔和黏液层间形成酸性梯度，近胃腔侧 pH 约为 2，临近胃壁上皮细胞侧呈中性或偏碱性，可避免 H^+ 对胃黏膜的直接侵蚀作用，也使胃蛋白酶原在上皮细胞侧不被激活，还可以阻止胃蛋白酶通过黏液层，也就不能对胃黏膜进行消化，但对粗糙物、坚硬物造成的胃黏膜的机械损伤没有保护作用，由此来看，选项 C 正是所需要的答案。

【提示】结构、成分和功能密切相关。

9.【考点】体温调定点所在的基本中枢的部位。

【解析】选择 D。

体温调定点学说认为，体温调节的基本中枢位于视前区-下丘脑前部，此部位存在冷敏和热敏神经元，二者调节机体的产热和散热活动。

【提示】注意区分正确选项与干扰项 A 和 C。

10.【考点】肾血流量的神经调节。

【解析】选择 B。

肾交感神经兴奋可使肾血管收缩，肾血流量减少。

11.【考点】骨骼肌的牵张反射；肌紧张与牵张反射的关系。

【解析】选择 D。

牵张反射是指骨骼肌受外力牵拉时引起受牵拉的同一肌肉收缩的反射活动。肌紧张是指缓慢持续牵拉肌腱时发生的牵张反射，表现为受牵拉的肌肉发生紧张性收缩，阻止被拉长。肌紧张是维持躯体姿势最基本的反射活动，是姿势反射的基础。腱反射是指快速牵拉肌腱时发生的牵张反射，主要是快肌纤维收缩。屈肌反射是指当肢体皮肤受到伤害性刺激时(如针刺、热烫等)，该肢体的屈肌强烈收缩，伸肌舒张的反应。而对侧伸肌反射是指在刺激强度较大时，则在同侧肢体发生屈肌反射的同时，对侧肢体出现伸直的反射活动。对侧伸肌反射属于姿势反射，但不是最基本的反射活动，具有保持身体平衡、维持姿势的重要作用。

【提示】清楚掌握牵张反射和肌紧张的基本概念。

12.【考点】机体散热方式中的蒸发散热。

【解析】选择 C。

机体通过体表水分的蒸发来发散体热的一种方式，包括不感蒸发(不显汗蒸发)和发汗(有感蒸发、显汗蒸发)两种形式。当环境温度等于或高于皮肤温度时，机体已不能用辐射、传导和对流等方式进行散热，蒸发散热便成了唯一有效的散热方式。环境湿度越高，体表的水分越难于蒸发，通过蒸发的散热效率越低。因此，答案为选项 C。

【提示】注意结合物理学原理和生活现象来思考生理学问题。

13.【考点】cAMP 的第二信使作用。

【解析】选择 B。

"第二信使学说"说明了含氮类激素的作用机理。该学说认为含氮激素是第一信使，可与靶细胞膜上具有立体构型的专一性受体结合，再激活膜上的腺苷酸环化酶(AC)，在 Mg^{2+} 存在的条件下，细胞内 ATP 转变为 cAMP。cAMP 即是第二信使，可激活蛋白激酶系统，继而激活磷酸化酶并催化细胞内磷酸化反应，引起靶细胞的各种生物效应。因而，选项 B 是正确答案。

【提示】第二信使不止 cAMP 一种。

14.【考点】红细胞的生理特性。

【解析】选择 A。

本题所给的 B、C、D 三个选项，均是红细胞的生理特性。趋化性是白细胞的生理特性。本题需要选择的正是红细胞不具有的生理特性，因而正确选项应为 A。

【提示】注意问题需要选择的"是"或"不是"。

15.【考点】呼吸运动的平静呼吸。

【解析】选择 D。

平静呼吸是指安静状态下的呼吸，主要吸气肌是肋间外肌和膈肌，呼气是被动的。在用力呼吸的吸气时，除肋间外肌和膈肌加强收缩外，其他辅助吸气肌也参加收缩，呼气时呼气肌收缩，吸气和呼气都是主动过程。

【提示】在平静呼吸中，膈肌的作用大于肋间外肌。

二、简答题：每小题 8 分，共 24 分。

16. O_2 和 CO_2 在血液中的运输有哪些异同点？

【考点】气体在血液中的运输方式；O_2 和 CO_2 运输方式的相同之处和不同之处。

【解析】相同之处在于，O_2 和 CO_2 在血液中都有物理溶解和化学结合两种运输方式。进入血液的气体，都要首先溶于血浆，待其分压提高后，才能进一步成为结合状态。当气体从血液中释放时，也是溶解状态的先逸出，分压下降，气体再从化学结合状态分离出来，补充失去的溶解部分。

不同之处在于，二者的物理溶解形式和化学结合形式不同。物理溶解的 CO_2 约占 CO_2 总运输量的 5%，O_2 的物理溶解形式少于 CO_2，只占 1.5%。O_2 的化学结合形式占总运输量的 98.5%，血红蛋白与 O_2 氧合成氧合血红蛋白，它们不发生化学反应，只对 O_2 起

"携带"作用。88%的 CO_2 以碳酸氢盐的化学结合形式被运输,只有 7%的 CO_2 以氨基甲酸血红蛋白的形式存在。

【提示】无论是 O_2,还是 CO_2,它们的溶解和化学结合状态之间都是处于动态平衡的。

17. 简述血小板的生理特性及其与生理功能的关系。

【考点】血小板的生理特性;血小板的生理特性如何保证血小板生理功能的实现。

【解析】血小板的生理特性是:黏附、释放、聚集、收缩和吸附等。

血小板的生理功能,主要体现在生理性止血、凝血功能、纤维蛋白溶解作用和维持血管壁完整性等方面。这些生理功能的实现,与其生理特性密切相关。

在生理性止血过程中,血小板释放缩血管物质,促进受伤血管收缩,减少出血;血小板在损伤的血管内皮处黏附、聚集,填塞损伤处以减少出血。

血小板释放参与血液凝固的物质,其中血小板第三因子(PF_3)提供的磷脂表面,在凝血过程中起着重要的作用。血小板收缩蛋白还可使血凝块紧缩,形成血栓堵塞在血管损伤处起到持久止血的作用。

血小板对纤维蛋白溶解过程既有促进作用,又有抑制效应。在纤维蛋白形成前,血小板释放抗纤溶物质抑制纤溶过程、促进止血;血栓形成晚期,一方面释放纤溶酶原激活物,直接参与纤维蛋白溶解;另一方面释放 5-HT、组胺、儿茶酚胺等物质,刺激血管壁释放纤溶酶原激活物,间接参与纤维蛋白溶解,使血凝块重新溶解,血管血流重新畅通。

血小板可黏附在血管壁上、填补于内皮细胞间隙或脱落处,并可融入内皮细胞,起到修补和加固作用,从而维持血管内皮细胞的完整和降低血管壁的脆性。

【提示】对于血小板的生理特性应一一做说明。

18. 什么是瘤胃尿素再循环? 简述在生产中尿素替代部分蛋白质饲喂反刍家畜的意义。

【考点】尿素来源和代谢;尿素再循环过程;尿素代替部分蛋白质饲喂反刍家畜的意义。

【解析】瘤胃中的一部分氨(来自口腔或瘤胃微生物发酵产生)可作为微生物的氮源,合成蛋白质贮存于微生物体内,并供宿主利用;瘤胃中的另一部分氨可被瘤胃壁和后段胃肠道吸收入血至肝脏,经鸟氨酸循环生成尿素。一部分尿素经血液循环由尿排出或运送到唾液腺,再随唾液分泌,重新进入瘤胃;另一部分尿素可直接通过瘤胃上皮再次返回瘤胃经微生物脲酶作用产生氨和 CO_2,又被瘤胃微生物所利用,这一过程称为尿素再循环。

正因为反刍动物存在尿素再循环的过程,生产中添加尿素这类非蛋白质氮,可由微生物合成蛋白质,节省了蛋白质饲料,降低了成本,并促进了生产。尤其日粮的粗蛋白质含量很低时,尿素再循环加速,瘤胃微生物对日粮降解氨的利用效率提高。值得注意的是,尿素只能代替部分蛋白质饲喂反刍家畜,若日粮蛋白质含量高或尿素饲喂太多,在瘤胃内脲酶的作用下,分解迅速,产生氨的速度高或尿素积存过多,氨储积过多,容易发生氨中毒。

【提示】分析问题一定要全面。

三、实验题:10 分。

19. 写出测定蟾蜍腓肠肌单收缩、不完全强直收缩和强直收缩的实验步骤,画出三种收缩曲线,并描述它们的特点。

【考点】测定单收缩、不完全强直收缩和完全强直收缩的实验方法及其特点。

【解析】

(1)方法与步骤

①制备蟾蜍坐骨神经-腓肠肌标本。

②标本的股骨固定在肌槽上,刺激器的输出端连接于肌槽的电极上。

③跟腱上的结扎线系在张力换能器上,换能器与生理信号记录系统或RM6240系统相连。

④用生理信号记录系统记录:先给予坐骨神经-腓肠肌标本单个阈上刺激,记录单收缩,再选用不同频率的连续刺激,记录不同程度的不完全及完全强直收缩曲线。

(2)三种收缩曲线及其特点

给神经或肌肉单个阈上刺激引起的收缩称单收缩(图1)。如果给肌肉以连续的脉冲刺激,肌肉的收缩形式可因刺激频率的不同,而有不同表现。在刺激频率较低时每次刺激引起一次单收缩。当刺激频率增大到一定程度时,后一刺激在前一次收缩的舒张期结束前到达肌肉,肌肉表现为不完全强直收缩,描记曲线为锯齿形(图2中曲线B、C)。如果刺激频率继续增加,后一刺激落在前一次收缩的收缩期,表现为完全强直收缩,描记曲线为幅度增高的一条光滑曲线(图2中曲线A)。

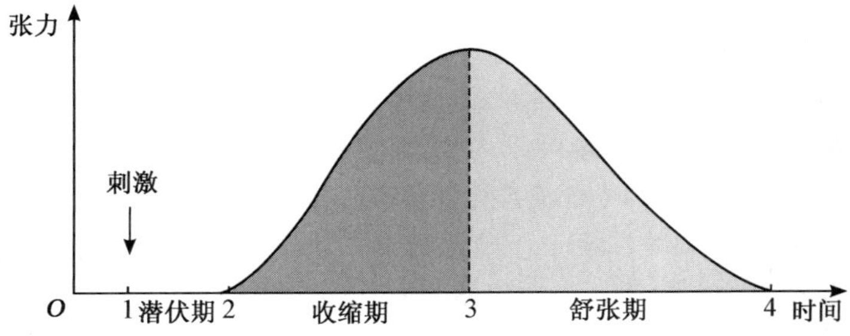

图1　骨骼肌的单收缩曲线

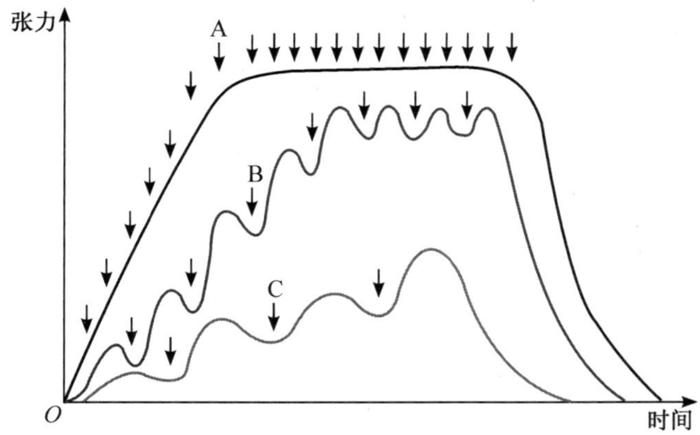

图2　骨骼肌强直收缩曲线

【提示】测定前需明确阈下刺激、阈刺激和阈上刺激的概念;需明确连续刺激频率和三种收缩的关系。

四、分析论述题：每小题 13 分，共 26 分。

20. 试述动脉血压形成的原因及影响因素。

【考点】动脉血压的概念；收缩压、舒张压、脉压的概念；动脉血压形成的前提条件；动脉血压形成的基本因素；影响动脉血压的因素。

【解析】足够的血液充盈是动脉血压形成的前提条件，一般血量增多或血管容量缩小时，循环系统的充盈压就增高，充盈量就加大；反之，充盈压就降低，充盈量就减小。心脏射血动力和小动脉的外周阻力是形成动脉血压的两个重要的基本因素。心室收缩射血对主动脉管壁的侧压力形成了动脉血压，并使动脉扩张，达到的最高值为收缩压；当心室舒张时，大动脉回缩，使部分贮存的血液继续流向外周，尽管心室向动脉射血是间断的，也需要消耗一部分能量，但血管内的血流仍持续不断，维持心舒期的动脉血压，在心室舒张末期动脉血压达到的最低值为舒张压。收缩压与舒张压之差为脉压。综上所述，大动脉管壁的弹性具有缓冲动脉血压变化的作用，既维持一定的舒张压，又使收缩压不至于过高。

动脉血压形成的前提条件和动脉血压形成的基本因素发生改变，均能影响动脉血压。每搏输出量的高低能够影响脉压差的大小：每搏输出量增加，收缩压增高、脉压差大；相反，每搏输出量减小，收缩压降低、脉压差小。外周阻力加大，心脏射血时流向外周的血量减少，心舒期存留在大动脉的血量增多，舒张压增高、脉压差小；反之，外周阻力减小时脉压差大。心率加快些，也会使舒张压增高、脉压差小。大动脉管壁的弹性减弱、小动脉的扩张能力减小，使收缩压增大、脉压差增大。正常情况下，循环血量与血管容积的比例变化不大，但有一个因素发生变化，就会影响到血压的改变。

【提示】回答该题的关键一定要抓住血液充盈、心脏射血和外周阻力 3 个因素既是动脉血压形成的基本条件，也是影响动脉血压的主要因素。

21. 试述特异性、非特异性投射系统的异同点及相互关系。

【考点】特异性投射系统和非特异性投射系统的概念、功能；二者的异同点及相互关系。

【解析】特异性感觉投射系统指感受器发出的传入冲动沿特定的传导通路投射到大脑皮层特定区产生特定感觉的传导束，即经典的感觉传导道，由三级神经元的接替完成。第一级神经元位于脊神经节或有关的脑神经感觉神经节内，第二级神经元位于脊髓后(背)角或脑干的有关神经核内，第三级神经元在丘脑的感觉接替核内(嗅觉除外)，在丘脑接替核换元后点对点地投射于大脑皮层的特定区。其上行投射纤维主要终止于大脑皮层特定区，并与神经元形成突触联系，还通过许多中间神经元接替，与大锥体细胞的胞体形成兴奋性突触联系。特异性投射系统的主要功能是引起特定的感觉，并激发大脑皮层产生传出神经冲动。损毁某一传导道，引起某种特定感觉障碍，但动物仍保持清醒。

上述经典传导道的第二级神经元纤维通过脑干时，发出侧支与脑干网状结构中神经元发生突触联系，经多次换元组成脑干网状结构上行激动系统，该系统的上行纤维抵达丘脑的非特异性核群，换元后弥散性地投射到大脑皮层的广泛区域，这一投射途径称为非特异性感觉投射系统。非特异性感觉投射系统上行纤维进入皮层后反复分支，不存在专一的投射关系。这种联系不易引起神经元局部兴奋的总和，通过电紧张性影响可改变细胞的兴奋状态。非特异性感觉投射系统的功能主要是维持和改变大脑皮层的兴奋、觉醒状态。损毁该系统后动物处于昏睡状态。

二者的异同点及相互关系：特异性投射系统的特点是在丘脑接替核换元后点对点地投

射于大脑皮层的特定区,可引起特定感觉,而非特异性投射系统的特点是通过非特异性核群经换元后弥散性地投射到大脑皮层,不能引起各种特定感觉,主要起到维持和改变大脑皮层兴奋状态的作用。上述两种感觉投射系统之间关系密切。只有在非特异感觉投射系统维持大脑皮层清醒状态的基础上,特异性感觉投射系统才能发挥作用,形成清晰的特定感觉。

【提示】清楚掌握两种感觉投射系统的基本知识及二者关系。

生 物 化 学

五、单项选择题:每小题 1 分,共 15 分。

22. 选择 B。

【解析】H 即组氨酸单字母符号,侧链含有咪唑基团。在酶分子中,组氨酸的 α-氨基和 α-羧基参与形成肽键,而侧链咪唑基团仍然存在,它的 pK_R 接近中性,在生理条件下既能解离给出质子,又能结合质子。

23. 选择 C。

【解析】肌红蛋白是单亚基蛋白质,其多肽链的折叠可以提供一个疏水、还原性环境,使肌红蛋白血红素辅基中的 Fe 保持二价。只有二价铁时肌红蛋白才有结合氧的能力。血红素辅基在体外能结合氧,但结合能力太强,不利于氧的可逆释放。多肽链的贡献是使血红素辅基与氧的结合能力下降,赋予肌红蛋白在生理条件下可逆结合氧的功能。

24. 选择 A。

【解析】三级结构是指一条多肽链折叠成的球状结构,可能含有多种二级结构,至少 2 种,但并非 α-螺旋和 β-折叠一定同时存在。蛋白质三级结构可以是单结构域的,也可以是多结构域的。

25. 选择 A。

【解析】DNA、tRNA 和 rRNA 核酸分子中核苷酸的连键性质相同,只是前者由脱氧核苷酸构成,后二者为核苷酸。

26. 选择 D。

【解析】限制性内切酶是一类特殊的 DNA 酶,专一性水解 DNA 双链,产生平末端或黏末端。

27. 选择 C。

【解析】调节酶有多种,特点不一。别构调节是可逆的、非共价的;共价调节可逆进行,只是所需要的酶不同;酶原激活反应是单向蛋白质水解激活,不可逆。

28. 选择 C。

【解析】细胞色素 c 是线粒体呼吸链中的组分,为结合蛋白质,含有铁卟啉,故在可见光下有颜色。

29. 选择 C。

【解析】驱动力源于跨线粒体内膜的质子梯度,而质子梯度除了能形成跨膜 pH 差这种化学梯度外,还产生外正内负的电势差。

30. 选择 B。

【解析】其他选项为陷阱。

31. 选择 D。

【解析】引物酶是用来合成引物的；拓扑异构酶是在超螺旋解旋和形成过程中起作用；端粒酶是一种核糖核蛋白酶，它催化端粒中重复单元的合成，用以维持端粒长度及功能。

32. 选择 C。

【解析】除 HMG-CoA 还原酶外的其他三种酶参与了胆固醇合成途径，但不是关键调控酶。

33. 选择 C。

【解析】生物体内有多种胸腺嘧啶二聚体的修复方式，因此这种 DNA 的损伤可以被修复；而转换和颠换造成的损伤，通常影响一个密码子，加之密码子具有简并性，因此这类突变造成的 DNA 损伤相对也不是十分严重。由于密码子阅读具有通读、无标点的特性，插入一个核苷酸将引起移码突变，导致蛋白质功能丧失，所以这种因素造成的 DNA 损伤引起生物体致死的可能性最大。

34. 选择 B。

【解析】在尿素生成的所有反应中，只有选项 B 的两个反应需要 ATP 参与。

35. 选择 B。

【解析】其他选项并不是嘌呤核苷酸 AMP 和 GMP 合成的调节方式。

36. 选择 A。

【解析】溴化乙锭是 DNA 模板抑制物；利福平抑制 RNA 合成过程；链霉素抑制原核生物蛋白质的合成。

六、简答题：每小题 8 分，共 24 分。

37. 不同来源的生物膜在结构上有哪些共性(至少指出 4 点)？

【考点】生物膜片层结构；脂双层；膜的不对称性和流动性。

【答题要点】

①生物膜是一层厚为 6～10 nm 的片层结构。

②磷脂分子以脂双层形式排列。

③生物膜具有不对称性。

④生物膜中的膜蛋白和磷脂分子均具有流动性。

【知识扩展】不同来源的生物膜在组成、结构、功能上都有特殊性，这里强调的是结构上的共性。生物膜结构有多个特点，其中脂双层、片层是基本的。虽然不对称性和流动性实质上是生物膜的特性，但通常也纳入结构特点中。生物膜还有一些共性，例如：生物膜是自我融合形成的封闭结构，生物膜具有极化特性等。

38. 请描述脂肪酸合成与降解过程的物质运输情况。

【考点】脂肪酸合成与降解过程的细胞定位、物质来源及运输。

【答题要点】画图并说明。

①脂肪酸降解时，肉碱转运系统将脂肪酸从细胞质运输到线粒体内，如下图所示。

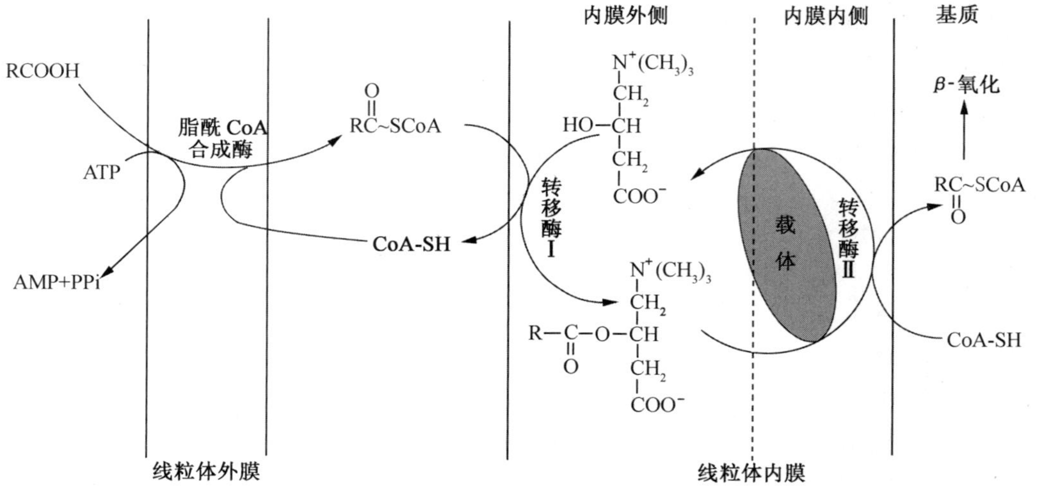

②脂肪酸从头合成时，底物乙酰 CoA 需通过线粒体向细胞质的转运系统柠檬酸-丙酮酸循环来完成由线粒体到细胞质的转移，如下图所示。

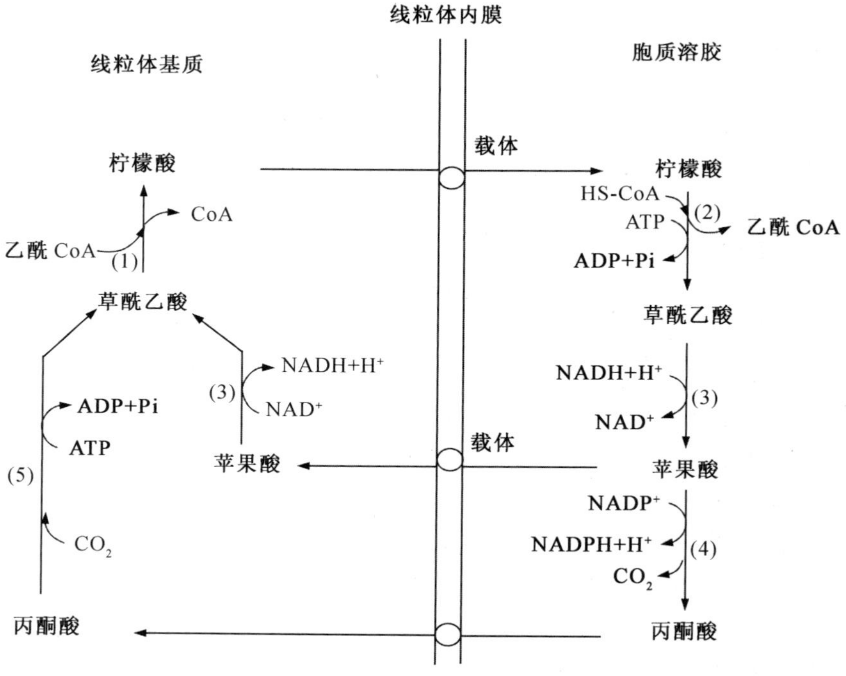

【知识扩展】饱和脂肪酸的合成和降解过程是生物化学脂类物质代谢部分的核心内容，本题考查的重点是细胞定位、物质运输。事实上，相关的内容还包括比较饱和脂肪酸合成和β-氧化的异同。这类题目只限于某一物质代谢，属于小范围的综合，是比较常见的一类题目。同学们可以根据这条思路，自己总结类似的题目，尝试出题并给出答案。

39. 请简述 EF-Tu、EF-Ts 和 EF-G 在大肠杆菌蛋白质合成延伸过程中所起的作用。

【考点】大肠杆菌蛋白质合成延伸过程。

【答题要点】

(1)大肠杆菌蛋白质合成延伸过程

大肠杆菌蛋白质合成延伸过程包括进位、转肽和移位三个过程,其中进位需要 EF-Tu 和 EF-Ts 参与,而移位需要 EF-G 参与。

(2)进位和移位过程

①进位:指氨酰-tRNA 进入蛋白质合成复合物核糖体的 A 位点,并完成反密码子与密码子的识别。氨酰-tRNA 的进位是在 EF-Tu、EF-Ts、GTP 帮助下完成的。具体表现为 EF-Tu-GTP 将氨酰-tRNA 带至核糖体 30S 亚基的 A 位点,反密码子与密码子识别,tRNA 的 CCA 末端进入核糖体 50S 亚基的 A 位点;GTP 水解,导致 EF-Tu 的构象改变,EF-Tu-GDP 释放,循环再生。EF-Ts 参加 EF-Tu 的再生。

②移位:肽键形成后,蛋白质合成复合物核糖体沿 mRNA 链 $5'\rightarrow3'$ 方向移动一个密码子的距离,这个过程是在移位酶 EF-G 的催化下,由 GTP 提供能量完成的,结果位于 A 位点的肽酰链在核糖体移位后进入了核糖体的 P 位点,核糖体 A 位点空出等待下一个氨酰-tRNA 的进入。

【知识扩展】大肠杆菌的肽链合成过程、参与合成的体系(包括 mRNA、tRNA、rRNA、蛋白质因子以及相关的酶等)是蛋白质合成一章的重点内容。本题只涉及其中的延伸过程,涉及的蛋白质因子也只限于 EF-Tu、EF-Ts 和 EF-G。相关的内容还包括,大肠杆菌肽链合成的起始过程,IF1、IF2 和 IF3 等。同学们可以根据不同的内容给出相应的答案。

七、实验题:10 分。

40. 在测定酶的活力时,除了配制所需要的底物、缓冲溶液外,许多情况下还要配制高浓度的"三氯乙酸"试剂。请问:在酶活测定中,三氯乙酸的生物化学作用是什么?如果样品"测定管"中加入各试剂的顺序是:缓冲液→酶→底物(保持反应时间)→三氯乙酸,请问在"对照管"中三氯乙酸何时加入合适?

【考点】酶活力测定;酶变性失活;实验对照设计。

【答题要点】

①三氯乙酸是有机酸,高浓度有机酸可使蛋白质变性沉淀。在到达酶反应时间后,加入高浓度三氯乙酸,不仅可以使酶蛋白变性,终止酶反应,还能使酶蛋白形成沉淀,便于利用离心技术除去,从而有利于酶反应产物的定量测定。

②在对照管中,三氯乙酸应先使酶彻底变性失活,然后再加入底物,反应相同时间。

【知识扩展】科学研究需要严格设计对照实验。对于酶促反应,最重要的空白对照实验是先将酶变性失活,再加入底物,保持相同反应时间。仅设计不加入酶的空白对照是不完全的。空白对照的操作顺序通常是:缓冲液→酶→三氯乙酸→底物(保持反应时间)。这样,整个反应系统的组成是一样的,只是"测定管"中用的是活性酶,而"对照管"中用的是变性酶。

八、分析论述题:每小题 13 分,共 26 分。

41. 什么是 Western Blot 和 Southern Blot? 请分析二者在技术上的三个共同点和应用上的主要区别。

【考点】蛋白质免疫印迹技术;DNA 印迹技术;有关操作技术要点。

【答题要点】

①Western Blot 就是蛋白质免疫印迹。将经过凝胶电泳分离的蛋白质条带,原位电转移至能吸附蛋白质、且有一定机械性能的薄膜上,然后分别与目标蛋白质的特异抗体以及酶标二抗进行孵育结合,最后加入酶底物进行反应,使与抗体特异结合的蛋白质条带显色,从而使目标蛋白质得到鉴定。

②Southern Blot 即 DNA 印迹。将 DNA 样品进行限制性内切酶处理,并用琼脂糖凝胶电泳将不同长度的 DNA 进行分离,然后将 DNA 变性并原位电转移至硝酸纤维素膜,与带有标记的核酸探针(已知序列)进行杂交反应,从而使能与探针互补的 DNA 片段得到检测。

③技术相同点:都涉及凝胶电泳分离;都有分离条带向膜的转移;都需要特异反应。

④应用区别:Western Blot 用于蛋白质鉴定;Southern Blot 用于 DNA 鉴定。

【知识扩展】Western Blot 和 Southern Blot 是两种不同的生物化学技术。前者用于蛋白质鉴定,后者用于 DNA 鉴定。另外还有一种类似技术是 Northern Blot,适用于 RNA 分析。这几种技术在应用上虽然相差很远,但操作环节上有许多共同点,如上所述。其中,特异反应指的是 Western Blot 需要用能识别目标蛋白质的特异抗体进行膜的孵育;而 Southern Blot 和 Northern Blot 需要与目标核酸互补的特异核酸探针。至于凝胶种类、电泳槽形状、显色系统、检测方法等虽有不同,但不是主要的。

42. 请论述酶的磷酸化共价修饰在糖原代谢、葡萄糖降解的 EMP 途径及葡萄糖异生中所起的调节作用。

【考点】糖代谢的调节。

【答题要点】

①糖原合成与糖原分解过程是分别在糖原合酶和糖原磷酸化酶的作用下完成的。这两个酶都受到磷酸化与脱磷酸化的共价修饰调节。

糖原合酶和糖原磷酸化酶的磷酸化和脱磷酸过程受到相同酶的催化,如下图所示。当外界信号传递给激酶,则该酶催化糖原合酶和糖原磷酸化酶同时磷酸化。但是,磷酸化形式的糖原合酶没有活性,不能合成糖原,而磷酸化形式的糖原磷酸化酶却活性较高,催化糖原的降解;反之,当磷酸酶催化二者脱磷酸化时,脱磷酸化的糖原合酶有活性,催化糖原的合成,而脱磷酸化的糖原磷酸化酶没有活性,不降解糖原。这种共价修饰保证了生物体内糖原合成和降解两个过程不同时进行,避免无效循环。

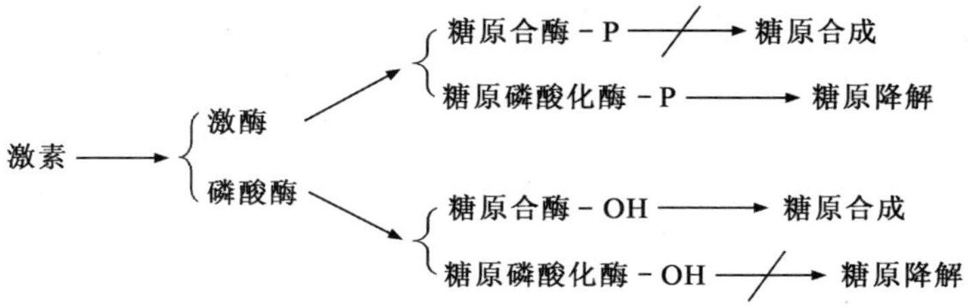

②葡萄糖代谢 EMP 途径调控的关键酶是磷酸果糖激酶Ⅰ,2,6-二磷酸果糖是该酶的别构激活剂,同时 2,6-二磷酸果糖又是葡萄糖异生途径的调节酶果糖-1,6-二磷酸酶的别构抑制剂。2,6-二磷酸果糖是由磷酸果糖激酶Ⅱ催化生成的,该酶的活性是通过磷酸化与脱磷酸化的共价修饰方式进行调节的。

磷酸果糖激酶Ⅱ有两种活性,如下图所示。当该酶被蛋白激酶 A 催化而磷酸化后发挥 2,6-二磷酸果糖酯酶的活性,水解 2,6-二磷酸果糖,降低其含量,从而抑制 EMP 途径,同时促进葡萄糖异生途径;当该酶脱磷酸化后发挥磷酸果糖激酶的活性,促使 6-磷酸果糖产生 2,6-二磷酸果糖,提高其含量,从而促进 EMP 途径,同时抑制葡萄糖异生途径。EMP 途径的调节酶除磷酸果糖激酶Ⅰ外还包括丙酮酸激酶。丙酮酸激酶同样受到磷酸化与脱磷酸化的共价修饰调节。丙酮酸激酶在磷酸化时活性较差,而脱磷酸化时活性较高,而且丙酮酸激酶的磷酸化也受到蛋白激酶 A 的催化,因此外界信号可以通过调节磷酸果糖激酶Ⅰ和丙酮酸激酶两个酶的活性来调节 EMP 途径。

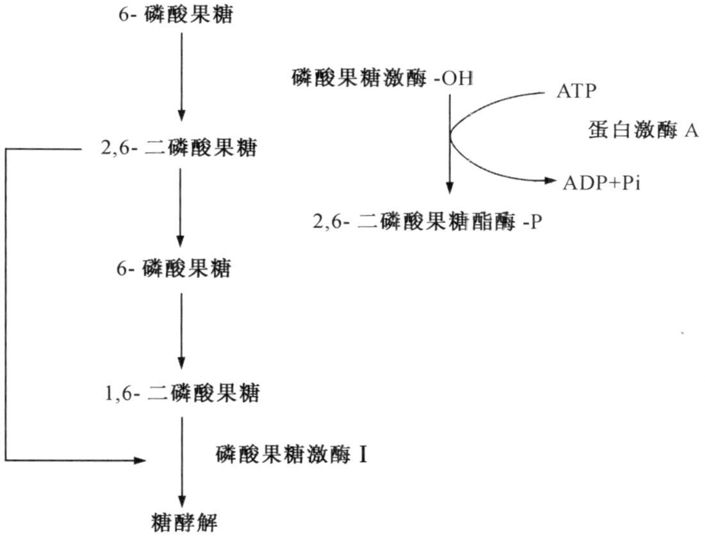

【知识扩展】酶的共价调节方式是酶调节较为普遍的形式之一,在代谢调节中起非常重要的作用。本考题是结合这些内容,考查学生对糖代谢中糖原合成与降解、EMP 途径以及葡萄糖异生途径酶共价修饰调节的掌握。该题要求学生在了解单个途径调节的基础上,找到共性调节方式——酶的磷酸化修饰调节。同学们可以根据相似的思路自己比较总结,以便对相似的题目给出明确的答案。

全真模拟试题五答案及解析

动物生理学

一、单项选择题：每小题 1 分，共 15 分。

1.【考点】考查“整体水平”研究的范畴。

【解析】选择 C。

选项 A 和 B 是以动物的某器官、组织为研究对象；选项 C 是以反刍动物整体为研究对象，研究动物某方面（如静止能量代谢）的活动规律；而选项 D 是以细胞为研究对象。因此，选项 C 是正确答案。

【提示】明确了生理学 3 个水平研究范畴后，便可以举一反三。

2.【考点】骨骼肌细胞兴奋的分期；心肌细胞兴奋的分期；骨骼肌细胞兴奋和心肌细胞兴奋间分期的区别。

【解析】选择 D。

骨骼肌细胞的兴奋分为绝对不应期、相对不应期、超常期和低常期；而心肌细胞的兴奋分为绝对不应期（即有效不应期）、相对不应期和超常期，没有低常期。所以，正确答案是选项 D。

【提示】骨骼肌细胞兴奋和心肌细胞兴奋间分期的概念要明确，这样它们的区别可以一目了然。

3.【考点】全面理解细胞跨膜信号转导的概念。

【解析】选择 D。

细胞跨膜信号转导的概念是各种形式的外界信号作用于细胞膜上受体，经识别变构后，信号以弱电变化形式，将信息传递至细胞内的过程。各种形式的外界信号可以作用于细胞膜上受体，经识别引发多种功能的改变，转导的途径减少了，但信号放大了。值得注意的是，信号不能进入细胞内，而是以弱电变化形式将信息传递至细胞内。这样分析，选项 D 所描述的细胞跨膜信号转导的概念是错误的，该题的答案是选项 D。

【提示】遇到否定题时，一定明确了“是”，才能“否”。

4.【考点】同一细胞兴奋传导的特性。

【解析】选择 B。

动作电位在神经纤维上的传导是不衰减的，因此，选项 B 叙述是错误的。选项 A、C、D 均是正确的描述。

【提示】准确确定“是”，再定“否”。

5.【考点】明确肌肉强直收缩的概念；明确心肌兴奋性变化与收缩的关系。

【解析】选择 D。

给骨骼肌两次或两次以上的阈上刺激，若后一次刺激落在了前一次刺激的舒张期或收缩期，就会出现不完全强直收缩或完全强直收缩。而心肌细胞兴奋后有效不应期长，在整个收缩期或舒张期的前期，都不能接受外来刺激，也就不会产生强直收缩。因此，选项D是正确的。

【提示】对骨骼肌和心肌的兴奋性和收缩关系进行比较也可得出正确答案。

6.【考点】影响静脉血液回流的主要因素；比较影响静脉血液回流的各因素，找出促进静脉血液回流的主要因素。

【解析】选择B。

选项A、B、C、D都可以影响静脉回流。当动物由卧位变为站位时，由于重力作用，部分血管扩张，使回心血量下降；相反的体位变化，使回心血量上升。骨骼肌收缩对临近血管的挤压和骨骼肌舒张时的抽吸作用，使回心血量增加。吸气时，胸膜腔内负压增大，静脉回流增加；呼气时相反。心脏收缩力增加，射血时心室排空比较完全，剩余量少，导致心舒期抽吸力大增，回心力大大增加。通过比较，心脏收缩力增加，导致心舒期抽吸力增加，回心力增加是促进静脉血液回流最重要而直接的因素。因此，选项B是正确答案。

【提示】相近内容的比较是找准正确答案的方法之一。

7.【考点】调节胆囊收缩的重要体液因素。

【解析】选择D。

选项A、B、C、D所显示的胆盐、盐酸、促胰液素、促胰酶素均为重要体液因素，但只有促胰酶素(选项D)也称胆囊收缩素才是该题的正确答案。当小肠内脂肪和蛋白质分解产物刺激肠黏膜分泌促胰酶素(胆囊收缩素)，可引起胆囊平滑肌强烈收缩和Oddi括约肌舒张，促使大量胆汁排入十二指肠。

【提示】明确各选项的含义，结合考点，正确判断。

8.【考点】能量代谢的几个概念。

【解析】选择A。

只有氧热价的定义是符合题干所描述的。

【提示】注意食物的热价、生物热价、物理热价的概念及区别。

9.【考点】肾小球有效滤过压的影响因素。

【解析】选择B。

影响肾小球有效滤过压的主要因素为肾小球毛细血管血压、囊内压和血浆胶体渗透压。动脉血压在80～180 mmHg范围内变动时，肾小球毛细血管血压能维持相对稳定，不会影响有效滤过压，故原尿量无明显变化。囊内压升高，有效滤过压随之降低，原尿量减少。血浆胶体渗透压降低(如大量输液)，引起肾小球滤过率的增加，原尿量增多。而血浆晶体渗透压升高时，对原尿量并无直接影响，故应选选项B。

【提示】注意区分血浆晶体渗透压和血浆胶体渗透压。

10.【考点】小脑对躯体运动功能的调节。

【解析】选择C。

小脑主要参与维持身体平衡、调节肌紧张和协调随意运动，而不能发动随意运动。

【提示】勿与大脑皮层对运动的调节功能相混淆。

11.【考点】排泄的概念。

【解析】选择A。

有机体将物质代谢的终产物和机体不需要或过多的物质(包括进入体内的异物和/或药物的代谢产物)排出体外的生理过程称为排泄。生理学认为只有通过血液循环把被排泄物转运到排出器官排出的过程才属排泄(包括选项中的B、C、D)。而食物残渣未经历上述过程,因而不属排泄范畴。

12.【考点】类固醇激素。

【解析】选择D。

卵巢激素中的孕激素、肾上腺皮质激素中的皮质醇和醛固酮都是类固醇激素。选项中肾上腺素是肾上腺髓质分泌的激素,属于儿茶酚胺类化合物。因而,选项D是正确答案,它不属于类固醇激素。

【提示】注意问题需要选择的是“不”。

13.【考点】肾上腺髓质的神经支配及机制。

【解析】选择B。

肾上腺髓质激素的分泌受交感神经胆碱能节前纤维支配,其兴奋时通过释放乙酰胆碱作用于嗜铬细胞,引起肾上腺素和去甲肾上腺素的释放。因而,除了选项B以外,其他选项都不正确。

【提示】肾上腺髓质激素的分泌还受促肾上腺皮质激素的调节;其自身也可发生反馈调节。

14.【考点】外源性凝血与内源性凝血途径的区别。

【解析】选择D。

启动外源性凝血途径的因子不是来自血液,而是当组织损伤血管破裂,由组织释放的Ⅲ因子进入血液与活化的Ⅶa因子结合,从而启动凝血过程。

【提示】内源性凝血过程的启动因子又是什么?

15.【考点】雌激素的作用。

【解析】选择B。

在发情周期中,随着卵泡的发育成熟,雌激素分泌增加。发情期雌激素作用于生殖器官,能够促进阴道上皮增生、角质化,促进输卵管和子宫平滑肌收缩。大量雌激素能够通过负反馈抑制卵泡刺激素的分泌,正反馈促进黄体生成素的分泌达到高峰,使卵泡最终发育成熟并排卵。在乳腺发育过程中,雌激素对于乳腺导管系统的发育起着重要的促进作用。因而,雌激素的作用包括选项A、C、D,选项B是不对的。但本题问的是哪个选项是错误的,自然选项B是正确答案。

【提示】催产素和前列腺素也有促进输卵管和子宫平滑肌收缩的作用。

二、简答题:每小题8分,共24分。

16.简要比较反射活动中的突触前抑制与突触后抑制。

【考点】突触前抑制和突触后抑制的基本知识。

【解析】二者的主要区别总结如下表所示。

项目	突触前抑制	突触后抑制
结构基础	轴-轴突触	轴-体突触　　轴-树突触
抑制产生部位	突触前轴突末梢	突触后膜
起作用的递质	GABA	抑制中间神经元释放抑制性递质
产生机制	突触前轴突末梢去极化→释放兴奋性递质减少→EPSP 降低(不产生 IPSP)	突触后膜超极化,产生 IPSP
作用	对调节感觉传入活动意义重大	通过交互抑制作用和回返性抑制负反馈作用使中枢活动协调

【提示】此类题目可从结构、功能和机制等几个方面着手作答。

17. 简述肾素-血管紧张素系统对水盐代谢的调节。

【考点】肾素-血管紧张素系统的组成及醛固酮对水盐代谢的调节作用。

【解析】肾素是由肾脏近球小体的颗粒细胞分泌的酶。当肾素分泌增多时可使血浆中的血管紧张素原水解为血管紧张素Ⅰ,进而转变成血管紧张素Ⅱ,再转变成血管紧张素Ⅲ。血管紧张素Ⅱ和Ⅲ都有促进肾上腺皮质球状带分泌醛固酮的作用。醛固酮与远曲小管和集合管上的相应受体结合,从而促进远曲小管和集合管对 Na^+ 和水的重吸收,并促进 K^+ 的排出,使细胞外液增多,血中 Na^+、K^+ 比例得以保持。

【提示】本题目重点考查肾素-血管紧张素系统对水盐代谢调节的作用,因肾素-血管紧张素系统对动脉血压的长期调节有重要作用,答题时注意不要偏离考点。

18. 简述心室肌动作电位与心电图波形不同的原因。

【考点】心肌细胞动作电位的波形;心电图的波形;心肌细胞动作电位与心电图之间的关系;为何心肌细胞动作电位与心电图波形完全不同。

【解析】由图 1 和图 2 可见心室肌细胞动作电位波形与心电图波形都是来自心肌细胞兴奋产生的电活动,但二者的图形确实完全不同。

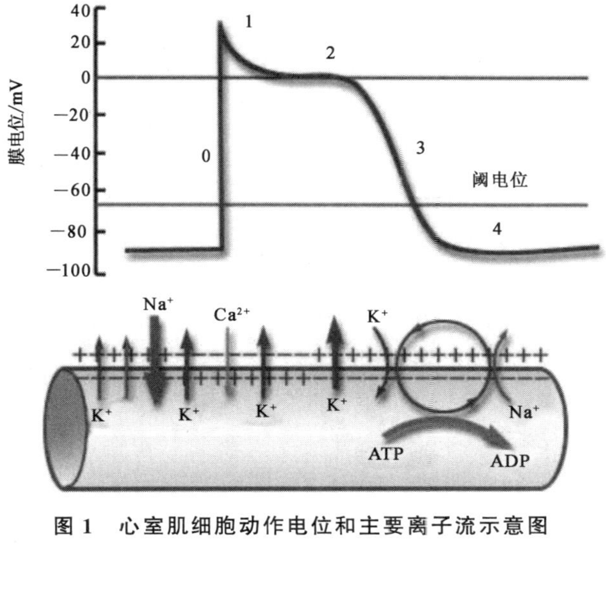

图 1　心室肌细胞动作电位和主要离子流示意图

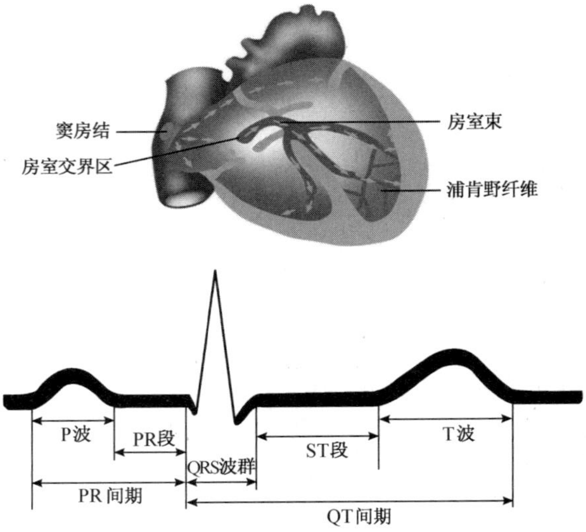

图 2 心内兴奋的传导与正常心电图

心室肌细胞的动作电位波形反映了单个细胞的电变化。即心室肌细胞的静息电位由 K^+ 平衡电位决定，动作电位包括 Na^+ 内流引起的 0 期去极化，K^+ 外流、Ca^{2+} 内流等引起的 1 期、2 期和 3 期复极化，3 期复极末由于 Na^+-K^+ 泵和 Ca^{2+} 泵的作用，膜电位在 4 期时又回到了静息期。

心电图是反映在一个心动周期中，由窦房结产生的兴奋，依次传向心房和心室，这种兴奋的产生和传布所伴随的生物电变化，通过周围组织传到全身，使身体各部位在每一心动周期中都发生有规律的大小和方向不同的电变化，用引导电极置于肢体或躯体的一定部位记录出来心电的 P 波、QRS 波群和 T 波等变化波形。

【提示】只有搞清心室肌细胞的动作电位和心电图的产生原因和它们之间的关系，才能对波形完全不同给予合理的解释。

三、实验题：10 分。

19. 设计实验证明迷走神经对家兔呼吸运动的调节作用。

【考点】实验设计；观察、记录家兔呼吸运动；证明迷走神经对家兔呼吸运动的作用。

【解析】

(1)方法与步骤

①家兔麻醉后，背位固定在手术台上，术部剪毛、消毒。

②分离颈部两侧迷走神经，在神经下方穿线备用。

③分离气管并安置插管，将气管插管与呼吸换能器相连，用信号记录设备记录由呼吸换能器所得的信号，从记录的曲线反映动物的呼吸运动状态。

④描记动物正常呼吸运动曲线。

⑤结扎并切断一侧迷走神经，观察、记录呼吸运动的变化。

⑥剪断另一侧迷走神经，记录呼吸运动曲线的变化。

(2)结果预测及分析

①切断一侧迷走神经后,动物的呼吸变深、变慢。从记录的呼吸运动曲线可以看到,与正常曲线相比,神经被切断后的曲线幅度加大、频率减慢。

②切断另一侧迷走神经后,动物的呼吸变得更深、更慢。从记录的呼吸运动曲线可以看到,与切断一侧迷走神经后的曲线相比,曲线幅度又有加大、频率又有减慢。

③实验结果表明,切断迷走神经,会使动物的呼吸运动发生变化,吸气与呼气之间的交替变慢,呼吸频率减慢。实验说明迷走神经可以调节呼吸节律。

正常生理状况吸气时肺扩张,牵拉呼吸道使之扩张,肺牵张感受器兴奋,冲动经迷走神经中的粗纤维传入延髓,在延髓内通过一定的神经联系使吸气切断机制兴奋,切断吸气、转为呼气,即是肺扩张反射。它的生理意义在于能够及时抑制吸气,加速吸气和呼气的交替,使呼吸深度减小,呼吸频率增加,呼吸运动较浅而快。在切断一侧迷走神经后,吸气转为呼气受阻,吸气延长、加深,呼吸运动变得较深而慢。当两侧的迷走神经都被切断后,机体的肺扩张反射便不能进行,呼吸运动就变得更加深而慢了。

四、分析论述题:每小题 13 分,共 26 分。

20. 分析体液中 Ca^{2+} 的主要生理作用。

【考点】Ca^{2+} 在体液中的分布;不同部位 Ca^{2+} 的作用。

【解析】Ca^{2+} 在体液中的分布包括细胞内液中 Ca^{2+} 和细胞外液中 Ca^{2+},主要分布在细胞外液中。血浆中的 Ca^{2+} 是内环境的重要组成部分,Ca^{2+} 的含量相对恒定在极小的范围内,它可以降低毛细血管和膜的通透性;降低神经-肌肉的兴奋性;维持神经冲动的正常传导;在突触传递过程中,由于 Ca^{2+} 从突触间隙进入突触前膜,促进突触小泡移动、递质释放,并促进 EPSP 和 IPSP 的产生,完成正常的突触传递。Ca^{2+} 还是凝血因子之一(第Ⅳ因子),参与正常血液凝固。根据需要,血中部分 Ca^{2+} 转移到胎儿或乳中,成为不可缺少的重要成分之一。

Ca^{2+} 在细胞内液中虽然含量很少,但具有重要的生理意义。骨骼肌细胞中,Ca^{2+} 聚集在肌浆网中(而心肌肌浆网释放的 Ca^{2+} 完全依赖于细胞外 Ca^{2+} 的流入),当动作电位沿肌膜传递至肌浆网时,肌浆网的 Ca^{2+} 通过激活了的钙通道释放到胞质,成为兴奋-收缩偶联的关键因子,并引发肌肉收缩,以至维持肌肉的正常收缩。在心肌细胞膜上有钙泵,对心肌细胞复极化后恢复静息状态起着重要作用。此外,Ca^{2+} 作为第二信使,广泛参与了细胞的信号转导过程。

【提示】注意"体液中"的 Ca^{2+} 和"体内"Ca^{2+} 的区别,若问体内 Ca^{2+},一定要包括占体内 99%的骨钙等。问到体液中的 Ca^{2+},既要考虑细胞内液中的 Ca^{2+},又要考虑细胞外液中的 Ca^{2+}。

21. 试述反刍动物唾液分泌的特点及其对瘤胃消化代谢的作用。

【考点】唾液及唾液分泌;反刍动物唾液分泌的特点;反刍动物唾液分泌和瘤胃消化的关系。

【解析】哺乳动物的唾液是腮腺、颌下腺和舌下腺及许多小颊腺分泌的混合液。颌下腺、舌下腺和颊腺的分泌物富含黏液,具有润滑和保护作用,也可以防止瘤胃内泡沫的产生,单胃动物为连续分泌,而反刍动物为间断性分泌;腮腺为浆液性分泌物,但缺少酶,单胃动物为间断性分泌，而反刍动物为连续分泌。不同哺乳动物唾液分泌的量和唾液的成分是有区别的，这与它在消化中的作用是相适应的。反刍动物唾液分泌量大，一方面需浸润饲料，利于吞咽；另一方面对从瘤胃逆呕的饲草在口腔中再咀嚼、再混合唾液、再吞咽更有利。反刍动物唾液的成分也与单胃动物差异甚大。反刍动物唾液内含有大量碳酸氢盐和磷酸盐，碱性强，pH 可达 8.1，大量碱性唾液进入瘤胃，对中和瘤胃微生物发酵所产生的酸、维持瘤胃内环境相对恒定和机体的酸碱平衡具有重要意义。反刍动物唾液内还含有尿素，为瘤胃微生物提供氮源；肝脏内形成的尿素，一部分经唾液重新进入瘤胃，因此，唾液是尿素再循环的中间环节。

【提示】同一个系统内各器官之间功能联系密切。

生 物 化 学

五、单项选择题：每小题 1 分，共 15 分。

22. 选择 C。

【解析】赖氨酸为碱性氨基酸，pI 在碱性范围，pK_R 也在碱性范围。在远离 pI 的中性溶液中，氨基酸的大部分 α-羧基带负电，大部分 α-氨基带正电。对于赖氨酸的 R 侧链氨基来说，中性 pH 时，低于其等电点，因此发生质子化带正电，使整个分子带正电。

23. 选择 A。

【解析】L-α-氨基酸是构成自然界蛋白质的基本结构单位。我们一般说的 20 种氨基酸是蛋白质常见氨基酸，从原核生物到真核细胞，它们的蛋白质组成单元是相同的，都是这 20 种氨基酸，均为 L-氨基酸，除脯氨酸外都含有 α-氨基。

24. 选择 D。

【解析】同源蛋白质主要指起源上的关系，同源蛋白质在一级结构氨基酸顺序上具有相似性，相似性越高，亲缘关系越近。氨基酸残基组成或数目相同，不一定顺序相似。

25. 选择 B。

【解析】巯基乙醇是还原剂，可打断二硫键；尿素和 SDS 为蛋白质变性剂，能破坏次级键，而不是共价键；溴化氰能选择水解 Met 羧基形成的肽键。

26. 选择 A。

【解析】β 亚基发生了单个氨基酸突变，由谷氨酸变成了缬氨酸。

27. 选择 D。

【解析】EB 为扁平小分子荧光染料，可嵌入核酸分子双螺旋中，在紫外线照射下发出荧光，常用于电泳凝胶中核酸分离条带的显示或密度离心时分离核酸的显示。

28. 选择 A。

【解析】DNA 为高度不对称的线形分子，黏度很大。变性后双螺旋打开，碱基外露，紫外吸收增加。变性后的多核苷酸链局部相互作用缠绕，不对称性减少，黏度下降。变性不会使磷酸二酯键发生断裂。

29. 选择 C。

【解析】内膜上有呼吸链成分，可以将高还原力物质的电子和氢传递给氧。四个选项中只有 NADH 是高还原力物质。

30. 选择 B。

【解析】其他三种酶都是以 NAD^+ 为辅酶的。

31. 选择 D。

【解析】棕榈油酸是 16:1 的不饱和脂肪酸，进行 β-氧化时要经过 7 轮反应，13 次脱氢，产生 7 个 NADH、6 个 $FADH_2$ 和 8 个乙酰 CoA，计算能量为 26.5 个 ATP。

32. 选择 B。

【解析】根据大肠杆菌 DNA 连接酶的催化机理，是 NAD^+ 参与形成活性腺苷酰酶，而后完成连接作用，其他选项是陷阱。

33. 选择 C。

【解析】尿素循环中的 NH_4^+ 通常是由谷氨酸氧化脱氨提供的，其他氨基酸如 Asp 和 Arg 参与尿素循环。

34. 选择 D。

【解析】其他选项是陷阱。

35. 选择 C。

【解析】巴斯德效应是指糖的有氧氧化对糖酵解的抑制作用。

36. 选择 D。

【解析】本题是区分几个概念，反转录的概念就是题目。

六、简答题：每小题 8 分，共 24 分。

37. 简述解偶联剂(DNP)使线粒体氧化磷酸化和电子传递链解偶联的作用实质。

【考点】氧化磷酸化偶联；解偶联剂；解偶联机理。

【答题要点】

①DNP 即 2,4-二硝基苯酚，是一种疏水性物质，可以在膜中自由移动。

②DNP 又是一种弱酸，可以解离出质子。

③DNP 通过在线粒体内膜上的自由移动，将线粒体电子传递过程中泵出的质子再带回线粒体内，严重破坏跨线粒体内膜的质子梯度，从而切断氧化磷酸化合成 ATP 的驱动力。

④由于 DNP 不影响电子传递链本身的功能，因此 DNP 存在时线粒体电子传递可以照常进行。

【知识扩展】有关线粒体电子传递和氧化磷酸化的抑制剂、解偶联剂是容易考试的内容之一。有关抑制剂分三类：电子传递链抑制剂、氧化磷酸化抑制剂、解偶联剂。鱼藤酮(抑制 NADH-Q 还原酶活性，使 NADH 上的电子不能传递给 CoQ)、抗霉素 A (抑制电子从 $QH_2 \rightarrow Cyt\ c_1$)、氰化物等(抑制电子从 $Cyt\ c \rightarrow O_2$)可抑制电子传递，但氧化磷酸化因失去驱动力也不能正常进行；寡霉素能抑制氧化磷酸化，但电子传递照常进行；DNP 是典型的解偶联剂，使用后电子传递可进行，但不能产生 ATP。

38. 右面是利用双脱氧法对未知 DNA 序列进行测定的电泳凝胶图，请根据电泳结果写出被测 DNA 的序列。

【考点】双脱氧法测定 DNA 序列的原理。

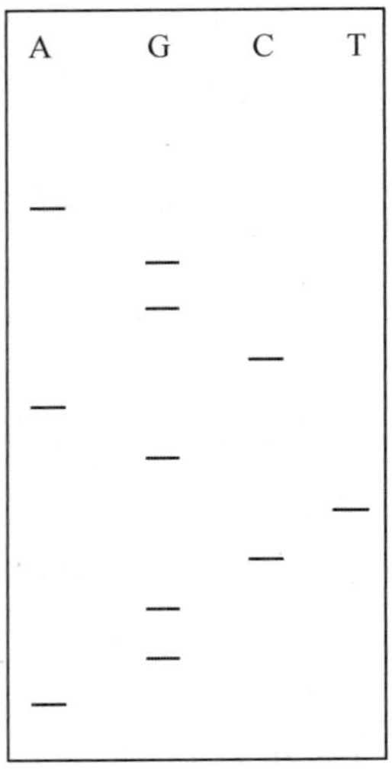

【答题要点】

①写出测序凝胶上的核苷酸序列：5′ AGGCTGACGGA 3′。

②写出上述序列的互补序列：3′ TCCGACTGCCT 5′。

③按照 5′→ 3′写出被测序列：5′ TCCGTCAGCCT 3′。

【知识扩展】从样品在电泳琼脂糖凝胶中运动速度与分子大小的关系可知，分子量较小的核苷酸走在凝胶的底部，因此第一步读取凝胶中核苷酸的序列，我们也可以从上往下读，只是注意写出的序列与常规写法不同，此时左边是 DNA 的 3′，而右边是 5′，即

3′ AGGCAGTCGGA 5′

而后直接对应写出其互补序列，该序列正好是 5′在左边，即

5′ TCCGTCAGCCT 3′

这个方法比答题要点给出的方法更为简单，只需要两步，而且不易出错。

39. 请描述糖核苷酸的合成过程，并举例说明 UDPG、ADPG 分别参与了哪些物质的合成代谢。

【考点】糖核苷酸的概念、合成过程及作用。

【答题要点】

①糖核苷酸的合成

1-磷酸葡萄糖 ＋ NTP → NDPG ＋ 焦磷酸　由核糖核苷二磷酸葡萄糖焦磷酸化酶催化

②ADPG 参与淀粉的合成

ADPG ＋（葡萄糖）$_n$ → ADP ＋（葡萄糖）$_{n+1}$　由淀粉合酶催化

③UDPG 参与蔗糖、糖原、纤维素的合成

UDPG ＋ 6-磷酸果糖 → 磷酸蔗糖 ＋ UDP　由蔗糖-6-磷酸合酶催化

磷酸蔗糖 → 蔗糖 ＋ Pi　由磷酸蔗糖酯酶催化

UDPG ＋（葡萄糖）$_n$ → UDP ＋（葡萄糖）$_{n+1}$　由糖原合酶催化

UDPG ＋（葡萄糖）$_n$ → UDP ＋（葡萄糖）$_{n+1}$　由纤维素合酶催化

【知识扩展】糖核苷酸在二糖和多糖合成过程中起非常重要的作用。首先了解什么是糖核苷酸，其次是参与糖核苷酸合成的底物和催化反应的酶，最后需要了解糖核苷酸的种类和功能。这些知识可以单独也可以结合在一起作为考点。

七、实验题：10 分。

40. 如何用动物细胞融合技术证明生物膜的流动性？

【考点】生物膜流动性；细胞融合；细胞表面抗原。

【答题要点】

①不同物种动物细胞表面具有特异蛋白。分别针对特异蛋白对两种细胞如人细胞和鼠细胞进行不同荧光基团（如红色和绿色）标记，使人细胞呈现红色荧光，鼠细胞呈现绿色荧光，然后合适条件下保温、促进两种标记细胞的融合。

②在不同时间取样置于荧光显微镜下观察。如果在融合初期看到的杂合细胞的两半分别呈现不同颜色荧光，而当融合到一定时间后，两种颜色的荧光点转变为均匀分布，即可

证明膜蛋白在脂双层中发生了“流动”。

【知识扩展】动物细胞没有细胞壁，膜表面有特异蛋白，可直接进行免疫荧光标记。有不同的荧光标记物，分别呈现红色、绿色、黄色、蓝色等，它们需要一定波长的紫外光激发才能看到。利用细胞融合技术证明膜蛋白流动，必须用不同荧光标记不同细胞。如果用植物细胞，需要首先去掉细胞壁，然后用原生质体操作。由于大多数本科生尚未直接接触过此类实验，在回答时，常出现关键技术错误，如“进行放射性标记后进行光学显微观察”。殊不知放射性标记是不能用光学显微镜直接观察的。有的虽然提到用抗体标记，但没有明确针对不同细胞膜特异抗原（或蛋白）标记，显得思路不清。证明膜蛋白的流动性还可用光漂白技术，就是先将活细胞的某种蛋白进行荧光标记，荧光显微镜下可见整个细胞呈现均匀荧光；然后再用激光对细胞某一点进行连续照射，使发生光漂白。此时，可见照射点的荧光猝灭，显示为无荧光区。之后将细胞在合适温度下放置一定时间再观察。如果整个细胞表面又呈现均匀分布的荧光，则可证明生物膜上的蛋白质发生了流动。

八、分析论述题：每小题 13 分，共 26 分。

41. 比较 mRNA、tRNA、rRNA 在功能上的共性和特性，并结合前沿进展讨论核酶与 rRNA 的关系及发现核酶的重要意义。

【考点】RNA 功能的多样性；分析综合能力；核酶。

【答题要点】

①功能上的共性：都参与蛋白质合成。

②功能上的特性：mRNA 携带着来自基因的遗传密码，决定多肽链的氨基酸顺序，是蛋白质合成的模板。tRNA 通过反密码子识别 mRNA 上的密码子，在蛋白质合成中携带特异的氨基酸掺入到蛋白质特定序列中。rRNA 是构成核糖体的重要骨架组分，为蛋白合成提供合适的场所。

③核酶是具有催化活性的核酸分子，它具有一定的专一性、高效性等酶特征。近些年发现 rRNA 不仅与蛋白质一起构成核糖体，而且有的 rRNA 具有核酶功能，在肽键合成中发挥一定作用，并参与肽键的形成。

④核酶的发现具有重要的科学意义：拓展了酶的概念，改变了“酶一定是蛋白质”的传统观念；揭示了内含子自我剪接的奥秘，促进了 RNA 加工机理的研究；为生命起源和分子进化提供了新的依据。

【知识扩展】过去一直认为 rRNA 只是构成核糖体的“骨架”，生物合成蛋白质的主角是核糖体中的蛋白质，自从发现 23S rRNA 能作为“核酶”催化肽键形成，rRNA 在核糖体中的作用越来越受到关注。20 世纪 80 年代，T. Cech 等在研究四膜虫 26S rRNA 前体（6 400 bp）成熟过程时首先发现了核酶。

42. 在无细胞翻译体系中，按照 4∶1 的比例加入 A 和 G。如果以 A、G 形成的 mRNA 为蛋白质合成模板，则有哪些氨基酸参与蛋白质合成？请写出这些氨基酸的密码子，并指出哪种氨基酸掺入的频率最高，哪种氨基酸掺入的频率最低（密码字典请参考相关教材）。

【考点】密码子的特性，特别是简并性。

【答题要点】

①如果以 A、G 形成的 mRNA 为蛋白质合成模板，则模板中密码子应该包括：AAA、

AAG、AGA、GAA、AGG、GAG、GGA 和 GGG，它们分别是氨基酸 Lys、Lys、Arg、Glu、Arg、Glu、Gly 和 Gly。

②由于底物 A 与 G 的比例是 4∶1，因此在形成模板时，AAA 密码子出现的频率应该是 4×4×4，即 64；AAG、AGA、GAA 出现的频率应该是 4×4×1，即 16；AGG、GAG、GGA 出现的频率应该是 4×1×1，即 4；GGG 出现的频率应该是 1×1×1，即 1。所以，在氨基酸掺入时，Lys 出现的频率最高，而 Gly 出现的频率最低。

【知识扩展】密码子的特点是生物化学蛋白质合成一章中的重要内容。除密码子的简并性外，识别密码子的反密码子，其碱基的摆动性在与密码子识别时也非常有特点，通常人们也认为是密码子的摆动性。利用这个知识点，请同学以“生物体内有 20 种氨基酸，编码这 20 种氨基酸的密码子有多少个？同时在蛋白质合成时，推测至少应该有多少种 tRNA 运输这些氨基酸？请写明理由”为题目进行练习。

全真模拟试题六答案及解析

一、单项选择题：每小题 1 分，共 15 分。

1.【考点】考查对神经调节、体液调节及自身调节的理解。

【解析】选择 C。

角膜反射完全是神经调节。

【提示】可以举一反三，再举例进行解析。

2.【考点】钠泵转运 Na^+ 和 K^+ 的特点。

【解析】选择 B。

选项 A、C、D 的叙述，说明了钠泵转运钠、钾离子的特点，而钠泵转运钾离子时，是不必逆浓度梯度进行的，因此选项 B 不是钠泵的特征。

【提示】注意问题需要选择的是“不”。

3.【考点】神经干复合动作电位的特点。

【解析】选择 D。

神经干是由粗细不同的神经纤维组成的，兴奋性各不相同，因此它的幅度随刺激强度的增大而增大，不符合“全或无”的规律；所谓的兴奋阈值也只是指兴奋性最高的纤维的兴奋阈值；所记录出的电位变化，是两记录电极间的相对电位差，而不是细胞内外的电位变化。

【提示】搞清神经干动作电位与神经细胞动作电位的区别及记录方式的差异。

4.【考点】明确自律细胞和非自律细胞的最主要区别。

【解析】选择 C。

自律细胞与非自律细胞都没有超极化电位；它们的 0 期去极化速度和动作电位时程的长短是有区别的。然而，自律细胞产生自动节律性兴奋的基础是自动去极化，这是与非自律细胞的最大区别，显而易见正确答案应是选项 C。而不是选项 A、B、D 中的任何一项。

【提示】明确概念。

5.【考点】红细胞特性。

【解析】选择 D。

红细胞在抗凝血中第一小时末下沉的距离常用于表示红细胞的沉降速度，称为红细胞的沉降率，简称为血沉。红细胞能相对稳定地悬浮于血浆中的特性，即为红细胞的悬浮稳定性，其大小与血沉速度密切相关。本题 A、B、C、D 四个选项，均为红细胞的特性，但只有选项 D 可能与血沉加快有关。因而，只有选项 D 是正确的。

【提示】还应了解影响血沉变化的各种原因及测定血沉的临床诊断意义。

6.【考点】动脉血压的形成及影响因素。

【解析】选择 C。

本题中四个选项均是形成动脉血压的因素。可以看出，当外周阻力减小时，舒张压的降低比收缩压的降低明显，在一般的情况下，舒张压的高低主要反映外周阻力的大小。

【提示】充分理解形成动脉血压的各因素。

7.【考点】内呼吸的概念。

【解析】选择 D。

高等动物呼吸的全过程，由外呼吸、气体在血液中的运输和内呼吸三个环节组成。其中，内呼吸包括组织细胞与组织毛细血管血液之间的气体交换即组织换气和细胞内的生物氧化过程。因而，该题的正确选项应该是 D，它属于内呼吸的一部分。

【提示】了解呼吸的全过程的概念和影响因素。

8.【考点】反刍动物逆呕的概念和过程。

【解析】选择 C。

反刍动物逆呕是反刍过程最先发生的部分，当粗糙的饲料刺激了网胃、瘤胃前庭等黏膜感受器后，反射性引起网胃发生附加收缩，部分内容物上升至贲门口，食管扩张、食管逆蠕动等使胃内容物又回到口腔的过程。显然 A、B、D 选项与题干要求不相吻合。

【提示】吃透概念。

9.【考点】考查动物进入寒冷环境时增加产热量的主要方式。

【解析】选择 B。

当动物进入寒冷环境时，机体会发生骨骼肌不随意的节律性收缩，不做外功但产热量高的寒战产热的形式来抵御寒冷，维持体温的恒定。温度刺激性肌紧张是动物刚进入寒冷环境中的初始反应，并不能明显增加机体的产热量；另外，当机体较长时间处于寒冷环境中时，激活下丘脑-腺垂体-甲状腺轴，体内会发生广泛的代谢产热如肝脏代谢亢进等非寒战性产热增加的现象来维持机体体温的恒定。故选项 B 为正确答案。

【提示】注意区分寒战产热及非寒战产热产生的条件。

10.【考点】肾素-血管紧张素系统中血管紧张素Ⅱ的产生及功能。

【解析】选择 D。

血管紧张素Ⅱ在氨基肽酶的作用下可转化为血管紧张素Ⅲ；其主要功能是可刺激肾上腺皮质球状带醛固酮的分泌，促进血管收缩，使血压上升。可刺激肾上腺髓质分泌肾上腺素是血管紧张素Ⅰ的功能。故正确答案为选项 D。

【提示】明确肾素-血管紧张素系统的组成及功能；注意题干部分设问为“错误的是”。

11.【考点】明确肾小管的组成及不同部位的重吸收功能。

【解析】选择 A。

肾小管的不同部位可以重吸收不同物质。近曲小管主要重吸收葡萄糖和氨基酸，还有水、无机盐等；远曲小管和集合管可以重吸收水、无机盐。

【提示】肾小管不同部位还有哪些功能？

12.【考点】感受器的生理特性。

【解析】选择 D。

感受器的一般生理特性包括：①感受器对刺激具有选择性，即只对某种特定形式的刺激最敏感，这种刺激为适宜刺激。②感受器的换能和放大作用。③感受器的编码作用。④感受器的适应现象，是指一定强度的刺激持续作用于感受器时所引起的感觉冲动频率随刺激时间延长而逐渐降低的现象。故选项 D 为正确答案。

【提示】掌握感受器的生理特性，注意看清题干。

13.【考点】激素作用的一般特性。

【解析】选择 A。

选项 A、B、C 都是激素作用的一般特性。按照所问问题，选项 A 是正确的。原因是激素在作用于靶细胞时，无论是按“第二信使学说”或是按“基因表达学说”的机制进行反应，直至最后产生生物学效应，都是激活一系列的连锁反应，逐渐放大效果，形成一个效能极高的生物放大系统。因而，尽管在正常生理状态下血中激素含量很低，却能起到有效的生理作用。

【提示】除了掌握激素作用的一般特性外，还应知道每个特性在体内的具体实例。

14.【考点】发情周期中激素的调控。

【解析】选择 C。

诸多内外环境因素影响着动物的发情周期。其中，各种因素通过下丘脑-腺垂体-卵巢轴的调控作用尤为重要。下丘脑接受体内外各种信号分泌 GnRH，再促进腺垂体 FSH 和 LH 分泌，两者协同作用于卵巢，调节卵巢激素的合成和分泌及卵泡的生长发育。随着卵泡的成熟，雌激素分泌增加，一方面作用于生殖器官，另一方面与少量孕酮协同作用于中枢神经系统使动物有发情表现。发情周期中，下丘脑-腺垂体-性腺轴的调节主要是负反馈调节。但此后，雌二醇会通过负反馈抑制 FSH 分泌，又正反馈引起 LH 的分泌高峰，使卵泡最终发育成熟并排卵。因而，本题的正确选项为 C。

【提示】注意其他体内的正反馈调节实例。

15.【考点】附睾的功能。

【解析】选择 D。

睾丸具有生精作用，指从精原细胞发育为精子的过程。但精子发育成熟并获得运动能力的部位是附睾，选择正确答案应该是 D。输精管只是输送精子及其周围液体的通路，前列腺是副性腺之一，均与精子的发育成熟并获得运动能力无关。

【提示】掌握 A、B、C、D 四个选项的生理功能以及睾丸功能的调节。

二、简答题：每小题 8 分，共 24 分。

16. 比较神经纤维传导兴奋和神经-肌肉接头传递兴奋的不同之处。

【考点】明确神经纤维传导兴奋和神经-肌肉接头传递兴奋的特征以及它们间的异同。

【解析】可以从传播方向、传播速度、传导方式、耗能水平以及对外界影响的反应等方面进行比较不同之处。

神经纤维是双向传导，而神经-肌肉接头是单向传导；神经纤维传导速度快、均匀而神经-肌肉接头因有突触延搁，传递缓慢；神经纤维传导兴奋的方式，是以动作电位的形式，符合“全或无”定律，而神经-肌肉接头传递兴奋的方式是以“电-化学递质-电”的方式进行，产生的终板电位是局部电位，当刺激强度增大，化学递质（ACh）释放就增多，局部电位可进行时间与空间的总和；神经纤维传导兴奋代谢水平低而神经-肌肉接头消耗能量高；神经纤维传导兴奋不易受外界环境的影响，相对不疲劳；而神经-肌肉接头易受外界环境的影响，容易产生疲劳。

【提示】可以结合实际例子来充分理解二者的不同之处。

17. 血液的血浆渗透压如何组成？有何生理意义？

【考点】血浆渗透压的概念、组成和生理意义；血浆晶体渗透压的概念、组成和生理意义；血浆胶体渗透压的概念、组成和生理意义。

【解析】血浆渗透压是指血浆的总渗透压，由血浆晶体渗透压和血浆胶体渗透压组成。血浆渗透压约为 7.6 个大气压（约 771.0 kPa），与有机体细胞的渗透压相等。

血浆晶体渗透压是由血浆中的晶体物质（80％是来自 Na^+ 和 Cl^-）所形成的渗透压，约占血浆总渗透压的 99.5％。血浆晶体渗透压对于维持细胞内外水分平衡、细胞内液与组织的物质交换、消化道对水分和营养的吸收、消化腺的分泌活动以及肾脏中尿的生成等生理活动，都具有重要的作用。

血浆胶体渗透压是由血浆蛋白质（75％～80％来自白蛋白）所形成的渗透压，约占血浆总渗透压的 0.5％。血浆胶体渗透压对于维持血浆和组织液之间的液体平衡具有重要作用。

【提示】与血浆渗透压相关的等渗溶液以及等渗的氯化钠和葡萄糖溶液概念。

18. 机体在突然受到极度寒冷刺激时会有何反应？

【考点】伤害刺激；应急反应；应激反应。

【解析】突如其来的极度寒冷刺激，对于机体是一种伤害刺激。首先动物会尽量避开寒冷环境。然后，机体交感-肾上腺髓质系统在极度寒冷刺激下，能够将机体的功能活动紧急调动起来，从而应对机体受到的这种寒冷伤害刺激，即发生应急反应。

当机体遇到伤害刺激如极度寒冷刺激时，能够作为应激刺激（应激原）激活下丘脑-腺垂体-肾上腺皮质轴，导致 ACTH 和糖皮质激素分泌增加，即发生应激反应。应激反应是一种非特异性反应，可有多种激素参与，通过神经和内分泌的反应以及由此而产生的一系列功能和代谢变化，调整机体对应激刺激的适应性和抵御能力，从而应对极度寒冷刺激对机体的危害。

另外，为应对寒冷刺激，机体会通过寒战性产热和代谢产热来调节体温。

【提示】应急反应与应激反应有着类似的各种刺激。受到有害刺激时，两种反应往往相互伴随发生，共同维持机体的适应能力。

三、实验题：10 分。

19. 设计实验证明，适当增加家兔吸入气中的 CO_2 浓度和血中的 H^+ 浓度对血压和呼吸的影响。简要写出实验方法与步骤，预测并分析实验结果。

【考点】测定家兔血压的方法和步骤；测定家兔呼吸的方法和步骤；增加家兔吸入气中的 CO_2 浓度和动脉血中的 H^+ 浓度的方法；增加家兔吸入气中的 CO_2 浓度对家兔血压和呼吸的影响；增加家兔动脉血中的 H^+ 浓度对家兔血压和呼吸的影响。

【解析】

(1)实验方法与步骤

①家兔称重、麻醉后，背位交叉固定于手术台上，术部剪毛、消毒。

②暴露气管和颈动脉，分离气管并安插气管插管，分离颈动脉并安插一侧动脉套管。

③将气管插管与呼吸换能器相连，用信号记录设备记录由呼吸换能器所得到的信号，从记录的曲线反映家兔的呼吸运动状态。

④将动脉套管与压力换能器相连，用信号记录设备记录动物血压变化。

⑤描记正常呼吸运动和血压曲线。

⑥将气管插管一侧与装有 CO_2 的球胆相连,观察和描记吸入气中 CO_2 浓度增加对呼吸和血压的影响。

⑦耳缘静脉注射一定量乳酸(2%,2 mL),观察和描记其对呼吸和血压的影响。

(2)结果预测及分析

①无论是吸入一定量的 CO_2 还是静脉注射一定量的乳酸,家兔的呼吸运动都会增强,血压也会有所升高。但吸入 CO_2 比静脉注射乳酸的效果更加明显,因为 CO_2 是调节呼吸的最重要的化学因素。

②吸入一定量的 CO_2,使动脉血 P_{CO_2} 升高,引起呼吸加深加快。CO_2 通过刺激中枢和外周化学感受器两条途径使呼吸中枢兴奋,呼吸加深加快。在适量低氧的情况下,由外周化学感受器通过化学感受性反射活动,可以对心血管活动起到一定的调节作用,引起血压升高。

③静脉注射乳酸后,家兔的呼吸加深加快,因为乳酸提高了血液中的 H^+ 浓度。由于 H^+ 不易透过血脑屏障,因而对于中枢化学感受器的直接作用不大,主要还是通过刺激外周化学感觉器,反射性引起延髓呼吸神经元和心血管活动神经元的活动发生改变,呼吸加深加快,并间接地引起心率加快,心输出量增加,外周血管阻力增大,血压升高。

【提示】

①CO_2 过量,可以产生麻醉、昏迷现象,甚至死亡。

②血中 H^+ 浓度过高,可以产生酸中毒。

四、论述题:每小题 13 分,共 26 分。

20. 正常单胃草食动物大肠内如何维持其生态环境的稳定性?

【考点】考查对正常单胃草食动物大肠内维持其生态环境的条件及如何维持其稳定性的理解。

【解析】正常单胃草食动物大肠具有特定的结构,其内有丰富的营养物质和大量的厌氧微生物。大肠包括盲肠、结肠和直肠,不仅长而且粗,是纤维素消化的主要场所,其内有经胃肠未完全消化吸收的丰富的营养成分、厌氧环境、适应的温度、pH 和大肠的特殊运动(固定的结肠袋收缩,类似于小肠的分节运动、盲、结肠的蠕动和逆蠕动以及集团蠕动)等。以上环境适合厌氧微生物生长、繁殖。这些微生物可将纤维素不断分解成低级脂肪酸,并连同其他营养物质和水分在盲、结肠被吸收,形成的粪便在直肠暂时积存并排出。这样动态的变化,适合形成稳定的厌氧微生物区系,以维持其稳定性。

【提示】在回答“维持正常生态环境的稳定性”一定要将“静态”条件和“动态”变化结合起来考虑。

21. 何为 EPSP 与 IPSP? 阐述二者异同。

【考点】EPSP 与 IPSP 的概念、功能;二者的异同点。

【解析】在突触传递过程中,发生在后膜上的电位变化称为突触后电位。根据突触后膜发生去极化或超极化,可将突触后电位分为兴奋性突触后电位和抑制性突触后电位。EPSP,即兴奋性突触后电位。其产生过程及相关机理如下:当突触前膜释放的兴奋性递质与突触后膜上受体结合后,使后膜对 Na^+、K^+ 等离子,尤其是 Na^+ 的通透性增高,导致突触后膜除极化产生兴奋性突触后电位(EPSP),具有局部电位特点。EPSP 经过总和,在轴突始段首先达到阈值，产生动作电位，表现为兴奋效应。IPSP，即抑制性突触后电位。当突触前膜释放的抑制性递质与突触后膜上受体结合后，使后膜对 Cl^-、K^+ 等离子，尤其是 Cl^- 的通透性增高，导致突触后膜超极化，产生抑制性突触后电位。IPSP 使突触后神经元兴奋性降低，表现为抑制效应。

EPSP 与 IPSP 相同点：二者均为局部电位，可进行时间和空间的总和。

二者的差异如下表所示。

项目	EPSP	IPSP
突触前神经元	兴奋性	抑制性（中间神经元）
递质	兴奋性	抑制性
突触	兴奋性	抑制性
后膜离子	钠离子（主要）和钾离子	氯离子（主要）和钾离子
后膜电位	去极化	超极化
产生结果	突触后神经元易产生动作电位（兴奋）	突触后神经元难产生动作电位（抑制）

【提示】清楚掌握两种突触后电位的基本知识及二者异同。另外，EPSP 的产生可能还有 Ca^{2+} 的参与。

生 物 化 学

五、单项选择题：每小题 1 分，共 15 分。

22. 选择 C。

【考点】标准氨基酸。

【解析】蛋白质标准氨基酸是指具有自己的密码子，直接参与蛋白质合成的氨基酸，它们在蛋白质中出现频率很高。标准氨基酸有 20 种，在蛋白质行使功能时有些发生修饰。

23. 选择 C。

【考点】氨基酸特征及其三字母符号。

【解析】第 1 个为甲硫氨酸，含有甲硫基；第 2 个为异亮氨酸；第 6 个为丝氨酸残基，含有羟基；第 7 个为苯丙氨酸，侧链不含极性基团。

24. 选择 B。

【考点】酶的本质。

【解析】核酶也属于酶，本质是核酸。

25. 选择 B。

【考点】维持蛋白质构象的作用力。

【解析】并非所有蛋白质三维结构中都含二硫键；三维结构包括各类二级结构，氢键和疏水力都是必需的。

26. 选择 B。

【考点】蛋白质显色定量原理。

【解析】根据比尔定律进行显色反应并利用分光光度计测定含量时，一方面方法的灵敏度不同,另一方面受分光光度计所限,只有在一定浓度范围内才会使显色深度与蛋白质浓度呈正比关系。

27. 选择 D。

【考点】生物化学常用单位。

【解析】米氏常数的单位和底物浓度相同,都是 $mol \cdot L^{-1}$;从比尔定律 $A=\varepsilon cl$,c 为浓度,$mol \cdot L^{-1}$;l 为比色杯光径,单位是 cm,可以推算出:摩尔消光系数的单位是"$L \cdot mol^{-1} \cdot cm^{-1}$"。

28. 选择 B。

【考点】蛋白质柱层析介质。

【解析】蛋白质柱层析介质有各种,但都是在含水的溶液中进行的,因此要求介质必须具有亲水性。亲和层析介质含有特异配基,离子交换层析再生时有酸碱处理。流动相和固定相不能相互转化。

29. 选择 D。

【考点】EMP 途径中的底物水平磷酸化反应。

【解析】在 EMP 途径中有两步底物水平磷酸化反应,除答案外,还有 PEP 到丙酮酸的那步反应。另外,在 TCA 循环中还有琥珀酰 CoA 生成琥珀酸的反应。

30. 选择 C。

【考点】脂肪酸 β-氧化过程中的脱氢反应。

【解析】脂肪酸 β-氧化过程中有两步脱氢反应,分别是脂酰 CoA 生成烯脂酰 CoA,L-β-羟脂酰 CoA 生成 β-酮脂酰 CoA 的过程,受氢体分别是 FAD 和 NAD^+。因此,计算能量时,一次 β-氧化生成 5 个 ATP(按照 $FADH_2$ 生成 2 和 $NADH+H^+$ 生成 3 个 ATP 进行计算),18:0 脂肪酸需要 8 次 β-氧化,因此生成 40 个 ATP。

31. 选择 C。

【考点】核苷酸参与生物分子合成的过程,本题是有关磷脂的合成。

【解析】常见的核苷酸参与生物分子合成的过程有以下几类:UTP 以 UTPG 的形式参与糖原的合成,ATP、GTP 参与蛋白质的合成,CTP 以 CDP-胆碱参与卵磷脂(磷脂酰胆碱),或者以 CDP-乙醇胺参与脑磷脂(磷脂酰乙醇胺)的合成。

32. 选择 B。

【考点】科学家与逆转录酶。

【解析】连续 4 年的考题中都出现科学家与其贡献对应关系的问题。本考点涉及逆转录酶的发现。在配套的辅导书中新增科学家与其重大发现的内容,便于大家参阅。

33. 选择 D。

【考点】DNA 的修复类型。

【解析】了解 DNA 修复类型特点,可以发现胸腺嘧啶二聚体引发的 DNA 损伤,其修复是不能通过错配修复完成的。

34. 选择 D。

【考点】酶的分类。

【解析】通过了解各类酶的特点,判断酶的分类地位。转氨酶属于基团转移,因此选择 D。

35. 选择 A。

【考点】磷酸戊糖途径，即 PPP 途径的调节。

【解析】6-磷酸葡萄糖脱氢酶是 PPP 途径的关键调节酶。

36. 选择 A。

【考点】EMP 途径脱氢反应和乳酸发酵的还原反应。

【解析】3 分子葡萄糖经过 EMP 途径脱氢生成 6 个 $NADH+H^+$ 和 6 分子丙酮酸，而当 6 分子丙酮酸再生成 6 分子乳酸时需要消耗 6 个 $NADH+H^+$，因此整个反应过程净生成 0 个 $NADH+H^+$。

六、简答题：每小题 8 分，共 24 分。

37. 蛋白质的生物功能通常分为六大类。请列出这六大功能，并分别举一例。

【考点】蛋白质生物功能多样性。

【答题要点】

①酶催化作用。如蛋白酶，能加速蛋白质水解，这不仅可使氨基酸得以有效利用，还有助于细胞中无用蛋白质的清除(1.5 分)。

②运输和储藏。如血液中的血红蛋白，能将氧气从肺部运输到身体的各组织(1.5 分)。

③细胞运动。如肌动蛋白和肌球蛋白，是参与肌肉收缩运动的主要组分(1.5 分)。

④机械支撑作用。如胶原蛋白，广泛存在于脊椎动物骨骼中，有助于骨骼承受和传送力(1.5 分)。

⑤免疫保护。如脊椎动物免疫反应所产生的抗体，能特异识别并排除外来入侵物(1 分)。

⑥调控作用。如胰岛素，可以调节血糖水平(1 分)。

38. 简述原核生物大肠杆菌蛋白质合成 70S 起始复合物的形成过程。

【考点】原核生物蛋白质合成的起始过程。

【答题要点】该过程包括 30S 起始复合物和 70S 起始复合物形成两个阶段，涉及 3 个起始因子。

(1)30S 起始复合物形成

核糖体小亚基有 3 个位点 E、P 和 A。IF1、IF2 和 IF3 分别是 3 个起始因子。

当 IF1 和 IF3 与核糖体结合后，核糖体解聚。IF1 和 IF3 分别结合在核糖体小亚基的 A 位点和 E 位点。在 GTP 参与下，IF2 引导起始 fMet-$tRNA_f^{Met}$ 进入核糖体小亚基的 P 位点，同时 mRNA 通过其 SD 序列与核糖体小亚基的 16S rRNA 上的反 SD 序列识别与核糖体小亚基结合，结果 30S 起始复合物形成。mRNA 的起始密码子位于核糖体小亚基 P 位点处。

(2)70S 起始复合物形成

30S 起始复合物形成之后，IF1、IF2 和 IF3 完成其作用被释放，此时的核糖体 50S 大亚基易于与 30S 起始复合物结合，结果 70S 起始复合物形成。此时，核糖体 A 位点空缺，等待下一个氨酰 tRNA 的进入，蛋白质合成起始过程完成。

【知识拓展】大肠杆菌蛋白质的合成涉及 9 种蛋白质因子。分别是 IF1、IF2 和 IF3 三种起始因子，EF-Tu、EF-Ts 和 EF-G 三种延伸因子以及 RF1、RF2 和 RF3 三种终止因子。该题主要涉及起始因子、核糖体的功能位点、mRNA与核糖体的识别等一些知识点。相关的考题还包括大肠杆菌蛋白质合成的延伸过程，答题关键点类似，这里不再赘述。

39. 请论述原核生物大肠杆菌DNA滞后链的合成过程。

【考点】原核生物DNA的复制。

【答题要点】原核生物大肠杆菌DNA复制包括前导链和滞后链的合成，由于滞后链的合成更为复杂，根据题目这里只涉及滞后链的合成过程。

(1)参与DNA复制的酶和蛋白质

主要包括引物酶、DNA聚合酶Ⅰ、DNA聚合酶Ⅲ、连接酶以及SSB蛋白等。

引物酶：用于引物的合成，通常负责短的RNA引物合成，该引物为后续DNA聚合酶Ⅲ引入核苷酸提供连接位点。

DNA聚合酶Ⅰ：切除引物并填补空隙。

DNA聚合酶Ⅲ：是原核生物大肠杆菌DNA复制中的主要复制酶。它负责前导链和滞后链的合成。

DNA连接酶：将DNA双螺旋中的单链DNA片段连接起来。

SSB蛋白：保护单链模板不重新形成双螺旋，不被核酸酶降解。

(2)冈崎片段的合成

1968年日本科学家冈崎发现在DNA复制时新合成的两条DNA链中一条是由短的DNA片段连接而成，后将这些短DNA片段称为冈崎片段，由冈崎片段连接而成的长的DNA链被称为滞后链。DNA聚合酶Ⅲ以RNA引物3′端为连接位点，催化新的脱氧核糖核苷酸不断掺入。当新合成的DNA片段长度达到一定时，由DNA聚合酶Ⅰ切除引物填补空隙，此时冈崎片段合成完成。

(3)滞后链的合成

DNA连接酶将冈崎片段连接起来产生DNA滞后链。与前导链相比，滞后链的合成是不连续的。

【知识拓展】原核生物DNA的复制是农学门类生物化学中的一个重要知识点。在考题中它可以以各种形式出现。简单直白的出题方式就是本题的形式，或者以“请论述参与原核生物DNA复制的酶和相关蛋白质”；或者“论述原核生物DNA的半不连续复制”等，目的在于考核同学们对原核生物DNA复制过程和参与该过程的酶与相关蛋白质功能的掌握情况。

七、实验题：10分。

40. 蛋白质电泳是实验室常用技术之一。请阅读下述文字，结合蛋白质电泳原理和具体实验操作过程完成填空。

【考点】SDS-PAGE技术。

【答题要点】

在进行蛋白质变性电泳时，常用的蛋白质变性剂是SDS，即十二烷基硫酸钠，它是一种非离子型去污剂，能破坏蛋白质的疏水力，使非极性基团暴露。在制备SDS-PAGE电泳凝胶时，除了需要丙烯酰胺、甲叉双丙烯酰胺、过硫酸铵、SDS溶液外，还需要加入一种具有浓烈味道的微量液体试剂TEMED以加速凝胶聚合反应。凝胶制备很简单，通常将事先配制好的电泳胶储液按一定比例混合，但过硫酸铵需要新鲜配制。对于不连续电泳，在双层垂直玻璃板之间首先灌入分离胶，然后在胶上再加一薄层水，这不仅能使胶表面整齐，而且可以加速凝胶的聚合反应，因为丙烯酰胺凝胶的聚合需要无氧条件。当在凝胶和水之间出现界面时表明凝胶已经聚合好，就可以除去水层，加入浓缩胶了。

八、分析论述题：每小题 13 分，共 26 分。

41. 一个蛋白质分子的某些氨基酸残基明明发生了突变，但在功能上并没有表现出明显变化。请结合这一现象，用辩证的观点讨论蛋白质一级结构与功能的关系。

【考点】氨基酸突变与蛋白质结构、功能关系。

【答题要点】

一级结构是蛋白质的重要结构，一级结构决定高级结构，高级结构决定生物功能。

蛋白质多肽链在折叠为天然构象时，不同位点氨基酸的贡献是不同的。

有些位点的氨基酸残基在进化上比较保守，称为不变残基或保守残基，它们对蛋白质特定结构和功能非常重要，如果发生突变，蛋白质极易丧失正常功能；有些位点的氨基酸残基可以发生改变，称为可变残基，它们对蛋白质的结构和功能没有特殊影响，一般只在物种进化中起作用，与免疫性有关。

另外，有时虽然发生了突变，但氨基酸性质相近，属于氨基酸替代，也不会表现出蛋白质功能的差别。可见，蛋白质的一级结构与生物功能的关系是辩证的，既具有保守、严格的对应关系，又有一定的变异性，以适应物种进化的需要。

42. 请讨论在葡萄糖经过糖酵解和 TCA 循环彻底氧化分解为 CO_2 和 H_2O 这个过程中有哪些代谢调控酶，并写出这些酶催化的反应。

【考点】葡萄糖有氧代谢的调节。

【答题要点】分成 EMP 途径、丙酮酸脱氢以及 TCA 循环三个阶段，分别说明参与代谢调节的酶及其催化的反应。

(1)EMP 途径：己糖激酶

葡萄糖 → 6-磷酸葡萄糖

磷酸果糖激酶

6-磷酸果糖 → 1,6-二磷酸果糖

丙酮酸激酶

PEP → 丙酮酸

中磷酸果糖激酶的调节最为关键。

(2)丙酮酸脱氢

丙酮酸脱氢酶复合体(丙酮酸脱氢酶为主)

丙酮酸 → 乙酰 CoA

(3)TCA 循环

柠檬酸合酶

草酰乙酸 ＋ 乙酰 CoA → 柠檬酸

异柠檬酸脱氢酶

异柠檬酸 → α-酮戊二酸

α-酮戊二酸脱氢酶

α-酮戊二酸 → 琥珀酰 CoA

其中柠檬酸合酶的调节最为关键。

【知识拓展】上述考题为非常基础的题目，主要目的是考查学生对葡萄糖有氧代谢的掌握情况，也可以以“请讨论在葡萄糖有氧代谢彻底生成 CO_2 和 H_2O 的过程中，哪些反应产生 CO_2，并写出催化反应的酶及酶活性的调节”命题。同学们可以自己设计相关的问题并尝试给出答案。

全真模拟试题七答案及解析

动物生理学

一、单项选择题：每小题 1 分，共 15 分。

1.【考点】考查对正、负反馈概念的理解。

【解析】选择 D。

在血压突然发生变化时，通过压力感受反射，反馈信息可使原来的活动减弱，维持血压的相对稳定，为负反馈调节；而选项 A、B、C 三个活动的过程中，反馈信息均可使原来的活动加强，故为正反馈调节，正确答案为选项 D。

【提示】要想对生理学中基本概念或基本理论理解得比较深刻，一定要与生理过程中的实际例子相结合。

2.【考点】同一细胞兴奋传导的特点。

【解析】选择 B。

同一细胞兴奋产生的动作电位可以沿细胞膜传导到整个细胞，传导是不衰减的，有髓纤维是以跳跃式方式传导的，无髓纤维传导的机制是通过局部电流实现的。因此，选项 B 是不符合细胞兴奋传导的特点，也正是该题的正确答案。

【提示】注意问题需要选择的是“不”。

3.【考点】血浆渗透压的概念和特性。

【解析】选择 D。

血浆渗透压是血浆晶体渗透压和血浆胶体渗透压的总和，约为 7.6 个大气压（约 771.0 kPa）。0.9%的氯化钠溶液和 5%的葡萄糖溶液的渗透压与血浆渗透压大致相等。因而，本题所给的 A、B、C 三个选项均不正确，只有选项 D 是正确的。

【提示】有机体细胞的渗透压与血浆的渗透压相等。

4.【考点】血小板的生理功能。

【解析】选择 D。

血小板具有参与生理性止血、凝血、纤维蛋白溶解以及维持血管内皮细胞完整性的诸多生理功能。本题问的是为什么血小板数量减少会导致皮肤呈现出血点，说明血小板少了，血管内皮细胞损伤、血管壁脆性增强，血液渗出血管外，以致皮肤上有出血点。因而，选项 D 血小板修复和维持血管内皮细胞完整性的作用减弱的理由，符合发生出血点的主要原因。选项 A、B、C 的内容，均与血小板的止血和凝血功能有关。

【提示】血小板的生理功能与其生理特性相关。

5.【考点】明确促进静脉血液回流“最主要”的因素。

【解析】选择 A。

该题选项 A、B、C、D 均可以促进静脉血液回流。而促进静脉血液回流“最主要”的因素是选项 A，因为心脏收缩能力强，射血时心室排空较完全，心舒期心室内压就较低，对心房和大静脉内血液的抽吸力也就最大，静脉血液回流也就增加。

【提示】注意审题。

6.【考点】肺牵张反射概念。

【解析】选择 A。

该题所给 B、C、D 各项的概念都不是题干给的定义，所以都不是正确选项。黑-伯反射是肺牵张反射的另一种称谓，必须知道。

【提示】呼吸的各种反射活动要知道指的是什么，以及在机体调节和生活中的生理意义。注意以外国人名命名的生理名词。

7.【考点】平均动脉压的概念。

【解析】选择 D。

平均动脉压是指一个心动周期中每一瞬间动脉血压的平均值，由于心动周期中舒张期较长，所以平均动脉压接近舒张压，大约等于$\frac{舒张压+脉压}{3}$。

【提示】准确理解该概念。

8.【考点】脂肪的水解产物的吸收部位。

【解析】选择 C。

实践证明长链脂肪酸和甘油一酯主要通过淋巴途径被吸收；短、中链脂肪酸、甘油可直接经肠黏膜细胞进入小肠绒毛内的毛细血管。因此，选项 A、B、D 均属淋巴系统，不符合题干要求。

【提示】鉴别脂肪的水解产物的不同吸收部位。

9.【考点】胃黏膜上黏液-碳酸氢盐屏障的主要作用。

【解析】选择 B。

胃黏膜上黏液-碳酸氢盐屏障的主要作用是防止胃腔内的 H^+ 扩散入黏膜上皮细胞内；可以减少食物与胃黏膜的机械摩擦从而保护胃黏膜不易损伤。而选项 A、C、D 都不是。

【提示】明确胃黏膜上黏液-碳酸氢盐屏障的主要作用。

10.【考点】肾素分泌的调节因素。

【解析】选择 D。

入球小动脉血压下降可刺激肾素的释放；肾血流量减少及交感神经兴奋也可促进肾素的分泌；而通过致密斑 Na^+ 量增加时，可抑制肾素的释放，从而抑制肾素-血管紧张素-醛固酮系统，使得机体肾脏 Na^+ 量的排出量增加。故选项 D 为正确答案。

【提示】明确肾素释放的调节因素。

11.【考点】抑制性突触后电位的产生机理。

【解析】选择 B。

抑制性递质与突触后膜上受体结合后，使后膜对 Cl^-（主要）的通透性增高，Cl^- 内流，突触后膜超极化，产生 IPSP。兴奋性递质与突触后膜上受体结合后，主要是 Na^+ 的通透性增强，内流增加，后膜去极化，产生 EPSP；而 Ca^{2+} 主要参与突触前膜递质的释放过程；K^+ 也参与了 EPSP 和 IPSP 的形成，但不是主要因素。

【提示】明确突触传递过程中相关离子的作用。

12.【考点】植物性传出神经纤维的特点及释放的递质。

【解析】选择 B。

植物性传出神经纤维节前纤维释放的递质都是乙酰胆碱。

【提示】植物性节后神经纤维释放的递质是怎样的?

13.【考点】甲状腺合成激素的生物学活性。

【解析】选择 C。

一碘酪氨酸和二碘酪氨酸是甲状腺在合成甲状腺激素过程中的中间产物,不具有生物学活性。它们可分别偶联为三碘甲腺原氨酸(T_3)和四碘甲腺原氨酸(T_4,甲状腺素)。T_3 和 T_4 具有生物学活性,T_3 的活性比 T_4 约大 5 倍。

【提示】T_4 的分泌量大于 T_3,约占总量的 90%。

14.【考点】甲状旁腺激素的生理作用。

【解析】选择 B。

甲状旁腺激素由甲状旁腺主细胞合成分泌,是机体调节血钙和血磷水平的最重要的激素。甲状旁腺激素通过对骨、肾及其对小肠的间接作用,使血钙升高、血磷降低。因而,本题的选项中,选项 B 是正确的。

【提示】注意甲状旁腺激素在调节血中钙、磷水平时,与降钙素和 1,25-二羟维生素 D_3 之间的关系。

15.【考点】影响乳腺生长发育的激素。

【解析】选择 B。

多种激素和因子在动物出生后的不同生理阶段影响着乳腺的生长发育。一般认为,雌激素主要促进乳腺导管的生长,孕激素主要促进乳腺小叶-腺泡的生长,雌激素和孕激素的共同作用也可使小叶细胞发育。催乳素和生长激素与卵巢激素协同作用,可使乳腺更好地生长发育。比较本题的四个选项中,促进乳腺腺泡发育的最重要激素应该选择选项 B。

【提示】影响乳腺功能的激素非常多,要了解一些体内重要的激素对乳腺的作用。

二、简答题:每小题 8 分,共 24 分。

16. 何谓氧解离曲线? 曲线在 P_{O_2} 为 2.0～5.3 kPa(15～40 mmHg)阶段时的特点和生理意义是什么?

【考点】氧解离曲线的概念;氧解离曲线在 P_{O_2} 为 2.0～5.3 kPa 阶段时的特点;氧解离曲线在 P_{O_2} 为 2.0～5.3 kPa 阶段时的生理意义。

【解析】氧解离曲线(氧离曲线)是表示 P_{O_2} 和 Hb 的氧含量或 Hb 的氧饱和度之间关系的曲线,是以氧分压作为横坐标,氧饱和度作为纵坐标,绘制出的氧分压对血红蛋白结合氧量的函数曲线。

氧解离曲线在 P_{O_2} 为 2.0～5.3 kPa 阶段时,是曲线最为陡峭的部分。说明在此范围内,只要 P_{O_2} 稍有变化,Hb 氧饱和度就会发生很大的改变。当组织活动加强时,耗氧量剧增，而血液可以释放出更多的 O_2 供给组织利用。因此，该阶段的氧解离曲线特点也反映了有机体的氧储备。

【提示】氧解离曲线的各段具有不同的特点和生理意义。

17. 简述体温调节的调定点学说。

【考点】体温调节的调定点学说。

【解析】体温调节的调定点学说认为，体温调节犹如恒温器的调节一样，机体根据一个设定的温度值，对产热和散热过程进行调节，使体温相对稳定在所设定的温度值，这个温度值称为体温调节的调定点(set point)。如 37℃是正常人体温调节的调定点。当体温升高超过调定点水平时，下丘脑的视前区-下丘脑前部(PO/AH)中存在的热敏神经元活动明显增强，散热活动便明显大于产热活动，这使升高的体温开始降低，直到回到调定点；当体温低于调定点水平时，此部位的冷敏神经元活动明显增强，产热活动则明显大于散热活动，这使降低的体温开始回升，直到回到调定点为止。

【提示】掌握调节点学说的基本内容，并注意共性与个性的问题(如人的调定点为 37℃，而其他动物的调定点可能有所差别)。

18. 比较交感神经和副交感神经调节内脏生理活动的特点。

【考点】交感神经和副交感神经功能活动的特征。

【解析】自主神经系统是指调节内脏功能的神经，也可称为植物性神经系统或内脏神经系统。它包括与内脏的反射活动有关的神经系统的传入、中枢及传出部分。并将其分成交感神经和副交感神经两部分。二者调节内脏生理活动的特点如下。

①双重支配：大部分器官同时接受交感和副交感神经双重支配。

②拮抗与协调：从交感和副交感的作用来看，大都相互拮抗，但从整体来看是统一协调，有适应意义的。

③紧张性支配：在静息状态下自主神经中枢经常发放低频率冲动，维持效应器官的紧张性活动。

在调节内脏生理活动过程中，交感神经和副交感神经的作用不同，交感神经系统的活动比较广泛，常作为一个完整的系统参与反应。交感神经系统活动的主要作用在于动员机体许多器官的潜在功能，增加贮备能量的消耗，提高机体的应急能力，以适应环境的急骤变化，维持机体内环境的相对稳定。副交感神经的活动较局限，在安静时作用较强。整个系统活动的作用在于促进消化、吸收与合成代谢、积蓄能量、加强排泄和生殖功能，对机体起保护作用。

【提示】掌握交感和副交感神经的结构及功能特征。

三、实验题：10 分。

19. 设计实验证明刺激迷走神经对家兔尿液生成的影响。

【考点】实验设计方法和完成实验过程；分析迷走神经对家兔尿液生成的影响。

【解析】

(1)实验方法

①称重、麻醉及背位固定家兔，分离颈部右侧迷走神经，穿线备用。

②用剪毛剪剪去耻骨联合以上腹部的被毛，沿腹中线在距离耻骨联合处 4～5 cm 处，用手术刀锐性切开皮肤 10 cm，沿腹白线锐性切开腹腔 5～8 cm，暴露腹腔，不要伤及腹腔内器官，辨认膀胱及其基部左右输尿管。

③在膀胱底两侧找到输尿管。在输尿管靠近膀胱处，用细线扎一松结，以玻璃分针或有钩小镊提起输尿管管壁，于输尿管上剪一小口。从小口向肾脏方向插入导管，并将松结扎紧以固定插管，这时可见尿液慢慢由导管流出。将导管开口固定于记滴器上，记录单位时间内尿液滴数。将滴下的尿液用量器收集，测量其尿液量。实验过程中，应用温热生理盐水纱布，将手术部位覆盖，以保持动物腹腔温度和润湿肠管。

④将计滴器与 RM6240 生物信号采集处理系统（或其他生物信号采集系统）相连，计时 5～10 min，计算平均每分钟的滴数。

⑤观察项目：

a. 记录正常尿量（滴/min）5～10 min，求平均数。

b. 剪断迷走神经，电刺激（强度 5～10 V、频率 30 Hz、波宽 2 ms）右侧迷走神经外周端 20～30 s，观察并记录尿量的变化。

（2）实验结果及分析

电刺激右侧迷走神经外周端 20～30 s，5～10 min 后家兔尿量下降（每分钟滴数下降）。

电刺激右侧迷走神经外周端 20～30 s，可使迷走神经末梢释放的 ACh 增加，使心脏活动减弱，心输出量下降，血压下降，肾血流量下降，肾小球有效滤过压下降，原尿量下降，从而使终尿量下降。

【提示】刺激迷走神经影响家兔尿量并不是直接的影响作用，注意动物机体中各系统之间的联系。

四、论述题：每小题 13 分，共 26 分。

20. 比较骨骼肌、心肌、平滑肌收缩性的异同。

【考点】比较分析骨骼肌、心肌、平滑肌在收缩性上的相同和不同。

【解析】应明确三类肌肉都是由肌细胞组成，肌细胞的收缩都是粗、细丝间发生滑行引起的，启动肌丝滑行的原因都是由于胞质内 Ca^{2+} 升高，而且都需要提供 ATP。

三类肌肉的结构因受神经支配的不同，在收缩性上有各自的特征。骨骼肌和心肌都是横纹肌组成，但骨骼肌中储存 Ca^{2+} 的肌质网特别发达，心肌次之，平滑肌最差，因此，在肌肉收缩时，心肌和平滑肌需要从细胞外提供 Ca^{2+}；在肌细胞收缩过程中，骨骼肌和心肌细胞中 Ca^{2+} 是与肌钙蛋白结合，而平滑肌细胞中没有肌钙蛋白，Ca^{2+} 是与钙调蛋白结合的；骨骼肌是运动神经元控制，收缩受意识支配，心肌是自主神经控制，收缩不受意识支配，平滑肌中的内脏平滑肌是属自主神经控制，收缩不受意识支配；当对肌肉的刺激频率增加时，可以引起骨骼肌和平滑肌的单收缩总和，甚至出现强直收缩，而心肌不可以，常进行节律性收缩。

【提示】可以举一反三，比较以上三类肌肉在动作电位、自律性或传导性等方面的异同。

21. 影响动脉血压的主要体液因素有哪些？

【考点】阐述影响动脉血压的主要的体液调节因素。

【解析】影响动脉血压的体液调节因素包括激素的系统调节、激素以及调节因子的作用等，包括全身性调节和局部调节。下面列举 7 种。

①肾素-血管紧张素-醛固酮系统。

当动脉血压、血量↓→肾动脉血压↓→近球细胞中肾素分泌↑→血管紧张素原→血管紧张素Ⅰ(在多数组织不具有生理活性)、血管紧张素Ⅱ(作用最为重要)和血管紧张素Ⅲ分泌↑。

生成的血管紧张素Ⅱ→全身微动脉收缩→外周阻力↑→动脉血压↑。

同时，血管紧张素Ⅱ→去甲肾上腺素释放↑→动脉血压↑生成的血管紧张素Ⅲ和Ⅱ→肾上腺皮质激素分泌↑→醛固酮分泌↑→保钠、保水、排钾→血容量↑→动脉血压↑。

②肾上腺素和去甲肾上腺素：主要由肾上腺髓质分泌。

肾上腺素和去甲肾上腺素均可以使心输出量↑、血压↑，但与受体的结合力不同，作用有所不同。肾上腺素与 β 受体的亲和力更强，因此对心脏的作用比去甲肾上腺素强得多，可使心肌收缩力增强，血压升高；而去甲肾上腺素主要通过富含 α 受体的血管平滑肌作用，引起血管强烈收缩，外周阻力↑→动脉血压↑。

③血管升压素(也称抗利尿素 ADH)由下丘脑视上核和室旁核的神经元合成、分泌，当血浆渗透压↑时，血管升压素↑，首先是出现抗利尿作用，若血管升压素↑↑→血压↑，它对维持体液的恒定和血压的稳定起重要作用。

④血管内皮生成的血管活性物质：一氧化氮(NO)→血管舒张，内皮素→血管收缩，可局部调节血管平滑肌活动。

⑤激肽释放酶-激肽系统：具有较强舒张血管的作用。

⑥心房钠尿肽：有舒张血管和降低血压的作用。

⑦肾上腺髓质素(ADM)：是由血管内皮和心肌细胞产生，对血管有舒张作用，可增强心肌力和兴奋-收缩偶联等作用。

【提示】并不是全答出就符合要求，而是要把影响最大的、全身性调节分析清楚。

生 物 化 学

五、单项选择题：每小题 1 分，共 15 分。

22. 选择 C。

【考点】标准氨基酸分子结构。

【解析】α-碳原子上不仅连接着氨基、羧基，还有 1 个氢原子和 R 侧链基团。不同氨基酸，侧链不同。

23. 选择 A。

【考点】氨基酸特征及其三字母符号。

【解析】第 1 个为半胱氨酸，侧链含有巯基；第 2 个是赖氨酸，在生理 pH 下带正电荷；第 6 个为酪氨酸，含有酚羟基；第 8 个为甲硫氨酸。

24. 选择 C。

【考点】酶的专一性。

【解析】酶的专一性是指反应专一性，不仅包括底物专一，还包括产物专一。专一性程度不同，有的相对专一，有的绝对专一。

25. 选择 B。

【考点】蛋白质主要连接键。

【解析】在蛋白质共价主链结构中，氨基酸残基以酰胺键（即肽键）相连。一级结构属于初级结构，二级结构以上才有构象。

26. 选择 D。

【考点】考马斯亮蓝法测定蛋白质浓度。

【解析】此法原理基于物理结合，不需要特殊反应条件，但试剂本身需要配制好，不能有不溶性颗粒。如果有，需要过滤后使用。

27. 选择 A。

【考点】生物大分子表示符号。

【解析】蛋白质分子质量通常用“u”（相当于道尔顿 Da）表示；“kb”表示核酸“碱基对数”；酶的比活用“U/mg”或“U/mL”表示，而不是用浓度单位；“S”为沉降系数，可用来表示蛋白质或核酸的大小。

28. 选择 B。

【考点】柱层析技术。

【解析】对于吸附柱层析或亲和柱层析，通常层析介质对目标物吸附越多越好；对于凝胶过滤层析，就不能强调吸附量，目标物太多影响分离效果。这里没有明确所分离的物质对温度敏感，有些柱层析还要求不断升温。柱层析用大量洗脱剂才有好的分离效果。如果处理和保存恰当，层析介质可以反复使用。层析介质一般都比较贵重，应该提高使用次数。

29. 选择 D。

【考点】生物大分子的螺旋结构。

【解析】螺旋状结构存在于淀粉、蛋白质和 DNA 等生物大分子中，只是具体形状不同。

30. 选择 B。

【考点】不饱和脂肪酸的 β-氧化脱氢反应。

【解析】脂肪酸 β-氧化的过程中有两步脱氢反应，分别是脂酰 CoA 生成烯脂酰 CoA，L-β-羟脂酰 CoA 生成 β-酮脂酰 CoA 的过程，受氢体分别是 FAD 和 NAD^+。但是对于 16∶1 的不饱和脂肪酸而言，在氧化过程中，由于含有一个双键，因此与饱和脂肪酸相比，少了一次脱氢过程，而且受氢体是 FAD。因此 16∶1 的脂肪酸经过 β-氧化可生成 7 个（$NADH+H^+$），而氧化产生的 8 个乙酰 CoA 经过 TCA 循环，可生成 $8\times3=24$(个)（$NADH+H^+$），两个阶段合计 31 个（$NADH+H^+$）。

31. 选择 B。

【考点】EMP 途径的能量产出。

【解析】3 分子葡萄糖进入 EMP 途径产生丙酮酸，需要 6 分子 ATP 输入。在生成丙酮酸的过程中每分子葡萄糖经过 4 次底物水平磷酸化，可以生成 12 分子 ATP，因此，净生成 6 分子 ATP。而在上述过程中生成的 $NADH+H^+$ 用于丙酮酸的还原产生乳酸。

32. 选择 A。

【考点】酶的分类。

【解析】脱氢酶和氧化酶都属于氧化还原酶类。

33. 选择 C。

【考点】在遗传密码与蛋白质的合成研究有所贡献的科学家。

【解析】H. G. Khorana 和 M. W. Nirenberg 在遗传密码破译工作中做出贡献。H. Temin 发现逆转录酶,K. Mullis 发明 PCR 技术,而 M. Meselson 在证明 DNA 半保留复制的研究中有所贡献。

34. 选择 B。

【考点】酰基载体,本考题在于考查学生对脂肪酸从头合成和氧化过程酰基载体的了解。

【解析】CoA 是脂肪酸 β-氧化过程的脂酰基载体,ACP 是脂肪酸从头合成过程的脂酰基载体,硫辛酸的巯基可以携带乙酰基。柠檬酸参与脂肪酸从头合成所需要的乙酰 CoA 从线粒体向细胞质中的运输过程。

35. 选择 B。

【考点】密码子与反密码子的识别。

【解析】反密码子与密码子是反向互补的。因此,选择选项 B。其他选项是陷阱。

36. 选择 A。

【考点】嘌呤核苷酸的从头合成。

【解析】参与 IMP 合成的物质有 Gly、Gln、Asp,甲酸盐和 CO_2,其中嘌呤环的第 4 位和第 5 位碳以及第 7 位氮由 Gly 提供。

六、简答题:每小题 8 分,共 24 分。

37. 对酶和无机催化剂的作用特点进行比较分析,并举一例说明酶的专一性。

【考点】酶作用特点。

【答题要点】

酶和无机催化剂相同点:都能加快反应速率;不影响反应的平衡常数;反应前后自身不发生变化;催化本质是降低反应的活化能。

作为生物催化剂,酶还有自身作用特点:①催化效率高;②具有高度专一性;③酶活力受到严格调节;④反应条件温和。

酶专一性举例:通常情况下,酶只能催化一种或一类相似的化学反应,具有高度专一性。例如,DNA 聚合酶执行 DNA 模板指令非常精确,合成多核苷酸链的出错率不到百万分之一。

38. 简述逆转录酶的生物学功能及逆转录过程发现的生物学意义。

【考点】逆转录过程及酶的功能。

【答题要点】逆转录定义、过程及酶的功能,生物学意义。

①逆转录,是指生物以 RNA 为模板合成 DNA 的过程。

②逆转录酶有三个方面的功能:依赖 RNA 的 DNA 聚合酶活性;核糖核酸酶 H 的活性;DNA 指导的 DNA 聚合酶活性。

③逆转录过程发现的生物学意义:丰富了中心法则;拓宽了 RNA 病毒致病机理的相关研究;在生物技术和分子生物学研究中,作为体外获得 cDNA 的重要方法和常用方法。

【知识拓展】该部分内容相对 DNA 复制而言,重要性略差。此处不再拓展,同学们可以适当关注 RNA 的复制,难度与该题相似,但相对比较偏一些。

39. 讨论真核生物细胞质中产生的 NADH 是如何进入电子传递链的？

【考点】线粒体外 NADH 穿梭机制。

【答题要点】通常教材上提到的线粒体穿梭有两条路径。不同器官和组织选择不同的穿梭路径。

(1)磷酸甘油穿梭

在哺乳动物的肌肉和神经组织中，当细胞质中存在 NADH 时，细胞质中的磷酸甘油脱氢酶能够催化磷酸二羟丙酮和 NADH 反应生成 3-磷酸甘油，而后 3-磷酸甘油在线粒体内膜上的磷酸甘油脱氢酶催化下，将电子传递给该酶的辅酶 FAD 产生 $FADH_2$，自身转化为磷酸二羟丙酮。通过这种转化 NADH 进入电子传递链。如下图所示。

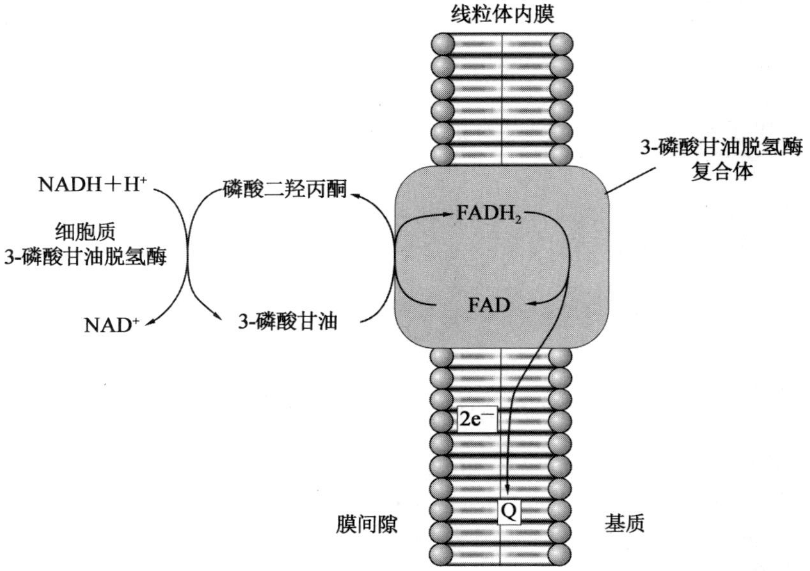

(2)苹果酸-天冬氨酸穿梭

在哺乳动物的心脏、肝脏等器官中，当细胞质中存在 NADH 时，细胞质中的苹果酸脱氢酶能够催化草酰乙酸和 NADH 反应生成苹果酸。产生的苹果酸通过线粒体内膜上的苹果酸-α 酮戊二酸转运体进入线粒体基质。随后，线粒体基质中的苹果酸脱氢酶催化苹果酸脱氢产生草酰乙酸的反应，并产生 NADH，NADH 再进入电子传递链。因此，通过这种方式细胞质中存在 NADH 能够进入到线粒体中。如下图所示。

【知识拓展】线粒体穿梭主要是指 NADH 进入电子传递链的各条途径。线粒体有双层膜，外膜通透性较强，而内膜通透性较差，对物质的出入有严格的选择性。细胞质中的 NADH 可以通过磷酸甘油穿梭进入电子传递链，也可以通过转化成为苹果酸，而后苹果酸通过线粒体内膜上的转运体进入线粒体，而后进入电子传递链。关于物质跨线粒体膜运输的例子还很多，例如，脂肪酸从头合成途径需要的乙酰 CoA 可通过柠檬酸-丙酮酸转运系统进行运输，而脂肪酸 β-氧化时的原料长链脂肪酸能够通过肉碱转运系统转运。因此，同学们需要不断地总结相关的知识点，才能达到对知识的总体把握。

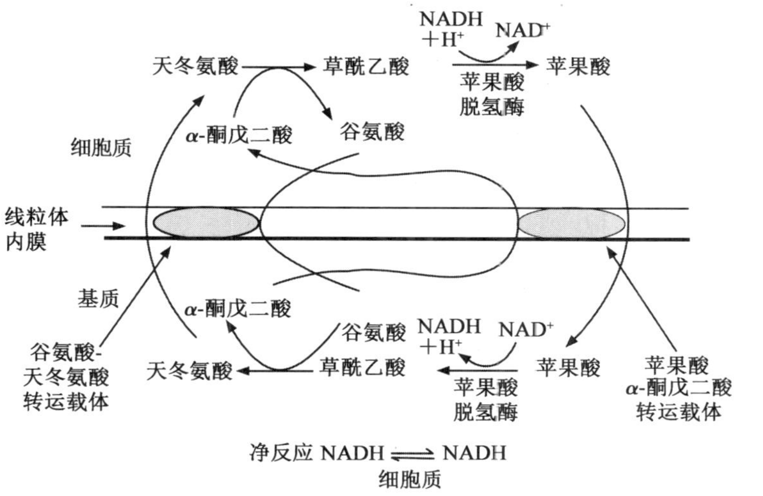

七、实验题：10 分。

40. 利用经典的 Edman 降解法直接测定多肽链氨基酸顺序时，通常需要对多肽链进行专一性有限水解，而且需要选择两种以上水解方法。请分析其原因，并给出 2 种具体方法。

【考点】蛋白质序列测定策略。

【答题要点】

基于 Edman 原理进行测序，多肽链长度一般不宜超过 50 个氨基酸残基。因为，假定反应正确率为 98%，那么，测定 60 个反应循环后，$0.98^{60}=0.3$。此时，能正确发生反应的分子不到 1/3。可见，如果多肽链太长，会影响测序结果的可靠性。对长的多肽链进行专一性有限水解，分离出小肽段再进行测序，才能保证结果的准确度。

要获悉整个多肽链的氨基酸顺序，需要将小肽段拼接。只有一套小肽段是无法完成拼接的，只有利用 2 种以上方法在多肽链不同位点进行专一性有限水解，由此获得两套以上小肽段，才能利用重叠区拼出整个序列。

方法：如胰蛋白酶用于专门水解由赖氨酸或精氨酸的羧基形成的肽键；胰凝乳蛋白酶用于专门水解由芳香族（或具有大的疏水侧链）氨基酸的羧基形成的肽键。

八、分析论述题：每小题 13 分，共 26 分。

41. 在不同底物浓度 [S] 下测定酶促反应初速度（v_0），作图如下。你从这个图上能获得哪些信息？

【考点】底物浓度对酶促反应速度的影响规律。

【答题要点】

①酶促反应初速度与底物浓度有关，但不是线性相关。

②v_0-[S]曲线为双曲线，表明反应速度随底物浓度变化的规律是：当底物浓度低时，反应速度随底物增加而快速升高；之后缓慢升高；当底物浓度到一定数值后，反应速度达最大。上述曲线特征说明酶促反应具有“底物饱和效应”。

③酶促反应速度达到最大反应速度一半时所对应的底物浓度为 K_m 值，即米氏常数。

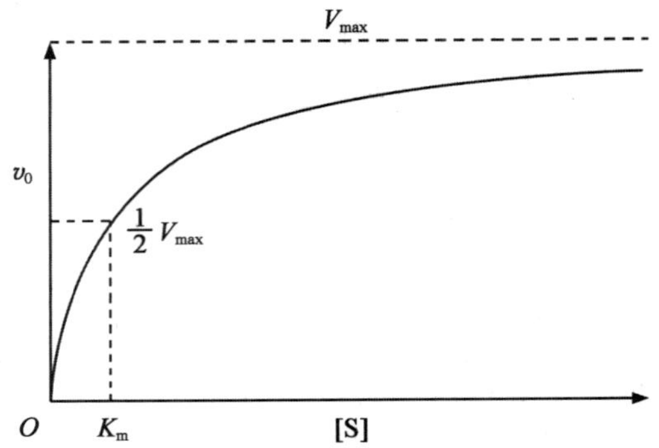

42. 简述磷酸果糖激酶与果糖1,6-二磷酸酶的功能及其活性调节。

【考点】EMP途径和葡萄糖异生作用两条途径的调节。

【答题要点】磷酸果糖激酶是EMP途径的关键调节酶，而果糖1,6-二磷酸酶是葡萄糖异生途径的调控酶之一。同一物质对两个酶的调节作用是相反的，这样在细胞中通常是一条途径打开，则另一条途径关闭，避免无效循环。

①磷酸果糖激酶(磷酸果糖激酶Ⅰ)利用ATP催化6-磷酸果糖产生1,6-二磷酸果糖的反应，该反应是EMP途径的限速反应。

②果糖1,6-二磷酸酶催化1,6-二磷酸果糖产生6-磷酸果糖的反应，该反应是葡萄糖异生途径的限速反应之一。

③如果两个酶催化的反应同时进行，细胞将出现无效利用能量的过程。正常的生理条件下这种情况不会发生。

④2,6-二磷酸果糖和AMP是磷酸果糖激酶的激活剂，同时又是果糖1,6-二磷酸酶的抑制剂；同样，ATP是磷酸果糖激酶的抑制剂，反过来ATP又是果糖1,6-二磷酸酶的激活剂。当细胞中2,6-二磷酸果糖浓度升高时，磷酸果糖激酶被激活，EMP途径加速；同时，果糖1,6-二磷酸酶被抑制，葡萄糖异生作用会减速，保证细胞不会出现边合成1,6-二磷酸果糖，边降解1,6-二磷酸果糖，无效消耗ATP的情况发生。

【知识拓展】在生物细胞中进行着很多生物化学反应，它们的调节是严格精细的，细胞不会进行不必要的能量浪费，因此在酶的调节上有着独特的方式。除了上述EMP途径和葡萄糖异生作用两条途径的精细调节，还有许多类似的调节，同学们需要自己总结。例如，脂肪酸从头合成途径和脂肪酸的β-氧化过程。找到这两个过程的关键调节酶，看它们是如何被调节的，二者之间有何联系。

全真模拟试题八答案及解析

动物生理学

一、单项选择题：每小题 1 分，共 15 分。

1.【考点】动作电位为何是 Na^+ 的平衡电位。

【解析】选择 A。

动作电位的峰电位也称 Na^+ 的平衡电位。细胞膜在受到阈上刺激时，Na^+ 的通透性突然增大，Na^+ 从膜外涌入膜内，迅速使膜内负电位消失，去极化、反极化，形成峰电位的上升相，当达到 Na^+ 平衡电位时，Na^+ 通道很快关闭，开放的 K^+ 通道继续使膜内 K^+ 大量外流，膜电位迅速恢复，构成动作电位的下降相。因此，正确答案应该是选项 A。

【提示】注意审题。如果提问动作电位的形成原因，除回答峰电位的形成原因还要考虑后电位。

2.【考点】何谓可兴奋细胞。

【解析】选择 A。

神经细胞、肌细胞和腺细胞为可兴奋细胞，它们受刺激后易产生动作电位。而上皮细胞、胶质细胞受刺激后不易产生动作电位，则不属于此类。

【提示】看清选项。

3.【考点】机体体液的组成。

【解析】选择 A。

机体内的液体，主要分布在细胞内和细胞外。细胞内的为细胞内液，约占体液的 2/3。细胞外的为细胞外液，包括管内液和管外液，约占体液的 1/3。管外的部分即为组织间隙液，简称组织液，管内的部分则包括血浆、淋巴液和脑脊髓液等。就本题所给的四个选项而言，细胞内液总量占体液的比例是最大的，因而本题的正确答案是选项 A。

【提示】应知体液各组成的生理意义。

4.【考点】红细胞叠连形成的速度与血浆成分的关系。

【解析】选择 B。

红细胞叠连形成的快慢，主要取决于血浆成分的变化。通常血浆中球蛋白、纤维蛋白原和胆固醇含量增多时，红细胞叠连、沉降加速；血浆中白蛋白和卵磷脂含量增多时，则红细胞叠连、沉降减慢。本题所给的选项 A、C、D 中均含有白蛋白，而白蛋白是使红细胞沉降减慢的因素，因而只有选项 B 是正确答案。

【提示】注意血沉与疾病的关系。

5.【考点】颈动脉窦压力感受反射。

【解析】选择 D。

用手指按压颈动脉窦所在之处，相当于颈动脉窦压力感受器的刺激增加，经窦神经上传的冲动增加，反射性地引起动脉血压下降。

【提示】可举一反三。同理若刺激或按压主动脉弓可得同样的结果。

6.【考点】呼吸过程中气道阻力的变化。

【解析】选择 C。

流体的阻力与管道半径的 4 次方成正比，因而气道半径是影响气道阻力的最重要因素，本题的正确答案是选项 C。在呼吸过程中，气道半径发生周期性的变化，气道阻力的大小也随之发生变化。

【提示】应了解吸气时气道阻力下降的原因。

7.【考点】慢波的作用。

【解析】选择 B。

胃肠道平滑肌在静息电位基础上产生自发性的去极和复极即慢波；在慢波的基础上，产生动作电位即快波，快波是平滑肌收缩的基础。慢波的频率是控制平滑肌收缩频率的，而快波的频率却是影响平滑肌的收缩强度。

【提示】分辨慢波的频率和动作电位的频率对平滑肌收缩的不同影响。

8.【考点】胆囊收缩素的作用。

【解析】选择 A。

记住胆囊收缩素既可以促进胆囊收缩又可以促进胰酶的分泌。

【提示】全面掌握胆囊收缩素的作用。

9.【考点】考查对传导散热的理解和掌握。

【解析】选择 D。

动物机体将热量直接传递给同它接触的较冷物体的散热过程称为传导散热。传导散热量的多少与接触面积、皮肤与物体的温度差和物体的导热性有关，与风速无关。

【提示】对流散热量受风速的影响。

10.【考点】水利尿机制。

【解析】选择 C。

动物机体在大量饮清水后，导致血浆晶体渗透压降低，下丘脑视上核及室旁核抗利尿激素释放减少，远曲小管及集合管对水的重吸收减少，从而导致尿量增多。

【提示】机体如果由于大出汗、呕吐或腹泻引起尿量减少，主要原因是血浆晶体渗透压升高，导致抗利尿激素释放增加而造成的。

11.【考点】神经纤维的结构和功能。

【解析】选择 C。

神经纤维广泛存在于中枢和外周神经系统中，故选项 A 是错误的；神经纤维只有在其结构和功能都完整时才能传导兴奋，如对神经纤维局部应用麻醉后，其结构是完整的，但给药部位离子的跨膜转运发生障碍，则会影响其兴奋传导过程。因此，选项 B 是错误的；人为刺激神经纤维上任何一点，引起的兴奋可沿纤维同时向两端传播，这是因为已兴奋区的两端都是未兴奋区，局部电流可分别同时影响两端的未兴奋区。但在整体条件下，由于轴突总是将神经冲动由胞体传向末梢，从而表现为传导的单向性。这是由突触的极性决定的，所以选项 D 也是错误的；有髓神经纤维以跳跃式传导的方式传导兴奋，故传导速度比无髓神经纤维快，所以选项 C 为正确答案。

【提示】①充分理解掌握神经纤维的结构、功能及其传导兴奋的特征。②特别需要注意的是，在整体条件下，兴奋的传导需要经过突触，轴突总是将神经冲动由胞体传向末梢，从而表现为传导的单向性。

12.【考点】运动终板处的神经递质。

【解析】选择 C。

选项 A 和 B 均为中枢递质，而选项 D 为肾上腺素能纤维末梢释放的递质。乙酰胆碱是运动神经末梢释放的递质，作用至运动终板膜上的 N_2 受体，产生终板电位。故选项 C 为正确答案。

【提示】神经冲动传向骨骼肌细胞的神经纤维属于胆碱能纤维，末梢释放的递质为乙酰胆碱。因此，凡属于胆碱能纤维，它的末梢释放的递质均为乙酰胆碱，包括交感神经和副交感神经的节前纤维、绝大多数副交感神经的节后纤维、少量交感神经的节后纤维以及中枢神经系统某些细胞等。

13.【考点】激素间相互作用的特点。

【解析】选择 D。

有的激素本身对某些组织细胞并不直接产生生理效应，但它却能明显增强另一种激素的作用，即它的存在是另一种激素发挥作用的前提，这种现象称为允许作用。糖皮质激素就是这种允许作用的典型代表，其自身不能调节心肌和血管平滑肌的收缩，但却能增进去甲肾上腺素对心血管的调节作用，因而本题的正确答案是选项 D。

【提示】激素间还有其他的相互作用，如协同作用和拮抗作用等。

14.【考点】激素的化学性质。

【解析】选择 C。

本题选项 B、D 中的激素，化学性质为类固醇；选项 A 激素又称为胆钙化醇，不属于含氮激素；只有选项 C 促甲状腺激素的化学性质为糖蛋白，属含氮激素，是本题的正确答案。

【提示】体内主要激素的化学性质和生理功能及其调节是必须掌握的。

15.【考点】发情周期的调节。

【解析】选择 C。

下丘脑-腺垂体-性腺轴的诸多激素对发情周期起着重要的调节作用。接受体内外各种信号分泌的 GnRH，可促进腺垂体 FSH 和 LH 分泌，二者又协同作用于卵巢，调节卵泡的生长发育。随着卵泡的成熟，雌激素分泌增加，达到一定量的雌二醇可通过负反馈抑制 FSH 分泌、正反馈引起 LH 的分泌高峰，使卵泡最终发育成熟并排卵。因而本题的正确答案是选项 C。

【提示】注意体内激素的正反馈调节实例。

二、简答题：每小题 8 分，共 24 分。

16. 什么是功能余气量？其存在有何生理意义？

【考点】功能余气量的概念；功能余气量存在的生理意义。

【解析】平静呼气末仍存留于肺内的气量称为功能余气量，是余气量和补呼气量之和。在生理条件下，功能余气量约为潮气量的 4 倍。

功能余气量的生理意义是缓冲呼吸过程中肺泡气 P_{O_2} 和 P_{CO_2} 的急剧变化。由于功能余气量的存在，吸气时，肺内 P_{O_2} 不会突然升得太高，P_{CO_2} 不会降得太低；呼气时反之，肺内 P_{O_2} 不会降得太低，P_{CO_2} 不会升得太高。这样，肺泡气和动脉血液的 P_{C_2} 和 P_{CO_2} 就不会随呼吸运动而发生大幅度的波动，有利于气体交换。

【提示】注意肺容量的各个组成部分以及它们之间的相互关系。

17. 什么是血沉？测定红细胞沉降率有何生理意义？

【考点】血沉的概念；血沉临床测定的意义。

【解析】红细胞在第一小时末下沉的距离常用于表示红细胞的沉降速度，称为红细胞的沉降率，简称为血沉。

机体发生某些疾病时，血沉会发生明显变化。因为红细胞叠连形成的快慢主要取决于血浆成分的变化，所以通常血浆中球蛋白、纤维蛋白原和胆固醇含量增多时，红细胞叠连、沉降加速；血浆中白蛋白和卵磷脂含量增多时，则红细胞叠连、沉降减慢。有些疾病也会使红细胞彼此能较快地以凹面相贴形成叠连，从而使其表面积与容积的比值减小，与血浆的摩擦也减小，造成血沉加快。因而，临床测定血沉对于疾病的诊断有很重要的意义。

【提示】注意影响血沉的各种因素。

18. 说明胃期胃液分泌的机制。

【考点】明确神经途径、神经-体液途径和体液途径在胃期引起胃液分泌的具体调节途径。

【解析】当食物进入胃后，通过物理性和化学性刺激作用于胃，促使胃液分泌增加。具体的调节途径如下。

①神经途径：当食物进胃以后，刺激胃底与胃体部的机械感受器，通过迷走-迷走神经的整体反射（其传入和传出神经均是迷走神经）和壁内神经丛的局部反射引起胃液分泌。

②神经-体液途径：当食物刺激幽门部的机械感受器，通过壁内神经丛作用于胃幽门G细胞，促进促胃液素的分泌，最终促进胃液分泌。

③体液途径：当食物中的化学成分，如肽、氨基酸直接作用于胃幽门G细胞的化学感受器，或胃内pH增高（pH 4.5左右）均使促胃液素的分泌增高，促进胃酸和胃液的分泌，但当胃内pH下降到2以下，可使促胃液素分泌降低。

【提示】可以举一反三。若问起头期或肠期胃液分泌的机制，可以沿上述思路进行回答。

三、实验题：10分。

19. 通过活体实验如何直接证明肾上腺素和组织胺对动脉、静脉及毛细血管流动情况的影响。

【考点】活体实验直接观察动脉、静脉及毛细血管流动的方法、步骤、特点以及肾上腺素和组织胺对其的影响。

【解析】

(1)实验方法和步骤

①实验材料：动物用蟾蜍或蛙，因为蛙类的肠系膜或膀胱壁很薄，在显微镜下可直接观察其血液循环（也可用蛙蹼和舌展开进行观察）。根据血管口径、管壁的分支、血流的方向等可区分动脉、静脉和毛细血管。实验用的其他器材在实验步骤中会用到，不在此单列。

②实验方法和步骤：

a. 用蛙针破坏蟾蜍的脑和脊髓。剖开腹腔拉出一段小肠。展开一边肠系膜，覆于多孔蛙板的孔上，并用大头针将肠襻固定在蛙板上。然后在肠系膜上滴一滴任氏液，以免干燥。

b. 将蛙板放于显微镜的载物台上，使置有肠系膜的蛙板孔对准物镜，然后进行观察。

(2)实验项目、结果及分析

①用低倍镜观察动脉、静脉和毛细血管,注意它们的管壁厚薄、口径粗细和血流方向以及血流速度有何特征。在靠近内管壁处找单个滚动血细胞,观察其流动和形状。绘一简图表示动脉、静脉和毛细血管及其血流方向。

实验中可观察到动脉管壁厚,静脉管壁薄,而毛细血管最细。血液流向从小主干流向分支的为动脉;血液流向从分支流向小主干的为静脉;在血管中只有单个滚动血细胞流动的为毛细血管(可用简图示意)。

②用小片滤纸,小心地将肠系膜上的任氏液吸干,再于其上加一滴 0.01% 肾上腺素,观察血管有何变化。滴肾上腺素后,可见血管收缩。在肠系膜血管中 α 受体数量占优势,肾上腺素与之结合,使这些血管收缩。

③在肠系膜上用任氏液将剩余的肾上腺素冲洗干净,用小片滤纸,小心地将肠系膜上的任氏液吸干,再滴加几滴 0.01% 组织胺于肠系膜上,观察血管口径及血流的变化。滴加组织胺可引起血管平滑肌舒张,血流量增加。

【提示】

①实验前需明确动脉、静脉及毛细血管结构、血流方向的特点,以便实验中查找时方便。

②实验过程中标本需随时用任氏液润湿。

四、分析论述题:每小题 13 分,共 26 分。

20. 比较交感和副交感神经的功能特征。

【考点】交感神经系统的功能特征;副交感神经系统的功能特征。

【解析】自主神经系统,又称植物性神经系统,包括交感神经和副交感神经系统。它们分布至动物机体各内脏器官、平滑肌和腺体,调节这些器官的活动。

(1)交感和副交感神经系统的作用是通过其神经末梢释放化学递质来实现的

交感神经节后纤维末梢释放的主要递质是去甲肾上腺素,而副交感神经节后纤维末梢则主要释放乙酰胆碱。节后纤维末梢释放的神经递质与相应的受体结合,进而发挥其生理功能。

(2)交感和副交感神经系统的主要功能

交感和副交感神经系统的主要功能在于调节心肌、平滑肌和腺体(消化腺、汗腺、部分内分泌腺)的活动。一般情况下,交感神经可促进心肌细胞的兴奋性、传导性和收缩性,而副交感神经(主要是心迷走神经)可使心肌细胞兴奋性降低,心肌收缩力减弱。对胃肠平滑肌和腺体的活动,交感神经主要是抑制作用,而副交感神经主要为促进作用。此外,交感和副交感神经可调节某些内分泌腺的活动,如交感神经节前纤维可直接支配肾上腺髓质,在动物机体处于应急状态时可促进其释放儿茶酚胺类激素;胰岛细胞也受到交感和副交感神经(迷走神经)的双重支配,副交感神经兴奋可使胰岛素分泌增加,而交感神经兴奋可抑制胰岛素的分泌。

(3)交感和副交感神经系统的功能活动有以下特征

①除汗腺、竖毛肌、肾上腺髓质、皮肤和肌肉的血管平滑肌等少数组织只有交感神经支配外,体内的组织器官一般都接受交感神经与副交感神经的双重支配。两种神经的作用相

互拮抗，但在中枢神经系统的控制下，二者的拮抗作用对立统一，对外周效应器官的作用表现为协调一致。

②植物性神经对效应器官具有持久的紧张性作用，即植物性神经中枢经常处于一定的兴奋状态，并沿其传出神经向所支配的器官持续地发放低频冲动，影响效应器官的活动状态。

③交感神经和副交感神经的作用不同。交感神经系统的活动比较广泛，常作为一个完整的系统参与反应。交感神经系统活动的主要作用在于动员机体许多器官的潜在功能，增加贮备能量的消耗，提高机体的应急能力，以适应环境的急骤变化，维持机体内环境的相对稳定。副交感神经的活动较局限，在安静时作用较强。整个系统活动的作用在于促进消化、吸收与合成代谢，积蓄能量，加强排泄和生殖功能，对机体起保护作用。

【提示】综合机体各个系统的调节来认识交感和副交感神经系统的功能特征。

21. 试论述血浆晶体渗透压及血浆胶体渗透压升高对机体尿量的影响及相关机制。

【考点】血浆晶体渗透压及血浆胶体渗透压变化对机体尿量的影响及调节机制。

【解析】血浆晶体渗透压升高，尿量减少；血浆胶体渗透压升高，尿量减少。

血浆晶体渗透压升高，对下丘脑视上核和室旁核周围的渗透压感受器刺激增强，抗利尿激素分泌增加，引起远曲小管和集合管对水的通透性升高，水重吸收增多，尿量减少。反之，当血浆晶体渗透压降低时，抗利尿激素释放减少，机体尿量增加。

肾小球有效滤过压是肾小球滤过的动力，决定了原尿量。有效滤过压＝肾小球毛细血管血压－血浆胶体渗透压－肾小囊内压，因此在肾小球毛细血管血压和肾小囊内压不变的情况下，血浆胶体渗透压升高导致有效滤过压下降，原尿的生成量减少，终尿量也因而减少。反之，当血浆胶体渗透压降低时，有效滤过压升高，肾小球滤过率增加，原尿及终尿量增多。

【提示】把握动物机体泌尿的关键过程——滤过和重吸收，是解答本题的关键。

生物化学

五、单项选择题：每小题 1 分，共 15 分。

22. 选择 C。

【考点】标准氨基酸。

【解析】蛋白质标准氨基酸中有 2 种为酸性氨基酸，其侧链都含有羧基。

23. 选择 B。

【考点】标准氨基酸特征及其单字母符号。

【解析】第 1 个为甘氨酸残基，侧链最小；第 2 个为谷氨酸残基，在生理 pH 下带负电荷；第 6 个为丝氨酸残基，含有羟基；第 8 个为苯丙氨酸残基。

24. 选择 D。

【考点】蛋白质工程概念。

【解析】蛋白质工程的实质是从改变基因入手来定点改变某个或某些氨基酸，以期改变蛋白质的结构和功能，满足人类需要。通过蛋白质工程产生的酶，如果设计不合理，在构象、活性和动力学参数上不一定能达到预期结果，但根据蛋白质工程含义，酶在一级结构上一定有明显变化。

25. 选择 D。

【考点】蛋白质一级结构。

【解析】蛋白质一级结构是指氨基酸顺序和二硫键的位置；一级结构改变通常是指氨基酸顺序改变，但氨基酸残基数、种类不一定变。蛋白质氨基酸组成是指氨基酸种类和各种氨基酸残基所占比例。

26. 选择 C。

【考点】分光光度法测定蛋白质浓度。

【解析】考马斯亮蓝法比双缩脲法敏感，在一定浓度范围符合比尔定律，但要求蛋白质为水溶性。由于已经显色，使用普通比色杯即可。紫外法测定时才需要石英比色杯。石英比色杯对紫外光基本无吸收。

27. 选择 A。

【考点】蛋白质分子大小。

【解析】球状蛋白质大小通常在纳米量级，其原子之间的距离更小。

28. 选择 A。

【考点】层析技术。

【解析】层析技术又称为色谱技术，有的在滤纸或膜上进行，有的在薄板上进行，不一定是柱层析。不同层析，原理不同，有的基于目标物的溶解度，有的基于分子大小，有的则依据电荷等等。无论哪种层析，都含有固定相和流动相。

29. 选择 C。

【考点】生物膜的不对称性。

【解析】不对称性是生物膜的重要特点之一。糖基、蛋白质在脂双层中的分布不对称好理解，至于磷脂分子，主要是指在脂双层内外侧，磷脂分子并非随机分布，它们的种类和比例有特定性。

30. 选择 D。

【考点】有意义链概念。

【解析】有意义链的核苷酸序列应该与编码蛋白质的 mRNA 序列是相同的，只是在 mRNA 中没有 T 而是 U。

31. 选择 C。

【考点】嘧啶核苷酸的合成过程。

【解析】生物体首先合成的嘧啶核苷酸是 UMP，而胞嘧啶核苷酸的合成是在三磷酸的水平完成的，因此，CTP 是通过 CTP 合成酶催化 UTP 和谷氨酰胺反应产生的。关键点是 UMP，三磷酸水平。因此，选项 C 是正确答案。

32. 选择 A。

【考点】嘌呤核苷酸的降解过程。

【解析】不同生物嘌呤核苷酸代谢的终产物不同，人体嘌呤核苷酸代谢的终产物是尿酸，注意人体氨基酸代谢能够产生尿素。

33. 选择 B。

【考点】丙酮酸脱氢酶复合体。

【解析】该复合体由 3 个酶 6 个辅因子组成。给出的选项，只有 $NADP^+$ 不是该酶的辅因子。

34. 选择 B。

【考点】蛋白质的合成，特别是催化肽键形成的酶。

【解析】在大肠杆菌蛋白质合成过程中，催化肽键形成的是核酶，由核糖体大亚基 23S rRNA 催化。

35. 选择 C。

【考点】嘌呤核苷酸的合成过程，主要是嘌呤环各元素的来源。

【解析】给出的 4 种氨基酸，其中谷氨酸(Glu)没有给嘌呤环贡献元素。

36. 选择 A。

【考点】磷酸戊糖途径。

【解析】该途径分成氧化和非氧化阶段。非氧化阶段的反应主要是分子重排，不涉及氧化还原反应。参与该阶段反应的酶主要是转酮酶和转醛酶，而醛缩酶催化 3-磷酸甘油醛和磷酸二羟丙酮生成 1,6-二磷酸果糖的过程，该过程也属于非氧化阶段。因此，选项 A 是正确的。

六、简答题：每小题 8 分，共 24 分。

37. 将 RNA 和 DNA 分别加到稀碱(0.1 mol/L NaOH)溶液中，请预测 RNA 和 DNA 的稳定性，并结合分子结构特点进行解释。

【考点】RNA 和 DNA 碱稳定性差异本质。

【答题要点】

推测：RNA 磷酸酯键会发生水解，而 DNA 稳定。

因为：RNA 的核糖有 2′-羟基，磷酸酯键易被水解。在弱碱性溶液中，OH^- 攻击 2′-羟基，移走一个 H^+；具有负电性的 2′-羟基氧攻击 3′-磷酸基团上的磷并与之共价结合，引起磷酸酯键水解；由此形成的 2′,3′-环磷酸酯，进一步水解产生 3′-核苷酸、2′-核苷酸的混合物。而 DNA 的脱氧核糖在 2′ 位无羟基，故对碱稳定。

38. 请写出糖代谢、脂代谢中产生 $FADH_2$ 的脱氢反应，并且这些反应产生的 $FADH_2$ 进入电子传递链分别产生 2 个 ATP。

【考点】糖代谢和脂代谢的各条途径，是综合性较强的题。这里主要是脱氢反应，而且是产生 $FADH_2$，$FADH_2$ 进入电子传递链产生 2 个 ATP。这种限定使写出的反应更为特定。

【答题要点】

①糖代谢中产生 $FADH_2$ 的反应有：

EMP 途径中 3-磷酸甘油醛脱氢酶催化 3-磷酸甘油醛生成 1,3-二磷酸甘油酸的反应，伴随 NADH 的生成，而细胞质中的 NADH 如果通过磷酸甘油穿梭将产生 $FADH_2$，随后转化为 QH_2 进入电子传递链产生能量。

在 TCA 循环中，琥珀酸脱氢酶催化琥珀酸产生延胡索酸的反应也伴随 $FADH_2$ 的产生，随后转化为 QH_2 进入电子传递链而产生能量。

②在脂肪酸 β-氧化时，脂酰 CoA 脱氢酶催化脂酰 CoA 脱氢产生烯脂酰 CoA 时，也伴随 $FADH_2$ 的产生。$FADH_2$ 通过其他一些酶的作用最后以 QH_2 的形式进入电子传递链而产生能量。

【知识拓展】在生物体内的生物化学反应中氧化还原反应非常重要。氧化还原反应通常产生的还原物质为 NADH 和 $FADH_2$ 等。二者是通过电子传递链产生能量的，前者产生 3 个 ATP，而后者产生 2 个 ATP。这里考察的是 $FADH_2$ 生成的反应，也可以考查 NADH 生成的反应，请同学们自己总结相关反应。

39. 论述乙酰 CoA 羧化酶的作用、组成及其活性调节。

【考点】脂肪酸从头合成途径中关键酶乙酰 CoA 羧化酶。

【答题要点】乙酰 CoA 羧化酶催化的反应，乙酰 CoA 羧化酶的组成及各组分功能，该酶的活性调节方式，包括别构调节和共价修饰。

①乙酰 CoA 羧化酶催化乙酰 CoA 生成丙二酸单酰 CoA 的反应，该酶是脂肪酸从头合成途径的关键酶，其活性决定了脂肪酸从头合成的速度。

②乙酰 CoA 羧化酶由三部分组成，分别是乙酰 CoA 羧化酶、生物素羧基载体蛋白和转羧基酶。乙酰 CoA 羧化酶负责将羧基转给生物素羧基载体蛋白，转羧基酶负责将羧基从生物素羧基载体蛋白转移给乙酰 CoA，产生丙二酸单酰 CoA。

③乙酰 CoA 羧化酶活性调节。

该酶有磷酸化和脱磷酸化两种形式，前者是活性形式，后者是非活性形式。当外界信号被传导后，细胞通过蛋白激酶和蛋白磷酸化酶来调节乙酰 CoA 羧化酶的存在形式，从而调节该酶活性。其中蛋白激酶催化无活性的乙酰 CoA 羧化酶磷酸化形式的产生，而蛋白磷酸化酶催化有活性的乙酰 CoA 羧化酶脱磷酸化形式的产生。此外，该酶还受到别构调节。柠檬酸是该酶的别构激活剂，而棕榈酰 CoA 和长链脂酰 CoA 是该酶的别构抑制剂。当细胞中别构调节剂浓度发生变化时，该酶的活性将受到调节。

【知识拓展】在细胞中有许多酶在各代谢途径中发挥很重要的作用，那么，有关这些酶的作用、组成以及活性调节就显得尤为重要。例如，丙酮酸脱氢酶复合体，它是细胞糖代谢途径中的一个关键调节酶，它的相关内容已经在 2011 年农学门类全国硕士生入学统一考试中作为考题出现过。同学们也可自己出类似的题自己回答。

七、实验题：10 分。

40. 酶在分离纯化过程中容易失去活。为了获得有活力、高纯度的酶制剂，需要在经历每一次纯化步骤后追踪酶活力。对于一个 100 mL 的粗提酶液（蛋白质浓度 2 mg/mL），如果测定总活为 100 U；经过亲和柱层析进行纯化后获得 2 mL 纯品（蛋白质浓度 0.5 mg/mL），测定酶总活为 70 U。请问：酶回收率是多少？酶的纯化倍数是多少？请给出计算根据。

【考点】酶活力追踪。

【答题要点】

根据：

回收率＝酶制剂总活力/粗提酶总活力

纯化倍数＝酶制剂比活/粗提酶比活

因为，粗酶总活力：100 U

纯酶总活力：70 U

所以，酶回收率：$\frac{70\ \text{U}}{100\ \text{U}}\times 100\% = 70\%$

因为，粗酶比活力：0.5 U/mg

纯酶比活力:70 U/mg

所以,酶的纯化倍数:70 U/0.5 U=140

八、分析论述题:每小题 13 分,共 26 分。

41. 酶实现高效催化的因素有哪些(至少写出 4 种)?讨论酶实现高效催化的实质,并举例说明酶抑制剂在农业生产上的应用。

【考点】酶的高效性和应用。

【答题要点】

一共有 6 种因素,可选择其中 4 种:邻近与定向效应、诱导契合、酸碱催化、共价催化、金属离子催化、酶活性中心的疏水微环境等。

酶高效催化的实质是:酶不仅能特异性结合底物形成过渡态,并能稳定过渡态,从而更有效地降低反应活化能,加速反应。

举例:有机磷农药具有杀虫作用,就是因为它们能与乙酰胆碱酯酶的丝氨酸羟基共价结合,对酶产生不可逆抑制。乙酰胆碱是昆虫和脊椎动物神经递质,它在完成信号传递后需要在乙酰胆碱酯酶催化下被水解为胆碱和乙酸。乙酰胆碱酯酶失活,乙酰胆碱将大量积累,这会使神经过度兴奋而引发抽搐症状而致死。这类抑制剂对植物没有毒性,所以可以作为农药。

42. 请从遗传密码的特性考虑,举例说明为什么有些氨基酸具有一种以上的 tRNA 作为运载工具参与蛋白质合成,并推断理论上完成 20 种氨基酸的转运需要多少种 tRNA。

【考点】遗传密码的特点、同工受体 tRNA 的概念。

【答题要点】遗传密码的简并性、遗传密码的变偶性以及变偶规则。

遗传密码**

第 1 位(5′端)	第 2 位				第 3 位(3′端)
	U	C	A	G	
U	UUU(苯丙氨酸) UUC(苯丙氨酸) UUA(亮氨酸) UUG(亮氨酸)	UCU(丝氨酸) UCC(丝氨酸) UCA(丝氨酸) UCG(丝氨酸)	UAU(酪氨酸) UAC(酪氨酸) UAA(终止密码子) UAG(终止密码子)	UGU(半胱氨酸) UGC(半胱氨酸) UGA(终止密码子) UGG(色氨酸)	U C A G
C	CUU(亮氨酸) CUC(亮氨酸) CUA(亮氨酸) CUG(亮氨酸)	CCU(脯氨酸) CCC(脯氨酸) CCA(脯氨酸) CCG(脯氨酸)	CAU(组氨酸) CAC(组氨酸) CAA(谷氨酰胺) CAG(谷氨酰胺)	CGU(精氨酸) CGC(精氨酸) CGA(精氨酸) CGG(精氨酸)	U C A G
A	AUU(异亮氨酸) AUC(异亮氨酸) AUA(异亮氨酸) AUG(甲硫氨酸)*	ACU(苏氨酸) ACC(苏氨酸) ACA(苏氨酸) ACG(苏氨酸)	AAU(天冬酰胺) AAC(天冬酰胺) AAA(赖氨酸) AAG(赖氨酸)	AGU(丝氨酸) AGC(丝氨酸) AGA(精氨酸) AGG(精氨酸)	U C A G
G	GUU(缬氨酸) GUC(缬氨酸) GUA(缬氨酸) GUG(缬氨酸)	GCU(丙氨酸) GCC(丙氨酸) GCA(丙氨酸) GCG(丙氨酸)	GAU(天冬氨酸) GAC(天冬氨酸) GAA(谷氨酸) GAG(谷氨酸)	GGU(甘氨酸) GGC(甘氨酸) GGA(甘氨酸) GGG(甘氨酸)	U C A G

* AUG 也作为起始密码子。

** 密码子的阅读方向为 5′→3′。

(1)遗传密码的简并性

一个氨基酸有多个密码子编码,这种现象为遗传密码的简并性,这些密码子被称为同义密码子或者简并密码子。以亮氨酸为例,从图中的密码簿发现它有 6 个密码子,分别是 UUA、UUG、CUU、CUC、CUG、CUA。

(2)遗传密码的变偶性

tRNA 的反密码子与密码子在碱基配对时并不严格按照 A-U,G-C 配对,而是有一定的规则,即变偶规则。如下图所示。由此可以看出同一个反密码子能够与几个密码子配对。例如,tRNA 反密码子为 IAG 则可与密码子 CUU、CUC 和 CUA 配对。分析亮氨酸的 6 个密码子,一种反密码子是 UAA 的 tRNA 能够与 UUA、UUG 这一组密码子成配对,而一种反密码子是 CAG 的 tRNA 能够与 CUG 配对,另一种反密码子为 IAG 的 tRNA 能够与 CUU、CUC 和 CUA 3 个密码子配对,因此,亮氨酸的 6 个密码子理论上需要 3 种 tRNA 才能够完成将氨基酸装载进入核糖体与 mRNA 上的密码子配对识别。

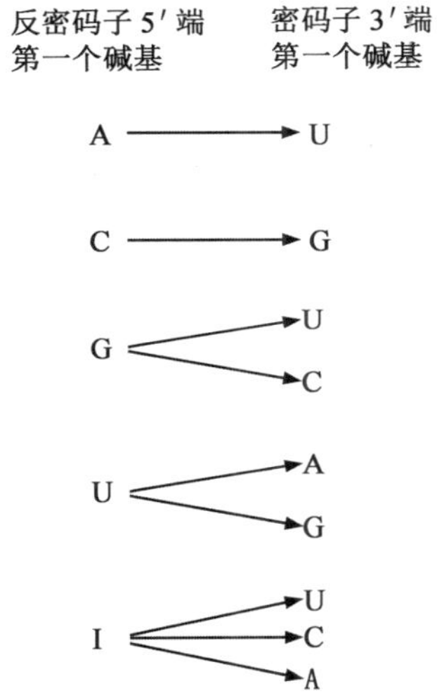

(3)根据以上的推理,脯氨酸有 4 个密码子

即 CCU、CCA、CCG、CCC,前 3 个密码子需要一个反密码子是 IGG 的 tRNA 与之配对,而 CCC 需要反密码子是 GGG 的 tRNA 与之配对,这样,脯氨酸密码子需要 2 种 tRNA,依此类推,20 种氨基酸理论上需要 31 种 tRNA。如果加上运载起始氨基酸的 tRNA,则为 32 种。

【知识拓展】这类题目属于比较综合、难度较大,不在此处拓展。

全真模拟试题九答案及解析

动物生理学

一、单项选择题:每小题 1 分,共 15 分。

1.【考点】正确理解不同物质跨膜转运的形式特点。

【解析】选择 A。

记住 O_2 和 CO_2 跨膜转运是通过单纯扩散转运进入一般细胞的形式。

【提示】分辨不同物质跨膜转运的形式特点,可举例练习。

2.【考点】正确理解选择相中不同物质跨膜转运的形式特点。

【解析】选择 C。

葡萄糖、氨基酸属稍大些的分子若从物质高浓度的一侧转运至低浓度的一侧就通过易化扩散的方式进行转运;若上述分子从物质低浓度的一侧转运至高浓度的一侧就通过继发性主动转运方式进行转运。

【提示】物质跨膜转运的形式特点搞清楚,就可以将答案锁定在选项 C 上。

3.【考点】骨骼肌收缩的机制。

【解析】选择 A。

肌肉收缩过程的本质是在有能量存在的情况下,肌球蛋白与肌动蛋白的活化中心相互作用将分解 ATP 释出的化学能转变为机械能的过程。要使肌动蛋白的活化中心被暴露出来,只有当肌浆内 Ca^{2+} 浓度升高时,才能解除静息时阻碍肌动蛋白与肌球蛋白横桥结合的障碍,因此,ATP 和 Ca^{2+} 是必不可少的外界因素。

【提示】只有理解透彻才能抓住关键。

4.【考点】加速或延缓凝血的方法和依据。

【解析】选择 B。

外科手术时用温盐水纱布压迫止血,是加速凝血的一种方式。原因是血液与粗糙面接触或温热盐水纱布按压创面,利于激活血液中的凝血因子Ⅻ和血小板。同时,适当升高温度,可提高参与凝血的各种酶的活性和酶促反应的速度。因而,本题四个选项中,答案 B 是正确的。

【提示】加速或延缓凝血的方法很多,应该知道它们的依据。

5.【考点】ABO 血型。

【解析】选择 A。

人的主要血型系统为 ABO 血型。根据红细胞膜上是否存在 A、B 抗原,可将血液分为 A 型、B 型、AB 型和 O 型四型。不同血型的人,血清中含有不同的抗体,相互之间是否发生凝集反应,要根据各人的红细胞抗原而定。题中 B 型血人血清中有抗 A 抗体,"某人"的红细胞与其发生凝集,说明此人的红细胞膜上有 A 抗原;B 型血的红细胞膜上有 B 抗原,"某人"的血清与其发生凝集,说明此人的血清中有抗 B 抗体。在 ABO 血型中,只有 A 型血人的红细胞膜和血清是这样的，因而此人的血型是 A 型，选项 A 是正确的。

【提示】熟悉 ABO 血型系统中的红细胞凝集和鉴定。

6.【考点】化学因素对呼吸运动的调节。

【解析】选择 B。

缺氧时，颈动脉体和主动脉体外周化学感受器受到动脉血中 P_{O_2} 降低的刺激，其冲动经窦神经和主动脉神经传送到延髓中与呼吸有关的核团，可反射性引起呼吸加深加快。因而本题选项 B 的答案是正确的。缺氧可如选项 A 直接刺激延髓呼吸中枢，但低 O_2 对呼吸中枢的直接作用是抑制；低 O_2 对呼吸的刺激作用是通过外周颈动脉体和主动脉体化学感受器实现的，因而选项 A、C 和 D 都是错误的。

【提示】影响呼吸运动的化学因素还有 CO_2 和 H^+。

7.【考点】正确理解脂肪的分解产物。

【解析】选择 D。

乳糜微粒不是脂肪的分解产物，它是在肠上皮细胞上合成的，不是在肠腔中。

【提示】注意问题选择的是“不”。

8.【考点】小肠分节运动的功能。

【解析】选择 C。

小肠的分节运动不具有促使食糜向肛门方向推进的功能，所以选择选项 C。

【提示】注意问题选择的是“不”。

9.【考点】促进机体产热的内分泌激素。

【解析】选择 C。

胰岛素是胰岛 B 细胞分泌的，其功能主要是降低血糖、促进合成代谢以及促进生长。甲状旁腺素由甲状旁腺的主细胞分泌，其功能是升高血钙。而生长激素由腺垂体分泌，主要功能是促进机体生长和调节新陈代谢。甲状腺素由甲状腺分泌，其最重要的功能是增加机体产热量，提高基础代谢率。1 mg T_4 可使组织产热增加 4.18×10^6 J。因此，选项 C 为正确答案。

【提示】各章内容融会贯通。

10.【考点】抗利尿激素分泌的调节因素。

【解析】选择 B。

动物机体大量失水会造成血浆晶体渗透压升高，刺激渗透压感受器，使抗利尿激素释放增多；循环血量减少会刺激机体的容量感受器引起抗利尿激素的释放；而动脉血压下降也会促进抗利尿激素的释放。只有选项 B 为晶体渗透压下降可引起抗利尿激素分泌减少，尿量增多，故选项 B 为正确答案。

【提示】各章内容融会贯通。

11.【考点】脊髓对内脏反射的调节。

【解析】选择 B。

选项 A、C 和 D 均属于脊髓对机体运动的调节，只有排粪反射属于脊髓调节的内脏反射，故选项 B 为正确答案。

【提示】注意看清题干。

12.【考点】大脑皮层运动区所在的主要部位及对躯体运动调节的特点。

【解析】选择 C。

选项 A、B 和 D 均为大脑皮层运动区调节躯体运动的特点。大脑皮层运动区主要位于大脑的中央前回，而中央后回为大脑皮层感觉区。因此，正确答案为选项 C。

【提示】注意看清题干。

13.【考点】下丘脑的生理功能。

【解析】选择 C。

选项 C 调节肌紧张属于神经系统对躯体运动的调节。其他选项 A、B、D 都是下丘脑的生理功能。本题问的是哪个选项“不属于”下丘脑功能，所以正确答案是选项 C。

【提示】注意看清问题中要求选择的正确答案是肯定的“是”，还是否定的“不”。

14.【考点】甲状腺激素分泌的调节。

【解析】选择 C。

某些地区水和食物中缺碘，造成机体 T_4、T_3 合成减少，对腺垂体 TSH 分泌的反馈性抑制作用减弱，使 TSH 分泌增加，导致甲状腺组织代偿性增生、腺体肥大，称为地方性甲状腺肿或单纯性甲状腺肿。因而本题给予的选项 A、B、D 均不正确，正确答案应该是选项 C。

【提示】应全面掌握甲状腺激素分泌的调节机制。

15.【考点】孕激素的生理功能。

【解析】选择 A。

选项 A，回答的是孕激素分泌的部位。孕激素存在于雌性和雄性动物体内，主要由排卵后形成的黄体分泌，胎盘也分泌孕激素，肾上腺皮质分泌的量少，因而孕激素不是仅由黄体分泌。但问题问的是选项中哪项是错的，选项 A 是错的，所以 A 是正确答案。其他选项 B、C、D 都是孕激素的生理功能，都是正确的。

【提示】一定要注意题目需要选择是对的还是错误的答案。

二、简答题：每小题 8 分，共 24 分。

16. 刺激与反应的关系是什么？

【考点】明确基强度、阈强度的概念以及刺激强度、作用时间和反应的关系。

【解析】在回答刺激与反应的关系时，一定要以适宜刺激为前提。若给阈下刺激在一般情况下刺激，不能引起反应；但在任意延长时间的情况下，引起组织兴奋所需的最小刺激强度即基强度时，是可以引起反应；若在固定作用的时间，引起组织兴奋所需的最小刺激强度即阈强度，也能引起反应。若用不同时间为横坐标，所测出的各个阈强度为纵坐标绘出的强度-时间曲线图，可以更清楚地说明在曲线右上方的各点为阈上刺激，上面示意的各点均可发生反应，而在曲线左下方的各点为阈下刺激，上面示意的各点均不可发生反应。

【提示】若测得组织兴奋性强度-时间曲线所示的曲线位置偏右上方或左下方，刺激与反应的关系会发生变化吗？

17. 比较犬、马散热方式的异同点。

【考点】不同动物散热方式的异同。

【解析】动物的散热方式主要有辐射、传导、对流和蒸发四种方式。不同动物因其各自结构不同，使其散热方式有所差异。

①相同点：当机体体温高于外界温度时，犬和马可通过辐射、传导及对流三种方式进行散热。

②不同点：当外界温度接近或高于体温时，犬和马通过不同散热方式进行散热。主要表现为：马汗腺发达，其主要散热方式是出汗，通过汗液蒸发带走热量。一般不出现喘息。犬汗腺不发达，几乎不出汗，而主要通过热性喘息使唾液蒸发和使呼吸道及呼出气中的水分蒸发，进而达到散热的目的。

【提示】注意把握动物生理学学习过程中的共性和个性。

18. 比较腱反射与肌紧张的异同点。

【考点】牵张反射的两种类型：腱反射与肌紧张。

【解析】牵张反射是指骨骼肌受外力牵拉时引起受牵拉的同一肌肉收缩的反射活动。牵张反射有腱反射和肌紧张两种类型。腱反射是指快速牵拉肌腱时发生的牵张反射。肌紧张是指缓慢而持续地牵拉肌腱时发生的牵张反射。二者的比较详见下表。

腱反射与肌紧张的比较

项目	腱反射	肌紧张
定义	快速牵拉肌腱时发生的牵张反射	缓慢持续牵拉肌腱时发生的牵张反射
感受器	肌梭（主要是核袋纤维）	肌梭（主要是核链纤维）
传入纤维	主要是Ⅰa类	主要是Ⅱ类
收缩成分	主要是快肌纤维	主要是慢肌纤维
收缩特点	同步性快速收缩	持续交替性收缩，不易疲劳
反射弧	单突触反射	多突触反射
潜伏期	短	长
生理意义	了解神经系统的功能状态	维持站立姿势，是姿势反射的基础

【提示】腱反射和肌紧张都是临床的辅助诊断方法。

三、实验题：10分。

19. 设计实验，比较在低渗溶液中具有不同溶血程度的兔A和兔B的红细胞脆性。简要写出实验方法与步骤，预测并分析实验结果。

【考点】测定红细胞渗透脆性的方法和步骤；红细胞渗透脆性大小的比较。

【解析】

(1)方法与步骤

①将20个试管分为2组。每组10个试管中分别加入2 mL配制好的如下NaCl浓度(%)的溶液：

0.90　0.70　0.65　0.60　0.55　0.50　0.45　0.40　0.35　0.30

②选取品种、性别、体重相近的家兔两只。分别在兔耳缘静脉采取血液，分别向上列不同组别的试管中各加入大小相等的血液一滴，用拇指堵住试管口，将试管慢慢倒转一两次，使血液与管内NaCl溶液混合均匀。

③室温中静置 1 h，观察结果。

(2)结果预测及分析

①判定出两组试管中开始溶血及完全溶血的 NaCl 浓度。前者为红细胞的最小抵抗，后者为红细胞的最大抵抗。

②比较两只家兔的最小抵抗和最大抵抗的数值。

③两只兔中，某兔如最小抵抗数值小，表示该兔红细胞在低渗溶液中不易破裂，抵抗力高，即脆性小；而另外一只家兔的抵抗力低，红细胞易破裂，相对脆性则大。

【提示】由于该题是做比较，因而被比较的动物和实验条件应该基本相同。

四、分析论述题：每小题 13 分，共 26 分。

20. 心室肌与骨骼肌在兴奋与收缩上有哪些异同？有何生理意义？

【考点】肌细胞兴奋后的分期；心室肌与骨骼肌细胞在兴奋过程中的相同与不同；心室肌与骨骼肌在兴奋性变化与收缩活动的关系上的相同与不同；心室肌与骨骼肌收缩不同特点的生理意义。

【解析】

①可兴奋细胞受到一次刺激产生兴奋后，它们的兴奋性相继出现绝对不应期、相对不应期、超常期和低常期。不同的肌细胞兴奋后的分期有所不同，对第二次刺激产生兴奋的能力不同。

②骨骼肌细胞产生兴奋后，它的兴奋性相继出现绝对不应期、相对不应期、超常期和低常期；而心室肌细胞产生兴奋后，它的兴奋性相继出现绝对不应期、相对不应期、超常期，没有低常期。绝对不应期兴奋性降至 0，在此期内，无论第二次刺激多强，都不能引起新的兴奋。该期骨骼肌细胞只有 0.5～2.0 ms，而心肌细胞则长达 200～400 ms，也称有效不应期。相对不应期兴奋性逐渐恢复，在此期内，第二次刺激有可能引起新的兴奋，但刺激强度必须大于阈强度。超常期的兴奋性轻度地增强，刺激强度略小于阈强度。低常期的兴奋性缓慢地降低，刺激强度略大于阈强度，才可引起组织或细胞的兴奋。

③心室肌与骨骼肌均属横纹肌，但骨骼肌细胞绝对不应期短，它可以出现不完全强直收缩和完全强直收缩；而心肌细胞兴奋时有效不应期长，包括整个收缩期和舒张早期。这一特性使得心肌收缩和舒张活动能交替有序，在心缩期不会接受外来的兴奋而发生强直收缩。

④骨骼肌受中枢神经系统(CNS)控制，可以产生随意运动，能够维持姿势、可使躯体移动并完成呼吸运动。心肌受特殊的起搏细胞控制，整体受自主神经调控，活动是不随意的，保证心肌的舒缩活动，使血液供给全身，以完成物质代谢和能量代谢。

【提示】①注意其他的心肌细胞在兴奋与收缩上的特点。

②进一步可以思考平滑肌在兴奋与收缩上的特点。

21. 甲状腺激素在机体代谢中的主要作用。

【考点】甲状腺素对机体的代谢作用。

【解析】1. 产热效应　甲状腺激素可以提高基础代谢率，可使体内绝大多数组织的耗氧率和产热量增加。T_3 的产热作用比 T_4 强 3～5 倍，但作用持续时间较短。甲状腺激素的产热效应与靶组织细胞 Na^+-K^+-ATP 酶活性升高密切相关，还能促进脂肪酸氧化产热。

2. 对物质代谢的影响

(1)蛋白质代谢　甲状腺激素促进蛋白质及各种酶的生成。分泌过多时可加速骨骼肌和骨的蛋白质分解,尿氮排出增多。

(2)糖代谢　甲状腺激素能够促进小肠黏膜对糖的吸收和肝糖原分解,抑制糖原合成,能升高血糖浓度;也可加强外周组织对糖的利用,降低血糖浓度。

(3)脂肪代谢　甲状腺激素促进脂肪酸氧化,对胆固醇的分解作用强于合成作用。

【提示】代谢包括产热作用。甲状腺素的其他作用也很重要。比较呆小症和侏儒症。

生物化学

五、单项选择题:每小题 1 分,共 15 分。

22. 选择 A。

【考点】氨基酸分类。

【解析】组成蛋白质的 20 种氨基酸,根据其降解产物是否可以生成糖、酮体将其分为生酮氨基酸、生糖氨基酸和生糖兼生酮氨基酸。其中只能生成酮体的氨基酸是赖氨酸和亮氨酸,生糖兼生酮的氨基酸为芳香族氨基酸和异亮氨酸。只能选择选项 A。

23. 选择 C。

【考点】脱氧核糖核苷酸合成。

【解析】核糖核苷二磷酸还原酶催化的反应有两条电传递链参与,谷胱甘肽和硫氧还蛋白是电子传递的中间化合物。该酶的底物通常是核糖核苷二磷酸。该酶具有开关位点和底物专一性决定位点,能作用于 4 种核糖核苷二磷酸。因此,选项 C 的描述是错误的,其他选项的描述是正确的。

24. 选择 C。

【考点】本题是有关脂肪酸合成和降解的对比题,综合性较强。

【解析】脂肪酸合成是在细胞质中进行,而氧化在线粒体中进行。选项 C 描述是错误的,因此选择 C。但是注意,如果错误的选项是有关其他方面的对比,那么如果复习不到位,则容易答错题。

25. 选择 B。

【考点】脂肪酸从头合成过程中关键中间产物丙二酸单酰 CoA 合成。

【解析】题目内容涉及丙二酸单酰 CoA 合成过程以及催化反应的酶的调控,综合性较强。其中,选项 B 谈到的 ACP 酰基载体蛋白不参与丙二酸单酰 CoA 的生成反应,它参与后续脂肪酸合成过程。

26. 选择 B。

【考点】真核生物 mRNA 加工。

【解析】真核生物 mRNA 加工通常包括在 mRNA 3′端加尾,5′端加帽子和内含子切除。根据选项给出的内容,选项 A 和 C 容易判断,选项 D 谈到的是加帽子过程,是正确的。

27. 选择 D。

【考点】PPP 途径。

【解析】PPP 途径能够产生核苷酸合成的前体物质 5-磷酸核糖。其他选项都是错误的。

28. 选择 A。

【考点】原核生物蛋白质合成起始过程。

【解析】参与细菌蛋白质合成的起始化合物包括 fMet-tRNA^{Met}、GTP 和 IF-2。EF-Tu 是蛋白质延伸过程中的蛋白因子，不参与蛋白质合成的起始过程。

29. 选择 B。

【考点】尿素循环反应。

【解析】鸟氨酸转氨甲酰酶催化生成瓜氨酸的反应，其他选项是干扰选项。

30. 选择 D。

【考点】非蛋白质氨基酸。

【解析】非蛋白质氨基酸呈游离状态存在，有的是合成标准氨基酸的前体物，有的是某些生物化学代谢途径的中间物，有些转化为其他活性物质。如苯丙氨酸降解转化成激素物质“去甲肾上腺素”，谷氨酸脱羧形成神经递质“γ-氨基丁酸”，缬氨酸参与构成抗生素“缬氨霉素”，由甲硫氨酸转化生成的 S-腺苷甲硫氨酸是甲基供体。

31. 选择 D。

【考点】蛋白质修饰。

【解析】蛋白质修饰在蛋白质实现生物功能中具有重要作用。修饰类型很多，有磷酸化、核苷酸化、糖基化、甲基化等，有关知识可以从酶活性调节的“酶共价修饰类型”中了解。

32. 选择 C。

【考点】抗体功能特点。

【解析】抗体的应用价值主要在于它能够特异识别、结合抗原。与疾病相关的特异生物大分子(或称抗原)即使微量存在，也可以得到鉴定，这是因为抗体分子通常被连接上酶或荧光基团，从而大大提高信号灵敏度。

33. 选择 B。

【考点】生物大分子中的糖苷键多样性。

【解析】除了存在于单糖分子之间的典型糖苷键外，在蛋白质-糖、肽-糖共价连接中还存在 N-糖苷键或 O-糖苷键，这些键又统称糖肽键；糖肽键本质上属于糖苷键，而非肽键。核蛋白因为含有核酸，而核苷酸中碱基和核糖之间也是 N-糖苷键。

34. 选择 D。

【考点】DNA 回文结构特点。

【解析】回文结构主要特点是：含有反向重复序列，且出现在 DNA 两条链中呈二重对称。选项 B 属于镜像重复，即反向重复序列在同一条 DNA 链中。限制性内切酶识别序列通常是回文结构。

35. 选择 D。

【考点】酶活性中心组氨酸的作用。

【解析】组氨酸属于碱性氨基酸，易溶于水；其咪唑基 pK_a 为 6～7，这使得它在中性 pH 下有一半为质子化，另一半咪唑氮原子上含有自由电子对。因而可以作为“酸”给出质子，又可以作为“碱”接受质子，在酶的酸碱催化中起重要作用。

36. 选择 A。

【考点】脂肪酸结构特点。

【解析】脂肪酸由极性羧基和非极性烃基组成，既有亲水性又有疏水性，为两亲化合物，大量接触细胞膜会对后者造成伤害。在细胞中，脂肪酸通常与甘油形成中性脂(甘油三酯)得以保存或运输，很少以游离形式存在。

六、简答题：每小题 8 分，共 24 分。

37. 请计算 16:1 的脂肪酸在经过 β-氧化彻底产生二氧化碳和水的过程中 ATP 生成的数量。

【考点】脂肪酸经过 β-氧化和 TAC 循环的能量计算。

【答题要点】

①16:1 的脂肪酸经过 7 轮 β-氧化能够生成 8 个乙酰 CoA；由于 16:1 的脂肪酸有一个不饱和双键，所以有一次 β-氧化没有 $FADH_2$ 的生成，总计 6 分子 $FADH_2$，7 分子 NADH；这些还原性辅酶进入电子传递链能够生成 33 分子 ATP($2\times6+3\times7$)。

②8 个乙酰 CoA 进入 TCA 循环，合计生成 96 分子 ATP(8×12)。

③脂肪酸活化用掉 2 个高能磷酸键，计算为消耗 2 分子 ATP。

④合计 127 分子 ATP($33+96-2$)。

【知识拓展】相似的题目如：计算 18:1 或者 12:0，14:0 等脂肪酸在经过 β-氧化彻底产生二氧化碳和水的过程中 ATP 生成的数量。

38. 请比较 DNA 复制、RNA 转录和蛋白质合成过程，说明各自合成的忠实性机制。

【考点】DNA 复制、RNA 转录和蛋白质合成的一些知识点。

【答题要点】

①每掺入一个核苷酸，DNA 复制错误率为 10^{-10}，RNA 转录错误率为 10^{-5}，每掺入一个氨基酸，蛋白质合成的错误率为 10^{-4}。由此可知 DNA 复制的准确性最高。

②首先，DNA 复制过程中 DNA 聚合酶具有 $3'\rightarrow5'$外切酶活性，可以对错误掺入的核苷酸进行校正。其次，细胞还存在 DNA 的修复机制。这些机制保证了 DNA 复制的高度忠实性。

③RNA 转录不存在校正机制，转录忠实性较差。

④蛋白质合成时，tRNA 的装载非常重要，氨酰 tRNA 合成酶在装载 tRNA 时保证精确性。氨酰 tRNA 合成酶专一性很强，对于专一性相对较弱的氨酰 tRNA 合成酶而言，其有校正活性。氨酰 tRNA 进入核糖体时，由 EF-Tu-GTP 领位进入，只有密码子反密码子正确识别后 GTP 水解，EF-Tu-GDP 离开核糖体。上述对保证蛋白质合成忠实性都给予了贡献。目前研究认为保证蛋白质合成准确性还有其他机制。

39. 简述利用 Sanger 法鉴定多肽链氨基末端氨基酸的基本原理。并列出另外两种方法的名称。

【考点】多肽链末端分析。

【答题要点】

①Sanger 反应所需要的主要试剂为 2,4-二硝基氟苯(DNFB)(2 分)；DNFB 在弱碱性条件下与多肽链 N 端氨基酸残基 α-氨基反应形成 DNP-肽(2 分)。

②在对 DNP-肽进行酸水解时，由于新形成的共价键比肽键稳定，水解产物中只有 N

末端氨基酸以“DNP-氨基酸”(黄色)形式存在,其他均为无色游离氨基酸,结合层析技术即可鉴定出多肽链N端氨基酸(2分)。

③其他方法有:氨肽酶法、丹磺酰氯(或Edman降解法等)(2分)。

【知识拓展】多肽链N末端分析方法很多,各有应用特点。氨肽酶是一类肽链外切酶,专门从N末端开始逐个水解肽键。通过控制酶反应速度,可以分离、鉴定N端氨基酸。实际上,由于酶反应速度很难严格控制,该法在应用中有较大局限性。丹磺酰氯是一种荧光试剂,能专一性地与多肽链N端的α-氨基发生反应,生成稳定的DNS-肽;肽键经酸水解释放出游离氨基酸,结合层析或电泳技术,即可鉴定出带荧光的DNS-氨基酸。相比之下,Edman降解法更有效。

七、实验题:10分。

40. 何为蛋白质pI?如何用生物化学法快速鉴定一种蛋白质的pI?举一例说明蛋白质pI在分离蛋白质中的应用。

【考点】蛋白质pI。

【答题要点】

①pI即等电点(1分)。蛋白质分子静电荷为零(或正电荷与负电荷相等)时溶液的pH即为该蛋白的pI(2分)。

②利用等电聚焦电泳可以鉴定。在含有两性电解质的连续pH梯度凝胶中,由于蛋白质属于两性电解质,在电场中可以依据电荷性质和数量在凝胶中移动,当移动到等电点区域时,便停留在那里(3分)。与已知pI的标准蛋白条带相比,即可鉴定出未知样品等电点(2分)。

③应用。如已知一个蛋白质的pI,可通过“等电沉淀”技术粗分离该蛋白质,因为蛋白质在其等电点时溶解度最小(2分)。

【知识拓展】利用“蛋白质在pI时溶解度最小的原理”,通过在蛋白质溶液中慢慢加入酸或碱,观察、记录蛋白质沉淀情况,也可测出蛋白质pI,但结果精确度不高。pI的应用很广泛,如溶解蛋白质时,溶液的pH要避开等电点;进行离子交换柱层析时,洗脱液pH的选择也要考虑到pI。

八、分析论述题:每小题13分,共26分。

41. 请说明为什么三羧酸循环不仅是糖、脂肪和蛋白质降解的共同途径,而且还是某些物质的合成途径。

【考点】糖代谢、脂代谢和氨基酸代谢的联系,主要是TCA循环,是综合性很强的题目。

【答题要点】

①糖原、淀粉降解生成葡萄糖;葡萄糖经过EMP、丙酮酸脱羧脱氢、TCA循环彻底氧化分解。

②脂肪降解产生3-磷酸甘油和脂肪酸。前者在激酶作用下生成3-磷酸甘油,在3-磷酸甘油脱氢酶作用下生成磷酸二羟丙酮,继而进入EMP途径、最后进入TCA循环彻底氧化分解;脂肪酸降解生成乙酰CoA,后者也进入TCA循环彻底氧化分解。

③蛋白质降解生成的基本氨基酸,这些氨基酸可以进行降解产生如丙酮酸、草酰乙酸、

延胡索酸、乙酰 CoA、α-酮戊二酸、琥珀酰 CoA 等，这些物质都可进入 TCA 循环彻底氧化分解。

④草酰乙酸、α-酮戊二酸可以通过转氨基作用直接生成天冬氨酸和谷氨酸；琥珀酰 CoA 是合成卟啉的前体。

⑤柠檬酸参与脂肪酸合成的过程，主要是柠檬酸-丙酮酸循环。

⑥TCA 循环的中间产物可通过草酰乙酸合成葡萄糖。

因此，三羧酸循环不仅是糖、脂肪和蛋白质降解的共同途径，而且还是某些物质的合成途径。

【知识拓展】这类题目综合性强，与 2012 年农学门类生物化学考题中 42（试论述哺乳动物肌肉细胞在无氧和有氧条件下葡萄糖氧化分解的主要途径）相比，难度还要大。统考题涉及的是糖酵解过程，针对的是同一途径的有无氧和有氧两种情况，而本题是几条代谢途径的联系。参照 2012 年真题，同学们可以自行设计相关题目进行回答。

42. 比较分析酶的“锁-钥模型”和“诱导契合模型”要点，并指出它们的内在联系。

【考点】酶的专一性机理。

【答题要点】

①“锁-钥模型”认为底物分子或底物分子的一部分像钥匙那样专一性地楔入酶活性中心（2 分），底物反应部位与酶活性中心必需基团间结构互补（3 分）。

②“诱导契合模型”认为酶受底物诱导发生构象变化（2 分），酶与底物互补契合后进行反应（3 分）。

③这两个模型都是用来阐述酶与底物专一性结合的机理（3 分）。

【知识拓展】“锁-钥模型”是最早提出的有关酶专一性机理分析的学说，形象地说明了酶与底物的关系；“诱导契合模型”强调了酶活性中心的可塑性。酶与底物分子之间在多个位点上发生弱相互作用，这些相互作用是酶诱导契合理论的基础。

全真模拟试题十答案及解析

动物生理学

一、单项选择题：每小题 1 分，共 15 分。

1.【考点】对三个不同研究水平的正确理解。

【解析】选择 A。

选项 B 的过程涉及兴奋沿肌膜如何传导，终末池 Ca^{2+} 通道开放，肌浆中的 Ca^{2+} 升高等一系列过程。选项 C 涉及通道蛋白质分子的构造、构象与离子通透性的关系。选项 D 涉及递质前体在酶的作用下合成并进入囊泡储存的过程以及控制突触后膜上的基因是如何表达的。选项 B、C、D 均为细胞、分子水平的研究。唯独选项 A 属器官、系统水平的研究。

【提示】注意问题选择的是“不”。

2.【考点】明确神经-骨骼肌接头处传递兴奋的特点。

【解析】选择 D。

选项 A、B、D 均是神经-骨骼肌接头处传递兴奋的特点，唯独选项 D 不是。相对不疲劳性是神经纤维上的传导特征，这也是该题所需的答案。

【提示】明确神经-骨骼肌接头处传递兴奋的特点。

3.【考点】胃肠激素的生理作用。

【解析】选择 D。

胃肠激素没有调节神经系统的兴奋性的作用，这正是该题的答案，所以应选择选项 D。

【提示】明确胃肠激素的生理作用。

4.【考点】明确调节胃酸分泌的因素。

【解析】选择 B。

选项 A、C、D 均为促进胃酸分泌的激素。选项 B 胃液中的盐酸增多对胃液的分泌起负反馈的抑制作用，这正是该题所需的正确答案。

【提示】注意审题。

5.【考点】条件反射和非条件反射的特点。

【解析】选择 C。

非条件反射是动物种族进化先天具有的，其反射弧是固定的，不必由脑皮层参与的反射类型。而条件反射是高级神经活动的基本方式，是脑的高级机能之一，是建立在非条件反射基础上的，是在个体生活过程中形成的。选项 A、B 和 D 均为非条件反射的特点。而只有选项 C 是条件反射的特点之一，因此，正确答案为 C。

【提示】条件反射是在非条件反射的基础上建立起来的，二者又密不可分。

6.【考点】突触传递过程的基本知识。

【解析】选择 C。

Na^{+} 是产生动作电位及兴奋性突触后电位（EPSP）的主要离子；Cl^{-} 是产生抑制性突触

后电位(IPSP)的主要离子;Mg^{2+} 也未参与突触前神经元释放递质的过程。当突触前神经元的兴奋传到神经末梢时,突触前膜去极化,使前膜上的电压门控 Ca^{2+} 通道开放,细胞 Ca^{2+} 进入突触前末梢的轴浆内,从而触发突触小泡的出胞,引起末梢递质的释放。因此,正确答案为选项 C。

【提示】各章内容融会贯通。

7.【考点】下丘脑的功能。

【解析】选择 C。

机体内各内脏器官和系统的基本生命活动以及与个体生存和种族延续有关的本能行为和情绪反应等,均在内脏神经系统的调节和控制之下。脊髓是内脏反射活动的初级中枢,低位脑干是维持生命活动的基本中枢,而下丘脑则是调节内脏活动的较高级中枢。交感神经和副交感神经调节各内脏器官、平滑肌和腺体的活动,是内脏反射活动的传出部分。躯体运动中枢不在下丘脑。因而本题的四个选项中,有关下丘脑功能描述正确的是选项 C,本题的正确答案是 C。

【提示】下丘脑的神经内分泌功能非常重要。

8.【考点】明确上述列举物质对血管的作用。

【解析】选择 C。

选项 A、B、D 均具有舒张的血管作用。而抗利尿素是已知最强的缩血管物质之一,所以正确答案是选项 C。

【提示】明确上述列举物质对血管的作用,可分辨出"不"的答案。

9.【考点】心室肌细胞的生理特性。

【解析】选择 C。

心室肌细胞属于工作细胞,主要执行收缩功能,具有兴奋性、传导性和收缩性。自律性不属于它的特性,所以正确答案是选项 C。

【提示】明确心室肌细胞的生理特性,可分辨出"不"的答案。

10.【考点】肾小球有效滤过压、滤过膜的结构与功能。

【解析】选择 A。

有效滤过压增大和肾小球滤过面积增大可使滤过液增多,但不会出现蛋白尿;血液中大分子蛋白质含量增加会导致血浆胶体渗透压升高,有效滤过压下降,滤过率减少,也不会出现蛋白尿;而肾小球滤过膜通透性增大则可使某些大分子蛋白质通过滤过膜,引起蛋白尿。所以选项 B、C 和 D 均不会引起蛋白尿的出现,正确答案是选项 A。

【提示】充分理解肾小球有效滤过压的概念及形成。

11.【考点】气体交换的动力。

【解析】选择 A。

呼吸气体的交换包括肺换气和组织换气,气体分压差是气体交换的动力。因而,肺部的气体交换的方向也是由气体分压差决定的,本题的四个选项只有选项 A 是正确的。

【提示】了解气体交换的过程和影响气体交换的因素。

12.【考点】血小板的生理功能。

【解析】选择 B。

生理性止血是指小血管损伤出血后,在很短时间内自行停止出血的过程。在生理性止血过程中，血小板释放缩血管物质，促进受伤血管收缩，减少出血；血小板在损伤的血管内皮处黏附、聚集，填塞损伤处以减少出血；血小板释放参与血液凝固的物质，并通过血小板收缩蛋白使血凝块紧缩，形成坚实的血栓，堵塞在血管损伤处起到持久止血的作用。红细胞、淋巴细胞和嗜碱性粒细胞不参与生理性止血过程。因而本题的选项 B 是正确的。

【提示】掌握生理性止血的过程。

13.【考点】激素作用一般特性的共同点。

【解析】选择 A。

本题四个选项中，选项 A 是激素的共同特征；选项 B、C 不是，因为类固醇激素的作用机制是基因表达学说，受体在细胞膜内；选项 D 太绝对，激素的转运途径不止经由血液一种形式。因而本题的正确答案是选项 A。

【提示】激素作用还有其他的一般特性。

14.【考点】腺垂体合成分泌的激素。

【解析】选择 D。

选项 A、B、C 的几种激素均由腺垂体合成分泌，而催产素是由下丘脑视上核、室旁核合成后运送到神经垂体贮存的，不由腺垂体合成分泌。因而选项 D 符合问题的要求，是正确答案。

【提示】注意问题中的“是”或“不”。

15.【考点】雌性哺乳动物发情周期中各个期的生理变化和特点。

【解析】选择 D。

发情后期是黄体形成和维持的时期。如卵未受精，则黄体在间情期后期退化，生殖道逐渐向发情前期转变。待黄体完全消失后，新的卵泡开始发育，又转入再一个发情周期。

【提示】掌握发情周期的调控。

二、简答题：每小题 8 分，共 24 分。

16. 简述突触后抑制及其生理意义。

【考点】突触后抑制的产生、形式及生理意义。

【解析】一神经元兴奋导致另一抑制性中间神经元释放抑制性递质，并作用于其突触后膜上特异性受体，产生抑制性突触后电位，从而使突触后神经元出现抑制。突触后抑制包括传入侧枝性抑制和回返性抑制。

①传入侧枝性抑制又称为交互抑制。一个感觉传入纤维进入脊髓后，一方面直接兴奋某一中枢的神经元，另一方面发出其侧枝兴奋另一抑制性中间神经元，然后通过抑制性神经元的活动转而抑制另一中枢的神经元。其生理意义是使不同中枢之间的活动协调起来。

②回返性抑制。多见信息下传路径。传出信息兴奋抑制性中间神经元后转而抑制原先发放信息的中枢。其生理意义是可使神经元的活动及时终止，使同一中枢内许多神经元的活动协调一致。

【提示】突触后抑制的发生必须存在一个抑制性的中间神经元。

17. 什么是通气/血流比值？其对肺通气效率有何影响？

【考点】通气/血流比值的概念；通气/血流比值对肺通气的意义。

【解析】通气/血流比值是指每分钟肺泡通气量与每分钟肺血流量之比，是肺气体交换效率的指数。肺泡通气量=(潮气量－解剖无效腔)×呼吸频率。其中，潮气量和呼吸频率对每分通气量和每分肺泡通气量的影响是不同的。由于解剖无效腔的存在，浅而快的呼吸造成每分肺泡通气量明显减少，导致通气/血流比值下降，使部分肺血液得不到充分的气体交换。因而，深而慢的呼吸其通气效率要比浅而快的呼吸高。

【提示】由于潮气量的增加有一定的极限，因而太慢的呼吸也会导致肺通气效率的降低。

18. 试述影响肾素分泌的因素。

【考点】影响肾脏分泌肾素的因素。

【解析】

①入球小动脉处的牵张感受器感知动脉血压下降和肾血流量下降，可刺激肾素释放。

②致密斑处感受器：肾小管液中 Na^+ 含量的变化可刺激致密斑并进一步影响肾素的释放。

③交感神经兴奋可通过肾交感神经末梢释放去甲肾上腺素，作用于球旁细胞的相应受体，刺激肾素释放。

④此外，肾素的释放还受到众多体液因素的调节，如前列腺素可促进其释放；而血管紧张素Ⅱ、心房钠尿肽等可抑制其释放。

【提示】联系肾素-血管紧张素系统的功能分析影响肾素分泌的因素。

三、实验题：10 分。

19. 设计实验证明可兴奋组织的阈下刺激强度、阈刺激强度和最大刺激强度(请参看真题形式)。

【考点】明确阈下刺激强度、阈刺激强度和最大刺激强度的概念；实验证明的方法、完成实验过程、绘图标明阈下刺激强度、阈刺激强度和最大刺激强度对可兴奋组织的反应。

【解析】

(1)实验方法

①制备蟾蜍坐骨神经-腓肠肌标本。

②将标本的股骨固定于肌槽的固定孔内。跟腱上的结扎线与张力换能器相连。将神经搭在肌槽的电极上。刺激电极的接头与刺激器输出端相连。

③张力换能器与生理信号记录系统相连，打开生理信号记录系统。

④打开刺激器，单脉冲刺激由弱到强，记录刺激强度与收缩曲线。

a. 在记录纸上标明刺激强度刚可引起肌纤维发生收缩反应时刺激强度，该强度为阈刺激。

b. 刺激强度逐渐增强时，随着刺激强度的增大，收缩幅度逐渐增大，此时的刺激强度为阈上刺激。这个变化的刺激强度在记录纸上标明。

c. 在记录纸上同样标明，当再增加刺激强度，肌肉收缩的幅度不再增加，此时的刺激为最大刺激强度。

d. 若再给标本更大的刺激强度反而使肌肉收缩的幅度减小。

(2)结果分析

①比阈强度小的刺激强度,不引起肌肉发生收缩反应,此时的刺激为阈下刺激。

②阈强度时只能引起少数兴奋性强的肌纤维发生收缩反应。

③阈上刺激时,随着刺激强度的增大,被兴奋的肌纤维数目增多,收缩幅度逐渐增大。

④最大刺激时,全部肌纤维同时收缩,肌肉收缩幅度达到最大,此后再增加刺激强度,肌肉收缩的幅度不再增加。

⑤但是,再给标本更大的刺激强度反而使肌肉收缩的幅度减小,说明更强的刺激可使某些肌纤维损伤,由此反证③所记录的最大刺激是真实的。

【提示】

①设计实验前就应明确阈下刺激强度、阈刺激强度和最大刺激强度的概念。

②实验过程中标本需随时用任氏液润湿。

四、论述题:每小题 13 分,共 26 分。

20. 试述猪胃、肠消化的特点。

【考点】明确猪属单胃杂食动物;食糜在胃中如何进行机械性消化和化学性消化;食糜在小肠中如何进行机械性消化和化学性消化;食糜在大肠中如何进行机械性消化、化学性消化和微生物的消化。

【解析】

1. 猪胃消化的特点

(1)单胃的机械性消化主要依靠胃壁的纵行肌、斜行肌和环行肌来完成,有以下 4 种形式。

①容受性舒张:当咽、食道等部位的感受器接受咀嚼和吞咽食物的刺激后,反射性地引起胃壁平滑肌的舒张,使胃容量增加,而胃内压力却变化不大的过程。可将大量的食糜暂时储存在被扩张的胃中。

②紧张性收缩:可使胃壁平滑肌经常保持一定程度的缓慢而持续的收缩状态,使胃维持一定的形状,并内有一定压力,促使胃液渗入食糜,有利于化学性消化。

③蠕动:当胃壁感受器接受食糜刺激,反射性促使纵行肌、斜行肌和环行肌相互配合,起自胃大弯以波浪式向胃幽门方向进行舒缩运动,达到胃窦逐渐消失。蠕动波的出现有利于搅拌和粉碎食物,使之与胃液充分混合形成食糜,有利于胃液进行化学性消化。

④胃的排空:当胃蠕动和紧张性收缩加强、胃内压力大于十二指肠压力,同时胃幽门括约肌舒张时,促进胃的排空;反之,胃舒张、胃幽门括约肌呈紧张性收缩、幽门处的压力高于胃的压力时,为排空的间歇。

(2)单胃的化学性消化主要依靠胃液的分泌。胃液是一种无色、透明的强酸性(pH 0.9~1.5)液体。胃液的主要成分包括胃蛋白酶原、盐酸、黏液、内因子、电解质和水。

①强酸性的胃液可将暂时贮存在胃内食糜浸泡、并使蛋白质膨胀变性,胃蛋白酶(胃蛋白酶原在酸性环境中变成胃蛋白酶)可以一定程度的水解蛋白质使之生成脲和胨以及很少量的肽和氨基酸。

②在酸性环境下,幼畜的凝乳酶对乳中的酪蛋白有凝固作用,可使乳块在胃中停留时间延长,有利于充分消化。

③胃内酸性环境有一定的杀菌作用。

④胃黏膜表面形成的"黏液-碳酸氢盐屏障"可有效地保护胃黏膜免受损伤。

⑤内因子促进维生素 B_{12} 的吸收，也促进 Fe^{2+} 的吸收。

⑥胃酸进入小肠后可促进胰液、小肠液和胆汁的分泌，也可刺激小肠运动。

2. 猪肠消化的特点

- 猪小肠消化的特点

(1)小肠的运动主要依靠肠纵行肌和环行肌及相邻部位两种肌肉在时间和空间上的组合形成了小肠的运动，使肠内容物充分混合并被推向肠的远端。

①分节运动是以环行肌为主的节律性舒缩活动。可把食糜分成许多节段。当动物在进食后，通过该运动形式可使食糜与消化液充分混合，便于化学性消化的进行。

②蠕动是环行肌和纵行肌相互协调的连续性收缩，并向肠的远端传播。有时可见一种进行速度很快、传播较远的蠕动冲，在十二指肠和回肠末端还会出现与蠕动方向相反的逆蠕动。蠕动和逆蠕动可使食糜在两段肠管来回移动，有利于食糜的充分消化和吸收。

③有时在非消化期，胃肠平滑肌的电活动和收缩活动呈周期性变化，出现移行复合波。此波从胃和十二指肠开始，经空肠到回肠末端，移行过程中传播的速度会逐渐减慢。它的主要作用是防止结肠内的细菌在消化间期逆向进入回肠，将小肠内的残留物清除到结肠，使小肠保持良好的机能状态。

(2)小肠内的化学性消化主要依靠胰液、胆汁和小肠液的分泌物来完成的，最终可使小肠食糜转变成能被小肠黏膜吸收的营养物质。

①胰液为无色、透明、pH 7.8～8.4 的弱碱性液体，渗透压与血浆相等，分泌量大。由大量的水分、无机盐和有机物（如 α-胰淀粉酶、胰蛋白酶原、糜蛋白酶原、胰肽酶原等蛋白水解酶、胰脂肪酶、核糖核酸酶、脱氧核糖核酸酶等）组成，为连续分泌。胰液的生理作用如下。

a. 可以中和胃酸、保护肠黏膜，并为小肠内各种消化酶提供适宜的弱碱性环境。

b. 胰液中含有 α-淀粉酶，可将淀粉高效水解成糊精、麦芽糖和麦芽寡糖。

c. 被活化的胰蛋白酶和糜蛋白酶可将蛋白质水解成际和胨、肽及氨基酸，一些肽在羧基肽酶及氨基肽酶的作用下也能生成氨基酸。

d. 胰脂肪酶和辅脂酶将已经被胆盐乳化的甘油三酯水解成甘油、脂肪酸和甘油一酯。

e. 胰胆固醇酯酶可水解胰胆固醇酯，使之生成胆固醇和脂肪酸。

f. 核糖核酸酶和脱氧核糖核酸酶可分别水解相应的核酸为单核苷酸。

②猪的胆汁由肝脏连续分泌。肝胆汁经胆囊贮存，再通过胆总管开口于十二指肠。胆汁为味苦、有色的、pH 5.9～7.8 的黏性液体，由水、胆汁酸、胆酸盐（甘氨酸胆酸盐或牛磺酸胆酸盐）、胆固醇、胆色素、脂肪酸和卵磷脂等组成。胆囊胆汁中的水、Na^+、Cl^- 和大部分电解质被胆囊吸收，其内的胆盐、胆固醇、胆色素被浓缩。胆汁的生理功能如下。

a. 胆汁内没有消化酶，起消化作用的主要是胆盐。

b. 胆盐能增强脂肪酶的活性。

c. 胆盐能促进脂肪的水解。它能降低脂肪的表面张力，乳化脂肪，大大地增加了与脂肪酶的接触面积。

d. 胆盐可刺激小肠的运动。

e. 胆盐能促进脂肪分解产物的吸收。

f. 胆盐能促进脂溶性维生素(维生素 A、维生素 D、维生素 E、维生素 K)的吸收。

③小肠液是由分布在小肠黏膜上的十二指肠腺、小肠腺细胞、散在的杯状细胞以及小肠黏膜上皮细胞分泌的混合液体。小肠液是弱碱性、微混浊的液体,pH 7.6~8.7。其内含有大量水分,无机盐中 $NaHCO_3$ 含量高;有机物中主要是黏液和各种酶。小肠黏膜上皮细胞分泌的酶包括:可进一步水解多肽的肠肽酶,可分解二糖为单糖的蔗糖酶、麦芽糖酶、乳糖酶,水解脂肪的脂肪酶等。这些消化酶均在小肠黏膜上皮表面将营养物质水解成简单物质,可直接被肠绒毛吸收,不再返回肠腔。

● 猪大肠消化的特点

(1)大肠的运动形式。大肠较粗,肌层较厚,猪的盲肠、结肠外纵肌形成肌带。大肠对刺激的反应较迟缓,运动较慢。大肠的运动形式有以下几种。

①袋状往返运动:一般空腹时,由环行肌无规则的收缩引起,出现非推进性的袋状往返运动,利于肠腔内水分的吸收。

②推进性分节运动:当有进食刺激,使一个结肠袋或一段结肠收缩,可将肠内容物向前推进。

③蠕动和逆蠕动:与小肠的蠕动和逆蠕动相似,只是速度慢、强度弱,有利于剩余营养物质和水的吸收。

④集团蠕动:是大肠中一种移行速度快、传播远的强烈蠕动。这种运动方式常见于进食后,食糜刺激了胃壁或食糜由胃进入十二指肠所引起的十二指肠结肠的反射活动。

(2)大肠液的分泌。大肠液是一种富含黏蛋白和碳酸氢盐的黏稠碱性液体,pH 约为 8.3。主要作用是保护肠黏膜和润滑粪便。

(3)大肠内的微生物消化对猪尤为重要。猪盲肠、结肠内含有种类多、数量大的微生物,与反刍动物的瘤胃类似,其内同样为微生物提供了生存的内环境,保证了最佳的发酵作用。大肠内微生物可以利用纤维素和半纤维素等,将其分解为挥发性脂肪酸(VFA);也可以利用大肠内容物中的非蛋白质氮合成微生物蛋白质,并继续水解成氨基酸,部分可被机体所利用;微生物也能合成 B 族维生素和维生素 K。猪是杂食动物,其大肠微生物对营养物质的消化除有发酵作用外,还有腐败作用。

和瘤胃发酵不同的是由于部分蛋白质和可溶性糖在小肠已被消化和吸收,因此,虽然在大肠中也存在类似瘤胃的尿素再循环,可补足对氮的需要量,利于微生物蛋白质的合成,但合成的效率较低;而由于大肠黏液腺的存在,盲肠、结肠内碳酸氢盐和其他电解质的含量比瘤胃液多。

【提示】该题既要回答单胃动物在胃、小肠和大肠中机械性和化学性消化的具体内容又要突出杂食动物猪大肠内微生物消化与反刍动物的异同。

21. 什么是初乳?它对新生幼畜有什么生理意义?

【考点】初乳的概念;初乳对初生幼畜的重要性。

【解析】初乳是指母畜分娩前或分娩后最初 3~5 d 乳腺分泌的乳。初乳色淡黄而浓稠,稍有咸味,煮沸时发生凝固。

与常乳比较,初乳含有较多的脂肪、蛋白质,而乳糖含量较低;初乳中丰富的球蛋白和白蛋白能透过仔畜的肠壁而被吸收入血,利于子代血浆蛋白的迅速增加;初乳中矿物质含量较多,如磷、钙、钠、镁、铁含量为常乳的 1 倍至数倍,尤其是乳中的镁盐有轻泻作用,利于通胎便;初乳富含维生素,特别是维生素A和维生素C比常乳高10倍,维生素D高3倍。对幼畜具有特别意义的,也是初乳与常乳最显著的差异,是初乳中含有丰富的免疫球蛋白。特别是对于不能从胎盘传递抗体的动物,仔畜必须在出生后24～36 h内及时从初乳中获取免疫球蛋白,建立起被动免疫体系,因为以后消化道内的酶会使抗体降解,肠对抗体的通透性也会减弱。因而,初乳对于新生幼仔具有十分重要的生理意义。

【提示】注意初乳和常乳的区别。

生物化学

五、单项选择题:每小题1分,共15分。

22. 选择B。

【考点】TCA循环回补反应及催化反应的相关的酶等内容。

【解析】该反应的功能是通过生成苹果酸或者草酰乙酸维持TCA循环正常进行。除选项B外,其他选项都是不正确的描述。

23. 选择D。

【考点】考察丙酮酸的氧化脱羧和TCA循环过程中还原性辅酶和ATP生成的情况。

【解析】丙酮酸的氧化脱羧生成1 mol NADH,而1 mol乙酰CoA经过TCA循环能够生成3 mol NADH,1 mol $FADH_2$以及1 mol ATP。所以,只有选项D是正确的。

24. 选择C。

【考点】考察三酰甘油和磷脂的合成前体。

【解析】选项C磷脂酸是二者合成的共同前体,而选项A、B是磷脂合成的前体,而CTP以CDP-胆碱和CDP-二酰甘油等形式参与磷脂合成。所以,选项C是正确的。

25. 选择B。

【考点】本题目涉及四氢叶酸与一碳单位的关系。

【解析】选项A脂酰基团的载体通常是CoA和ACP。氢离子和电子的主要载体不是四氢叶酸,而四氢叶酸及其衍生物主要是负责转化一碳基团的,所以选择选项B。

26. 选择A。

【考点】该题目是有关尿素循环反应的。

【解析】选项简单,容易判断。只有选项A正确。

27. 选择C。

【考点】脂肪酸从头合成途径。

【解析】该题目比较简单,只有选项C即NADH不参与脂肪酸从头合成途径。

28. 选择D。

【考点】考察原核生物蛋白质合成延伸过程。

【解析】氨酰-tRNA、EF-Tu和GTP都参与蛋白质合成延伸过程,只是IF-2参与的是起始过程,所以,选择选项D。

29. 选择A。

【考点】该题目考察糖酵解途径的具体反应和酶的对应关系。

【解析】烯醇化酶催化的是2-磷酸甘油酸向磷酸烯醇式丙酮酸的转化,该酶受到抑制,首先积累的产物是 2-磷酸甘油酸。当然，后续葡萄糖也会积累，其他选项是该酶下游的产物，它们不会积累。所以，选择选项 A。

30. 选择 C。

【考点】必需脂肪酸的俗称。

【解析】按照系统命名原则，脂肪酸的羧基碳被指定为 C-1；在通俗命名中，脂肪酸羧基后的第一个碳原子为 α 碳原子，之后依次以 β、γ 等表示，离羧基最远的碳原子定为 ω。“ω-3”表示从 ω-碳端数起，第一个双键位于 C_3—C_4 之间。ω-3 即亚麻酸（$18:3^{\Delta 9,12,15}$），为多不饱和脂肪酸。

31. 选择 D。

【考点】呼吸链质子流方向。

【解析】根据化学渗透理论，伴随线粒体呼吸链电子传递过程，质子从线粒体基质泵到线粒体内外膜间隙中，这将降低膜间隙的 pH。

32. 选择 B。

【考点】氨基酸解离。

【解析】兼性离子的含义是既带正电又带负电。氨基酸侧链不能解离，表明该氨基酸既不是酸性氨基酸，也不是碱性氨基酸，而是一羧基、一氨基类氨基酸。这类氨基酸在等电点 pH 时不带电；碱性溶液中，OH^- 将促使 α 羧基解离而使分子带负电；酸性溶液中，H^+ 则促使 α 氨基质子化而带正电；只有在生理条件下，呈兼性离子。

33. 选择 A。

【考点】蛋白质同源比较。

【解析】一组序列和功能相似的蛋白质互称同源蛋白质。血红蛋白中的单个亚基和肌红蛋白相比，一级结构和三维结构均相似，功能也相似，都能与血红素辅基结合从而形成氧结合位点。胶原蛋白和角蛋白虽然都是纤维状蛋白，但序列差别大；DNA 聚合酶和胰蛋白酶属于不同功能的酶，也不是同源蛋白质。

34. 选择 B。

【考点】蛋白质变性沉淀技术。

【解析】蛋白质沉淀技术不同，获得的蛋白质样品活性不同。利用“等电沉淀”“盐析”“有机溶剂沉淀”可以获得有活性的蛋白质，但三氯乙酸沉淀的蛋白质处于变性状态。

35. 选择 C。

【考点】单糖分子结构。

【解析】只有六碳糖含有 5 个羟基，*D*-半乳糖、*D*-果糖、*D*-甘露糖均属于六碳糖。*D*-甘油醛是三碳糖，核糖或核酮糖都是五碳糖。

36. 选择 D。

【考点】生物化学著名科学家的成就。

【解析】Hoppe-Seyler 是生物化学学科建立之初贡献最大的科学家之一，他于 1877 年创办《生理化学杂志》。DNA 测序始发于 20 世纪 70 年代，著名的科学家有 Sanger 等。

六、简答题:每小题 8 分,共 24 分。

37. 请简述磷酸烯醇式丙酮酸(PEP)所参与的物质合成与降解的生物化学反应。

【考点】生物体代谢的重要化合物。

【答题要点】通过写出 PEP 参与的代谢反应,说明 PEP 参与的代谢途径,从而强调其重要性。

①PEP 参与糖酵解途径,丙酮酸激酶催化 PEP 产生丙酮酸。

②PEP 葡萄糖异生途径,草酰乙酸在 PEP 羧激酶的催化下生成 PEP,进而进入葡萄糖异生途径。

③PEP 参与芳香族氨基酸的代谢过程,PEP 和 4-磷酸赤藓糖是合成芳香族氨基酸的前体。

【知识拓展】这类题有一定的综合性,原因在于 PEP 参与了糖酵解途径、葡萄糖异生途径、氨基酸合成等途径的代谢过程。类似的化合物在前面的模拟题和辅导书中都有所介绍,请同学们参考。

38. 什么是酶的可逆共价修饰?常见有哪些类型(至少 3 种)?

【考点】

【答题要点】

①有些酶因自身某氨基酸残基发生可逆共价修饰,而在有活性形式和无活性形式及高活性或低活性之间发生变化,这种酶的活性调节形式称为可逆共价修饰。

②可逆共价修饰涉及基团的共价结合和水解反应两个过程;这两个过程分别由不同的酶完成。

③常见的共价修饰方式:磷酸化/去磷酸化、腺苷酰化/去腺苷酰化、鸟苷酰化/去鸟苷酰化、甲基化/去甲基化、乙酰化/去乙酰化等(任意选择 3 种)。

【知识拓展】酶活性能被严格调节是酶的作用特点之一。酶活性调节方式除了可逆共价修饰,还有别构调节、酶原激活和调节蛋白等。在可逆共价调节中,磷酸化/去磷酸化最常见,是细胞响应外界信号的重要机制。蛋白质磷酸化反应由"蛋白激酶"完成,去磷酸化反应则由"蛋白质磷酸酶"完成。酶的共价修饰位点具有特异性。

39. 根据你的认识,请说明核苷酸及其衍生物的生物学功能,并举例说明其在糖和脂类物质代谢中的作用。

【考点】核苷酸及其衍生物的功能。

【答题要点】

①生物学功能:信号分子;能量分子;调节分子;直接参与化学反应底物分子等。

②UDPG 参与蔗糖和糖原合成;ADPG 参与淀粉合成;CDP 参与脂肪合成;NADH、NADPH、$FADH_2$ 等都参与了糖和脂类物质的代谢;另外,如 cAMP 可以作为信号分子调节糖、脂物质代谢。可以举几个例子说明它们的作用。

【知识拓展】这类题目比较简单,针对的是一些具体的知识点,但是由于核苷酸及其衍生物的特殊作用,该题目也同样涉及一些代谢途径,只是知识点比较零散,可通过核苷酸及衍生物构成联系,同学们可以找类似的化合物进行回答。

七、实验题：10 分。

40. 有一个蛋白质干粉样品，具有水溶性。请设计一个实验流程来证明该样品是否纯品，并阐述基本原理。

【考点】蛋白质性质与鉴定。

【答题要点】

①用缓冲液将蛋白质干粉在低温下（通常 4℃）溶解。原理：蛋白质为生物大分子，容易变性降解。缓冲液、低温对蛋白质有保护作用，保证多肽链不被很快破坏。

②将蛋白质溶液制成 SDS-样品，进行 SDS-PAGE 分析。原理：SDS-PAGE 是变性电泳，可以用来鉴定蛋白质纯度。如果电泳结果是一条带，证明样品纯度达到电泳纯；如果 SDS-PAGE 结果出现 2 个以上条带，则显示两种可能性：或者是样品为单一蛋白质，但由多亚基组成；或者是样品不纯，含有多种蛋白质。需要进一步鉴定。

③将蛋白质溶液制成活性样品，然后利用 PAGE 分析蛋白质条带。原理：PAGE 为非变性电泳，多亚基纯蛋白质应该为 1 条带；如果电泳结果为多条，则证明不纯。也可选择分子筛柱层析技术等说明或其他可行流程。

【知识拓展】蛋白质是生物大分子，在分离、分析过程中，要结合实验目的严格控制条件。高温、极端 pH 等容易破坏蛋白质，对这种样品进行 SDS-PAGE 分析，即便是很纯的单亚基蛋白质也有可能出现多条带。相反，对于天然结构完整的蛋白质，即使 SDS-PAGE 出现多条带，也不能下结论说不纯，因为有些蛋白质天然结构本来就是多亚基的，在这种情况下，需要结合其他技术进行验证。

八、分析论述题：每小题 13 分，共 26 分。

41. 大肠杆菌 *E. coli* 某一基因 A 的非模板链序列如下，（+1）表示转录起始，该基因至少编码 5 个氨基酸。

```
       (+1)           (10)           (20)           (30)           (40)           (50)
        |              |              |              |              |              |
TATAATAGACAGAATTTGGAGGTTGACCTTATGCGTAACGACGCTATTGGCTAGTAAGCTCTAA
                                           ↑
```

(1)利用上面的序列信息以及下面的密码表，写出 A 基因编码的多肽链的氨基酸序列。

(2)当用溴化乙锭处理该大肠杆菌后，A 基因突变为 X 基因，突变位点如箭头所示，即在 GT 之间插入一个核苷酸 A，请写出此突变菌株 X 基因编码的多肽链的氨基酸序列

【考点】RNA 转录中模板链与编码链的概念以及原核生物蛋白质合成中的起始以及密码子的相关内容。

【答题要点】

①确定给定的链是编码链序列，从（+1）开始向右基因的下游找起始密码子 ATG（+19 的 A 开始）和终止密码子 TAA、TAG 和 TGA，确定该基因的读码框。在此读码框中终止密码子为 TAG（+40 开始）。

②依据密码簿写出氨基酸序列，由于是原核生物，第一个甲硫氨酸是甲酰化的，因此序列为 fMet-Arg-Asn-Asp-Ala-Ile-Gly。

③当基因核苷酸序列中插入一个核苷酸 A 后，发生移码突变，终止密码子提前出现，

原基因转化为 ATG-CGA-TAA，因此氨基酸序列也转化为 fMet-Arg。

【知识拓展】这类题目综合性强一些，是 DNA、RNA 和蛋白质三章结合较为紧密的题目，并且具有一定的难度。其中任何一个小的知识点没有掌握，将影响到正确结果的得出，值得重视。

42. 讨论氧化磷酸化在细胞能量转换中的作用。

【考点】氧化磷酸化。

【答题要点】

①伴随生物氧化作用而发生的使 ADP 磷酸化成 ATP 的过程，称为氧化磷酸化。

②氧化磷酸化发生在线粒体中，和线粒体电子传递链相偶联。

③线粒体内膜上的 F_0F_1-ATP 合酶利用电子传递形成的跨线粒体内膜电化学梯度，使 ADP 磷酸化成 ATP。

④细胞能量形式有多种，最方便、最普遍利用的能量形式是 ATP；氧化磷酸化是化能营养生物获取细胞能量的主要过程，是好氧生物 ATP 的主要来源。

【知识拓展】通过磷酸化合成 ATP 有多种途径——氧化磷酸化、光合磷酸化、底物水平磷酸化。化能营养生物通过食物氧化获取能量分为三个阶段：第一阶段，食物的大分子分解为有机小分子，无 ATP 生成；第二阶段，小分子降解为乙酰 CoA，产生少量 ATP；第三阶段由柠檬酸循环和氧化磷酸化组成，是燃料分子彻底氧化的共同途径。

历年真题及参考答案

2009年全国硕士研究生入学统一考试农学门类联考
动物生理学与生物化学试题及参考答案

2010年全国硕士研究生入学统一考试农学门类联考
动物生理学与生物化学试题及参考答案

2011年全国硕士研究生入学统一考试农学门类联考
动物生理学与生物化学试题及参考答案

2012年全国硕士研究生入学统一考试农学门类联考
动物生理学与生物化学试题及参考答案

2013年全国硕士研究生入学统一考试农学门类联考

动物生理学与生物化学试题

动物生理学

一、单项选择题：1～15小题，每小题1分，共15分。下列每题给出的四个选项中，只有一个选项是符合题目要求的。

1. 下列生理活动中，属于正反馈调节的是（　　）。

A. 腱反射　　B. 排尿反射

C. 肺缩小反射　　D. 肺扩张反射

2. 引起骨骼肌细胞复极化的离子流是（　　）。

A. K^+ 外流　　B. Na^+ 内流

C. Ca^{2+} 内流　　D. Mg^{2+} 内流

3. 具有"全或无"特征的电位是（　　）。

A. 终板电位　　B. 突触后电位

C. 慢波电位　　D. 动作电位

4. 血浆中最重要的缓冲对是（　　）。

A. $KHCO_3/H_2CO_3$　　B. $NaHCO_3/H_2CO_3$

C. K_2HPO_4/KH_2PO_4　　D. Na_2HPO_4/NaH_2PO_4

5. 剪断家兔的减压神经，在其外周端施加有效刺激后（　　）。

A. 血压升高　　B. 血压降低

C. 血压不变　　D. 血压先升高后降低

6. 组织中营养物质交换的主要部位是（　　）。

A. 后微动脉　　B. 微静脉

C. 真毛细血管　　D. 通血毛细血管

7. 胸膜腔内压等于（　　）。

A. 肺内压－肺回缩力　　B. 肺内压－非弹性阻力

C. 肺内压＋肺回缩力　　D. 肺内压＋非弹性阻力

8. 实验中家兔颈部双侧迷走神经被剪断后，其呼吸的变化是（　　）。

A. 变快、变深　　B. 变快、变浅

C. 变慢、变深　　D. 变慢、变浅

9. 下列维生素中，其吸收过程需要内因子参与的是（　　）。

A. 维生素 B_1　　B. 维生素 B_{12}

C. 维生素 C　　D. 维生素 A

10. 下列激素中，能促进胃排空的是（　　）。

A. 胃泌素　　B. 促胰酶素

C. 促胰液素　　D. 抑胃肽

11. 机体将热量直接传给与其接触的温度较低的物体，这种散热方式是（　　）。

A. 蒸发　　B. 辐射

C. 对流　　D. 传导

12. 下列部位中，属于抗利尿激素靶组织的是（　　）。

A. 近曲小管　　B. 髓袢降支细段

C. 髓袢升支细段　　D. 集合管

13. 神经冲动引起轴突末梢释放递质所必需的内流离子是（　　）。

A. Ca^{2+}　　B. Na^{+}

C. K^{+}　　D. Cl^{-}

14. 下列激素中，幼年时缺乏会导致“呆小症”的是（　　）。

A. 生长激素　　B. 糖皮质激素

C. 甲状腺激素　　D. 胰岛素

15. 以下属于孕激素生理作用的是（　　）。

A. 抑制子宫内膜的增生　　B. 抑制子宫平滑肌的收缩

C. 抑制乳腺腺泡的发育　　D. 抑制乳腺导管的发育

二、简答题：16～18 小题，每小题 8 分，共 24 分。

16. 简述细胞膜上钠泵活动的生理意义。

17. 简述动物去大脑僵直现象及其产生的原因。

18. 神经垂体可释放哪些激素？简述这些激素的主要生理作用。

三、实验题：19 小题，10 分。

19. 以家兔为实验对象，设计实验证明血浆胶体渗透压是阻碍尿生成的因素。要求简要写出实验方法与步骤，预测并分析实验结果。

四、分析论述题：20～21 小题，每小题 13 分，共 26 分。

20. 当血液中 CO_2 分压升高时，机体可通过化学感受性反射来调节呼吸和循环系统的功能，试分析上述调节过程。

21. 试分析犬嗅到食物气味后胃液分泌的调节过程及胃液分泌的特点。

生 物 化 学

五、单项选择题：22～36 小题，每小题 1 分，共 15 分。下列每题给出的四个选项中，只有一个选项是符合题目要求的。

22. 中国加入人类基因组计划的时间是（　　）。

A. 1999 年　　B. 2000 年

C. 2001 年　　D. 2002 年

23. 下列属于蛋白质稀有氨基酸的是（　　）。

A. 甲硫氨酸　　B. 赖氨酸

C. 羟基脯氨酸　　D. 甘氨酸

24. 下列氨基酸中含有巯基的是（　　）。

A. Cys　　B. Met

C. Tyr　　D. Thr

25. 在正协同效应物存在的条件下，别构酶的动力学曲线通常呈（　　）。

A. S 形　　B. 双曲线

C. W 形　　D. V 形

26. 下列辅酶中，含腺嘌呤的是（　　）。

A. TPP　　B. CoQ

C. FMN　　D. NAD^+

27. 经常服用生鸡蛋容易导致人体缺乏的维生素是（　　）。

A. 维生素 C　　B. 硫胺素

C. 生物素　　D. 钴胺素

28. 下列酶中，催化不可逆反应的是（　　）。

A. 3-磷酸甘油醛脱氢酶　　B. 己糖激酶

C. 醛缩酶　　D. 磷酸丙糖异构酶

29. 下列酶中，催化三羧酸循环回补反应的是（　　）。

A. 烯醇化酶　　B. PEP 羧激酶

C. 转酮酶　　D. 转醛酶

30. 下列酶中，能催化底物水平磷酸化的是（　　）。

A. 3-磷酸甘油醛脱氢酶　　B. 丙酮酸激酶

C. 柠檬酸合酶　　D. 烯醇化酶

31. 下列核苷酸中，直接参与甘油磷脂合成的是（　　）。

A. IMP　　B. CTP

C. GTP　　D. UTP

32. 下列氨基酸中，水解后产生尿素的是（　　）。

A. 赖氨酸　　B. 精氨酸

C. 谷氨酸　　D. 甘氨酸

33. 真核生物通过 RNA 聚合酶 Ⅰ 催化生成的产物是（　　）。

A. mRNA　　B. hnRNA

C. rRNA 前体　　D. tRNA 前体

34. 胸腺嘧啶除了在 DNA 中出现外，还出现在（　　）。

A. tRNA　　B. mRNA

C. 5S rRNA　　D. 18S rRNA

35. 别嘌呤醇可用于治疗痛风病，因为它是（　　）。

A. 鸟嘌呤脱氨酶的抑制剂，可减少尿酸的生成

B. 黄嘌呤氧化酶的抑制剂，可减少尿酸的生成

C. 腺嘌呤脱氨酶的抑制剂，可减少尿酸的生成

D. 尿酸氧化酶的激活剂，可加速尿酸的降解

36. 下列密码子中，不编码任何氨基酸的是（　　）。

A. AUG　　B. UAA

C. GUA　　D. AAU

六、简答题：37～39小题，每小题8分，共24分。

37. ATP是磷酸果糖激酶的底物，为什么ATP高于一定浓度时该酶催化的反应速度会下降？

38. 天然蛋白质变性后会发生哪些变化？

39. 在有ATP生成的线粒体反应体系中，加入2,4-二硝基苯酚后，该反应体系不再有ATP的生成，为什么？

七、实验题：40小题，10分。

40. 用地衣酚法和双缩脲法可以鉴别酵母核糖核酸、胰凝乳蛋白酶和半胱氨酸这三种溶液吗？为什么？

八、分析论述题：41～42小题，每小题13分，共26分。

41. 从核糖体亚基大小、rRNA种类和mRNA起始序列三个方面，论述原核生物70S起始复合体与真核生物80S起始复合体的差异。

42. 一碳单位是如何将氨基酸代谢与核苷酸生物合成联系起来的？

2013年全国硕士研究生入学统一考试农学门类联考

动物生理学与生物化学试题参考答案

动物生理学

一、单项选择题:1～15小题,每小题1分,共15分。

1.B　2.A　3.D　4.B　5.C　6.C　7.A　8.C　9.B　10.A

11.D　12.D　13.A　14.C　15.B

二、简答题:16～18小题,每小题8分,共24分。

16.【答案要点】

钠泵(Na^+-K^+依赖式ATP酶)是一类膜蛋白,具有ATP酶活性,其被激活时,水解ATP释放能量,可将Na^+由膜内移至膜外,同时使K^+由膜外移至膜内,细胞恢复静息状态,维持细胞内、外Na^+和K^+相对的稳定;它所建立的势能贮备,可供其他耗能过程利用。因此,钠泵可完成原发性主动转运和继发性主动转运,是维持细胞正常兴奋性和正常生命活动所必需,是维持机体稳态(渗透压、细胞容积等)所必需。

17.【答案要点】

在中脑上(前)丘与下(后)丘之间切断脑干的去大脑动物,失去了机体的正常姿势,会立即出现全身肌紧张加强,表现为头昂尾翘、四肢伸直、脊柱后挺的角弓反张现象,称为去大脑僵直。

去大脑僵直是一种反射性的伸肌紧张性亢进,是一种过强的牵张反射。其产生原因主要是由于切断了大脑皮层、纹状体和脑干网状结构抑制区的联系,使脑干网状结构抑制活动减弱;而脑干易化区的活动加强,破坏了机体原来存在的抑制和易化作用之间的平衡状态,导致伸肌反射的亢进。

18.【答案要点】

神经垂体激素包括血管升压素(抗利尿激素)和催产素,由下丘脑视上核和室旁核神经元产生,神经垂体贮存。在适宜刺激下,释放进入血中。

血管升压素(抗利尿激素)可由于血浆晶体渗透压和循环血量的改变,分别通过脑内渗透压感受器、心房和肺容量感受器调节其释放,从而促进肾远曲小管和集合管对水重吸收达到抗利尿的作用。生理状态下,血中血管升压素浓度很低,不能引起血管收缩而使血压升高。催产素主要有促进乳汁排出和刺激输卵管和子宫收缩的作用。在动物幼仔吮吸乳头或交配、分娩时,受到神经与激素的综合调节作用,催产素分泌增加。

三、实验题:19 小题,10 分

19.【答案要点】

(1)实验方法与步骤

①选择健康、成年家兔,实验前保证家兔正常进食和饮水。

②家兔称重,按体重使用相应剂量麻醉剂,进行麻醉。

③背位交叉固定,剪去下腹部被毛。

④下腹正中线做长约 4 cm 的切口,分离双侧输尿管,插入输尿管插管,结扎固定,将计滴器连接于 RM6240 记录系统(或其他生理信号记录系统),观察并记录尿量。

⑤当家兔尿量稳定时,耳缘静脉注射高渗蛋白质溶液 20 mL,观察尿量的变化。

(2)预测并分析实验结果

①预测实验结果:耳缘静脉注射 20 mL 高渗蛋白质溶液,家兔尿量减少。

②实验结果分析:肾小球有效滤过压＝肾小球毛细血管血压－(血浆胶体渗透压＋肾小囊内压),在肾小球毛细血管血压和囊内压不变的情况下,高渗蛋白质溶液使血浆胶体渗透压升高,导致肾小球有效滤过压显著下降,使原尿量减少,从而导致家兔终尿量减少。

四、分析论述题:20～21 小题,每小题 13 分,共 26 分。

20.【答案要点】

CO_2 维持呼吸中枢的正常兴奋性。动脉血中 P_{CO_2} 在一定范围内升高可通过间接刺激中枢化学感受器(CO_2 进入血脑屏障后与 H_2O 形成 H_2CO_3,再解离出 H^+,刺激中枢化学感受器)和直接刺激外周化学感受器两条途径反射性地使呼吸兴奋(以刺激中枢化学感受器为主),但是 P_{CO_2} 过高则抑制呼吸。

CO_2 分压升高,可以刺激颈动脉体和主动脉体的化学感受器,反射性引起延髓内呼吸神经元和心血管活动的改变,引起呼吸加深加快,间接地引起心率加快、心输出量增加、外周血管阻力增大、血压升高。

21.【答案要点】

犬嗅到食物气味后,引起胃液分泌是通过神经和神经-体液途径完成调节的。具体过程是:犬嗅到食物气味后,刺激了犬鼻黏膜上嗅觉感受器,通过嗅神经传至嗅皮层(嗅球),并传至与已建立好条件反射联系的味觉皮层,然后下行经下丘脑、脑干传至延髓迷走神经背核,再通过迷走神经传至胃壁靶细胞引起胃液(盐酸和胃蛋白酶原)的分泌;同时,迷走神经也可传至胃幽门部的 G 细胞,引起促胃液素的分泌,促胃液素再作用于胃壁靶细胞引起胃液的分泌。

上述过程引起胃液分泌的特点是:潜伏期长,延续时间较长,胃蛋白酶原的含量和分泌量与刺激强度有关。

生 物 化 学

五、单项选择题：每小题 1 分，共 15 分。

22.C 23.C 24.A 25.A 26.D 27.C 28.B 29.B 30.B
31.B 32.B 33.C 34.A 35.B 36.B

六、简答题：每小题 8 分，共 24 分。

37.【答案要点】

①ATP 不仅是磷酸果糖激酶的底物，而且也是该酶的别构抑制剂。

②当 ATP 浓度高时，它不仅可以与酶的底物结合位点结合，而且还可以与酶的调节位点结合，致使酶构象发生改变，使酶与 6-磷酸果糖结合减弱，导致酶催化反应能力降低，反应速度下降。

38.【答案要点】

蛋白质变性后有如下变化。

①在结构上：保持天然构象的次级键（或非共价键）被破坏，天然构象解体，疏水氨基酸残基暴露，多肽链伸展开来。

②在功能上：失去生物活性。

③理化性质上：溶解度降低，扩散系数降低，黏度增加，对蛋白酶的水解更敏感。

39.【答案要点】

①线粒体合成 ATP 基于电子传递链和氧化磷酸化相偶联。由代谢产生的高还原力物质上的电子和质子，经过线粒体内膜电子传递链后，产生跨线粒体内膜的质子梯度；当内膜外侧的质子通过内膜上的 F_oF_1-ATP 合酶的质子通道、回流到线粒体内部时，即发生氧化磷酸化，驱动 ATP 合成。

②2，4-二硝基苯酚为解偶联剂，可以使氧化磷酸化和电子传递两个过程分离。因为 DNP 是一种疏水性物质，可以在膜中自由移动；它又是一种弱酸，可以解离出质子，将内膜外侧的质子运回膜内侧，这就破坏了跨膜质子梯度，从而使线粒体的氧化磷酸化因为没有驱动力而不能进行。

七、实验题：10 分

40.【答案要点】

①能。各取少量分别与地衣酚试剂、双缩脲试剂反应。能与地衣酚试剂发生明显颜色反应的是酵母核糖核酸；能与双缩脲试剂发生明显颜色反应的是胰凝乳蛋白酶；不发生颜色反应的是半胱氨酸。

②因为地衣酚法是定量核糖核酸（RNA）的典型方法，地衣酚试剂可以和酵母核糖核酸发生颜色反应；胰凝乳蛋白酶属于蛋白质，双缩脲试剂能和肽键发生颜色反应；半胱氨酸属于小分子有机酸，在该溶液中加入上述两种试剂，不会有显著颜色变化。

八、分析论述题：每小题13分，共26分。

41.【答案要点】

	核糖体大小	rRNA种类	mRNA序列
原核生物70S起始复合体	70S(50S与30S大小两个亚基组成)	5S rRNA 16S rRNA 23S rRNA	在mRNA上有SD序列，与蛋白质翻译起始相关
真核生物80S起始复合体	80S(60S与40S大小两个亚基组成)	5S rRNA 5.8S rRNA 18S rRNA 28S rRNA	在mRNA上有帽子结构，与蛋白质翻译起始相关

42.【答案要点】

①一碳单位：只含有一个碳原子的基团，如$—CH_3$、—CHO、$—CH_2—$、—COOH等。

②四氢叶酸是一碳单位的载体。

③在氨基酸代谢中，一些反应能够生成携带一碳单位的化合物。例如，在丝氨酸与甘氨酸的转化过程中，有亚甲基四氢叶酸的生成，而该化合物又是dUMP生成dTMP所必需的，通过一碳单位的生成和使用，氨基酸代谢与核苷酸发生相互联系。

2014年全国硕士研究生招生考试农学门类联考

动物生理学与生物化学试题

动物生理学

一、单项选择题:1～15小题,每小题1分,共15分。下列每题给出的四个选项中,只有一个选项是符合题目要求的。

1. 骨骼肌细胞兴奋时细胞膜发生去极化的离子基础是(　　)。

A. K^+内流　　B. Ca^{2+}内流

C. Cl^-内流　　D. Na^+内流

2. 下列物质中,能加速新鲜血液凝固的是(　　)。

A. 柠檬酸钠溶液　　B. 液体石蜡

C. 肺组织浸出液　　D. 肝素溶液

3. 正常情况下,心肌不会发生强直收缩的原因是(　　)。

A. 心肌是功能合胞体　　B. 心肌肌浆网不发达

C. 心肌有自动节律性　　D. 心肌有效不应期长

4. 心室等容舒张过程中各部位压力相比较,正确的是(　　)。

A. 心房压>心室压>主动脉压　　B. 心房压>心室压<主动脉压

C. 心房压<心室压<主动脉压　　D. 心房压<心室压>主动脉压

5. 下列心肌细胞中,兴奋传导速度最慢的是(　　)。

A. 心房肌细胞　　B. 结区细胞

C. 浦肯野细胞　　D. 心室肌细胞

6. 缺氧可反射性地引起呼吸加强,该反射的感受器是(　　)。

A. 肺牵张感受器　　B. 呼吸肌本体感受器

C. 外周化学感受器　　D. 中枢化学感受器

7. 下列条件中,均可使氧离曲线发生右移的是(　　)。

A. pH升高、CO_2分压升高、温度升高　　B. pH降低、CO_2分压升高、温度升高

C. pH升高、CO_2分压降低、温度降低　　D. pH降低、CO_2分压降低、温度降低

8. 对食物中蛋白质消化作用最强的消化液是(　　)。

A. 唾液　　B. 胃液

C. 胆汁　　D. 胰液

9. 维持躯体姿势最基本的反射是(　　)。

A. 腱反射　　B. 肌紧张

C. 屈肌反射　　D. 对侧伸肌反射

10. 寒冷环境中能促进恒温动物产热，并具有起效慢、作用持续时间长特点的激素是(　　)。

A. 甲状腺激素　　B. 肾上腺素

C. 去甲肾上腺素　　D. 生长激素

11. 下列激素中，可直接促进肾远曲小管和集合管重吸收 Na^+ 的是(　　)。

A. 肾素　　B. 醛固酮

C. 心房钠尿肽　　D. 抗利尿激素

12. 在神经-肌肉接头处，分解乙酰胆碱的酶是(　　)。

A. 磷酸二酯酶　　B. 胆碱乙酰化酶

C. 腺苷酸环化酶　　D. 乙酰胆碱酯酶

13. 下列激素中，当其在血液中出现峰值时可作为哺乳动物排卵标志的是(　　)。

A. 黄体生成素　　B. 卵泡刺激素

C. 催乳素　　D. 生长激素

14. 哺乳动物体内分泌降钙素的细胞是(　　)。

A. 甲状腺滤泡旁细胞　　B. 甲状腺腺泡细胞

C. 甲状旁腺主细胞　　D. 甲状旁腺嗜酸细胞

15. 根据雌激素合成的双重细胞学说，对雌激素合成起关键调节作用的两种激素是(　　)。

A. 卵泡刺激素和生长激素　　B. 黄体生成素和催乳素

C. 卵泡刺激素和黄体生成素　　D. 黄体生成素和催产素

二、简答题：16～18 小题，每小题 8 分，共 24 分。

16. 什么是血压？简述影响动脉血压的主要因素。

17. 简述机体将细胞内代谢产生的 CO_2 排到体外的过程。

18. 简述原尿在流经肾小管和集合管时所发生的主要变化。

三、实验题：19 小题，10 分。

19. 适量的乙酰胆碱处理可使家兔离体小肠平滑肌收缩活动加强，阿托品可阻断乙酰胆碱的这种作用。设计实验证明阿托品的这种作用。要求简要写出实验方法与步骤，预测并分析实验结果。

四、分析论述题：20～21 小题，每小题 13 分，共 26 分。

20. 试述自主神经系统调节动物机体内脏活动的功能特征。

21. 阐述淀粉在小肠内消化为葡萄糖及其被吸收的基本过程，并分析随着葡萄糖吸收的增加，血糖浓度保持相对恒定的原因。

生 物 化 学

五、单项选择题：22～36小题，每小题1分，共15分。下列每题给出的四个选项中，只有一个选项是符合题目要求的。

22. 下列科学家中，对揭示蛋白质α-螺旋结构做出显著贡献的是（　　）。
A. D. E. Atkinson　　B. J. B. Sumner
C. H. A. Krebs　　D. L. C. Pauling
23. 在下列构成蛋白质分子的氨基酸残基中，能够被磷酸化的是（　　）。
A. 缬氨酸残基　　B. 丝氨酸残基
C. 丙氨酸残基　　D. 亮氨酸残基
24. 在一个米氏酶催化的单底物反应中，当[S]远小于K_m时，该反应的特点之一是（　　）。
A. 反应速度最大　　B. 反应速度与底物浓度成正比
C. 反应速度达到最大反应速度的一半　　D. 反应速度与底物浓度成反比
25. 下列辅助因子中，既能转移酰基，又能转移氢的是（　　）。
A. NAD^+　　B. $NADP^+$
C. 硫辛酸　　D. 四氢叶酸
26. 下列维生素中，属于酰基载体蛋白组成成分的是（　　）。
A. 核黄素　　B. 叶酸
C. 泛酸　　D. 钴胺素
27. tRNA结构中，携带氨基酸的部位是（　　）。
A. DHU环　　B. 3′末端CCA—OH
C. TψC环　　D. 反密码子环
28. 下列酶中，能催化葡萄糖转变为6-磷酸葡萄糖的是（　　）。
A. 丙酮酸激酶　　B. 果糖磷酸激酶
C. 葡萄糖磷酸酯酶　　D. 己糖激酶
29. 将乙酰CoA从线粒体转运至胞浆的途径是（　　）。
A. 三羧酸循环　　B. 磷酸甘油穿梭
C. 苹果酸穿梭　　D. 柠檬酸穿梭
30. 下列反应过程中，发生氧化脱羧的是（　　）。
A. 乳酸→丙酮酸　　B. α-酮戊二酸→琥珀酰CoA
C. 丙酮酸→草酰乙酸　　D. 苹果酸→草酰乙酸
31. 下列三羧循环的酶中，以草酰乙酸为底物的是（　　）。
A. 柠檬酸合酶　　B. 琥珀酸脱氢酶
C. 异柠檬酸脱氢酶　　D. 顺乌头酸酶
32. 软脂酸β-氧化分解途径中，丁酰辅酶A脱氢酶存在的部位是（　　）。
A. 线粒体的外膜上　　B. 线粒体的内膜上
C. 胞浆中　　D. 线粒体的基质中

33. 下列化合物中，直接参与丁酰 ACP 合成己酰 ACP 过程的是（　　）。

A. 草酰乙酸　　B. 苹果酸

C. 琥珀酰 CoA　　D. 丙二酸单酰 CoA

34. 鸟类嘌呤代谢的终产物是（　　）。

A. 尿素　　B. 尿囊素

C. 尿酸　　D. 尿囊酸

35. 在逆转录过程中，逆转录酶首先是以（　　）。

A. DNA 为模板合成 RNA　　B. DNA 为模板合成 DNA

C. RNA 为模板合成 DNA　　D. RNA 为模板合成 RNA

36. 真核细胞中催化线粒体 DNA 复制的酶是（　　）。

A. DNA 聚合酶 α　　B. DNA 聚合酶 β

C. DNA 聚合酶 γ　　D. DNA 聚合酶 δ

六、简答题：37～39 小题，每小题 8 分，共 24 分。

37. 简述酶反竞争性抑制剂作用特点。

38. 简述大肠杆菌 DNA 半保留复制时后随链合成的主要特点。

39. 写出乙酰 CoA 羧化酶组成成分的名称及该酶催化的总反应式。

七、实验题：40 小题，10 分。

40. 请简要说明 Folin-酚法测定蛋白质含量的原理。当用该法测定某一蛋白质溶液的浓度时，发现因所用标准蛋白质种类不同，测定结果存在差异，请说明原因。

八、分析论述题：41～42 小题，每小题 13 分，共 26 分。

41. 研究表明，当细胞中软脂酸从头合成加快时，葡萄糖分解也加快。请分析葡萄糖分解加快的原因。

42. 试分析真核生物呼吸链氧化磷酸化与糖酵解中底物水平磷酸化有何不同。

2014年全国硕士研究生招生考试农学门类联考

动物生理学与生物化学试题参考答案

动物生理学

一、单项选择题:1~15小题,每小题1分,共15分。

1.D　2.C　3.D　4.C　5.B　6.C　7.B　8.D　9.B　10.A
11.B　12.D　13.A　14.A　15.C

二、简答题:16~18小题,每小题8分,共24分。

16.【答案要点】

(1)血压是指血管内流动的血液对单位面积血管壁的侧压力。

(2)影响动脉血压的主要因素有如下几点。

①搏出量:心脏搏出量增大可增加动脉内血量,升高血压。

②心率:在一定范围内,心率加快可升高血压。

③外周阻力:外周阻力增加,血压升高。

④主动脉和大动脉的弹性贮器作用。

⑤循环血量和血管容量的比例。

17.【答案要点】

①组织细胞在代谢过程中不断产生的CO_2通过扩散进入组织液和血液。

②CO_2进入血液后,小部分以物理溶解的方式运输,大部分以化学结合的方式运输。CO_2的化学结合形式有碳酸氢盐和氨基甲酸血红蛋白两种,其中以碳酸氢盐为主。

③通过血液运输到肺部的CO_2经外呼吸排到体外。

18.【答案要点】

①原尿中几乎全部的葡萄糖和氨基酸以及大部分Na^+、Cl^-和HCO_3^-在近曲小管被重吸收,少部分Na^+和Cl^-在髓袢和远曲小管被重吸收;水则伴随着溶质的重吸收而被重吸收。远曲小管和集合管对水的重吸收与血浆渗透压有关。

②肾小管和集合管通过分泌和排泄作用将H^+、K^+和NH_3等物质排到小管液中。

三、实验题:19小题,10分

19.【答案要点】

(1)实验方法与步骤

①处死家兔,立即打开腹腔,取出适当长度的小肠肠段,将肠段固定于盛有37℃灌流液的装置中,描记肠段收缩曲线作为正常对照。

②在灌流液中加入适量乙酰胆碱溶液,记录肠段收缩曲线;更换灌流液,待肠段收缩基

本恢复正常后，先加入适量阿托品，再加入适量乙酰胆碱，记录肠段收缩曲线。

(2)结果预测及分析

正常情况下，肠段呈缓慢的节律性收缩。加入乙酰胆碱后，肠段的收缩加强。先加阿托品，再加入乙酰胆碱时，肠段的收缩明显弱于乙酰胆碱单独处理时的效果。其原因是乙酰胆碱作用于M受体使小肠平滑肌收缩加强，而阿托品可阻断乙酰胆碱与M受体的结合，从而阻断了乙酰胆碱对小肠平滑肌收缩的促进作用。

四、分析论述题：20～21小题，每小题13分，共26分。

20.【答案要点】

①紧张性作用，且潜伏期长、作用持久：正常情况下，自主神经(交感神经和副交感神经)不断有冲动传出，使其所支配的器官处于一定的紧张状态；与躯体神经相比，自主神经引起效应器的活动通常有较长的潜伏期，作用时间较持久。

②双重神经支配：除少数器官外，大多数内脏器官都接受交感神经和副交感神经的双重支配，其作用通常相互拮抗，少数情况下有协同作用；自主神经对效应器的作用与效应器自身的功能状态有关。

③参与整体生理功能的调节：机体作为一个整体应对内外环境的变化时，交感神经和副交感神经在协调各系统的活动中起重要作用。

21.【答案要点】

①小肠内的胰淀粉酶和二糖酶相继将淀粉水解为葡萄糖。

②葡萄糖以Na^+-葡萄糖同向转运体为载体，通过继发性主动转运进入细胞内，再通过易化扩散进入血液。

③随着葡萄糖吸收的增加，血糖水平升高，引起胰岛素分泌增加。胰岛素促进组织细胞对葡萄糖的摄取和利用、加速葡萄糖合成为糖原并贮存于肝和肌肉、抑制糖异生、促进葡萄糖转为脂肪酸，结果使血糖水平保持相对恒定。

生物化学

五、单项选择题：22～36小题，每小题1分，共15分。

22.D 23.B 24.B 25.C 26.C 27.B 28.D 29.D 30.B
31.A 32.D 33.D 34.C 35.C 36.C

六、简答题：37～39小题，每小题8分，共24分。

37.【答案要点】

①反竞争性抑制剂不能与游离的酶结合，只能与ES复合物结合形成ESI复合物；这种ESI复合物不能生成产物。

②反竞争性抑制剂可使酶促反应的V_{max}和K_m降低。

38.【答案要点】

①后随链的合成需要dNTP、复制复合体和连接酶等。

②后随链合成是不连续的，合成中形成冈崎片段，每个冈崎片段的合成都需要引物。

③冈崎片段的合成按照碱基互补配对原则进行，其合成的方向为 $5'\rightarrow3'$。

39.【答案要点】

①组成成分：生物素羧基载体蛋白、生物素羧化酶和转羧基酶。

②总反应式如下所示。

$$\text{乙酰 CoA}+HCO_3^-+\text{ATP}\xrightarrow{\text{乙酰 CoA 羧化酶}}\text{丙二酸单酰 CoA}+\text{ADP}+\text{Pi}$$

七、实验题：40 小题，10 分

40.【答案要点】

①原理：碱性条件下，Folin-酚试剂与蛋白质反应生成蓝色物质；在一定蛋白质浓度范围内，其光吸收值与蛋白质含量成正比。

②不同标准蛋白质中，与 Folin-酚试剂反应的氨基酸残基（如酪氨酸）含量不同，导致标准曲线存在差异，从而出现不同的测定结果。

八、分析论述题：41～42 小题，每小题 13 分，共 26 分

41.【答案要点】

①软脂酸从头合成需要乙酰 CoA、NADPH＋H^+、CO_2、ATP 等，这些物质需要葡萄糖分解途径来提供。

②葡萄糖通过磷酸戊糖途径产生的 NADPH＋H^+ 是合成软脂酸的还原力，葡萄糖分解的中间产物柠檬酸是乙酰 CoA 羧化酶的别构激活剂，葡萄糖分解的中间产物乙酰 CoA 是软脂酸合成的原料，葡萄糖分解产生的 CO_2 可以为乙酰 CoA 羧化酶提供底物，葡萄糖分解代谢产生的 ATP 为软脂酸从头合成提供能量。

42.【答案要点】

①呼吸链氧化磷酸化是指在有氧条件下，氧化还原反应产生的质子和电子沿呼吸链传递到氧并偶联形成 ATP 的过程；糖酵解中底物水平磷酸化是指底物的高能磷酸基团转移给 ADP 形成 ATP 的过程。

②呼吸链氧化磷酸化在线粒体内膜上进行，糖酵解中底物水平磷酸化是在细胞质基质中进行。

③呼吸链氧化磷酸化需要氧的参与，而糖酵解中底物水平磷酸化不需要氧的参与。

④底物水平磷酸化不受电子传递链和呼吸链氧化磷酸化抑制剂的影响，也不受解偶联剂的影响。

2015年全国硕士研究生招生考试农学门类联考

动物生理学与生物化学试题

动物生理学

一、单项选择题:1~15小题,每小题1分,共15分。下列每题给出的四个选项中,只有一个选项是符合题目要求的。

1. 与体液调节相比,神经调节的基本特点是(　　)。

A. 作用缓慢、持续时间长　　B. 作用缓慢、持续时间短

C. 作用迅速、持续时间长　　D. 作用迅速、持续时间短

2. 具有不衰减性传播特征的电位是(　　)。

A. 终板电位　　B. 突触后电位

C. 感受器电位　　D. 动作电位

3. 神经细胞兴奋时,其兴奋性的周期变化是(　　)。

A. 绝对不应期→相对不应期→超常期→低常期

B. 绝对不应期→相对不应期→低常期→超常期

C. 相对不应期→绝对不应期→超常期→低常期

D. 相对不应期→绝对不应期→低常期→超常期

4. 下列维生素中,红细胞生成与成熟所必需的是(　　)。

A. 维生素A　　B. 维生素B_{12}

C. 维生素K　　D. 维生素D_3

5. 下列因素中,可引起动脉脉压增大的是(　　)。

A. 心室射血量减少　　B. 主动脉管壁弹性减小

C. 外周阻力增大　　D. 主动脉管壁弹性增大

6. 在心动周期中,心房和心室不会同时收缩的主要原因是(　　)。

A. 心肌细胞间具有闰盘结构　　B. 窦房结自律性高

C. 房室交界兴奋传导速度慢　　D. 心肌细胞有效不应期长

7. 下列因素中,可提高肺换气效率的是(　　)。

A. 呼吸膜面积增大　　B. 呼吸膜厚度增大

C. 通气/血流比值减小　　D. 通气/血流比值增大

8. 严重缺氧引起机体呼吸抑制的原因是(　　)。

A. 缺氧直接抑制外周化学感受器　　B. 缺氧直接抑制延髓呼吸中枢

C. 缺氧直接兴奋外周化学感受器　　D. 缺氧直接兴奋延髓呼吸中枢

9. 下列消化液中，分解脂肪能力最强的是（　　）。

A. 唾液　　B. 胃液

C. 胆汁　　D. 胰液

10. 小肠上皮细胞管腔膜上协同转运葡萄糖的离子是（　　）。

A. K^+　　B. Ca^{2+}

C. Mg^{2+}　　D. Na^+

11. 在骨骼肌收缩过程中，肌丝上能与 ATP 结合并分解 ATP 的蛋白是（　　）。

A. 肌球蛋白　　B. 肌钙蛋白

C. 肌动蛋白　　D. 原肌球蛋白

12. 肾小球滤过率增加时，近端小管对水和溶质的重吸收会（　　）。

A. 增加　　B. 减少

C. 不变　　D. 先减少后增加

13. 交互性抑制产生的关键原因是（　　）。

A. 抑制性递质释放减少　　B. 兴奋性递质释放减少

C. 抑制性中间神经元兴奋　　D. 兴奋性中间神经元兴奋

14. 骨骼肌牵张反射的感受器是（　　）。

A. 皮肤　　B. 肌梭

C. 关节　　D. 肌腱

15. 可引起母畜非条件反射性排乳的是（　　）。

A. 听到幼畜叫声　　B. 闻到幼畜气味

C. 幼畜吮吸乳头　　D. 看到幼畜出现

二、简答题：16～18 小题，每小题 8 分，共 24 分。

16. 什么是心肌细胞的自动节律性？简述心肌自律细胞自动产生节律性兴奋的原因。

17. 什么是肺牵张反射？简述其生理意义。

18. 雄性哺乳动物的睾酮主要是由什么细胞分泌的？简述睾酮的主要生理作用。

三、实验题：19 小题，10 分。

19. 以蟾蜍为实验动物，设计实验证明神经干的兴奋存在不应期。要求简要写出实验方法与步骤，预测并分析实验结果。

四、分析论述题：20～21 小题，每小题 13 分，共 26 分。

20. 试述单胃动物唾液的主要成分及生理作用。

21. 动物一侧后肢受到伤害性刺激后迅速抬起，同时对侧后肢伸直，使身体保持平衡。试从脊髓水平分析上述现象包含的躯体反射过程。

生 物 化 学

五、单项选择题：22～36小题，每小题1分，共15分。下列每题给出的四个选项中，只有一个选项是符合题目要求的。

22. 下列维生素中，能够预防脚气病的是(　　)。

A. 维生素 B_1　　B. 维生素 B_2

C. 维生素 A　　D. 维生素 D

23. 下列氨基酸中，分子量最小的是(　　)。

A. Ala　　B. Asp

C. Glu　　D. Gly

24. 下列密码子中，与反密码子 5′-ICA-3′配对的是(　　)。

A. 5′-GGA-3′　　B. 5′-GGC-3′

C. 5′-UGU-3′　　D. 5′-GGU-3′

25. 下列酶中，属于裂解酶的是(　　)。

A. 己糖激酶　　B. 顺乌头酸酶

C. 异柠檬酸脱氢酶　　D. 谷丙转氨酶

26. 大肠杆菌完整核糖体的沉降系数是(　　)。

A. 50S　　B. 60S

C. 70S　　D. 80S

27. 原核生物 RNA 聚合酶中，被称为起始因子的是(　　)。

A. α 亚基　　B. β 亚基

C. β' 亚基　　D. σ 亚基

28. 下列反应中，由激酶催化的是(　　)。

A. 葡萄糖转变为6-磷酸葡萄糖　　B. 丙酮酸转变为乙酰 CoA

C. 6-磷酸葡萄糖转变为葡萄糖　　D. 3-磷酸甘油酸转变为2-磷酸甘油酸

29. 下列物质中，参与催化丙酮酸脱羧生成羟乙基化合物的是(　　)。

A. TPP　　B. NAD^+

C. FAD　　D. FMN

30. 下列酶中，既催化脱氢又催化脱羧反应的是(　　)。

A. 6-磷酸葡萄糖脱氢酶　　B. 6-磷酸葡萄糖酸脱氢酶

C. 3-磷酸甘油醛脱氢酶　　D. 琥珀酸脱氢酶

31. 下列关于真核生物成熟 mRNA 的描述，正确的是(　　)。

A. 转录与翻译均在细胞核进行　　B. 由核内不均一 RNA 加工形成

C. 3′端有帽子结构　　D. 5′端有 polyA 结构

32. 哺乳动物软脂酸从头合成途径中，β-酮脂酰-ACP 合酶存在于(　　)。

A. 线粒体　　B. 核糖体

C. 胞浆　　D. 内质网

33. 下列物质中，属于糖酵解途径中间产物的是（　　）。

A. 草酰乙酸　　B. 柠檬酸

C. 磷酸二羟酮　　D. 琥珀酸

34. Ribozyme 的化学本质是（　　）。

A. 蛋白质　　B. RNA

C. DNA　　D. 糖

35. 下列物质中，被称为细胞色素氧化酶的是（　　）。

A. Cyt b_1　　B. Cyt b

C. Cyt c　　D. Cyt aa_3

36. 大肠杆菌 DNA 复制过程中，切除引物的酶是（　　）。

A. 解旋酶　　B. 引物酶

C. DNA 聚合酶　　D. DNA 聚合酶Ⅲ

六、简答题：37～39 小题，每小题 8 分，共 24 分。

37. 简述蛋白质 α-螺旋中，3.6_{13} 螺旋的结构特点。

38. 写出糖酵解途径中，催化 1,3-二磷酸甘油酸转化成丙酮酸过程中 4 个酶的名称。

39. 写出酶活力单位中 IU 和 Katal 单位的含义。

七、实验题：40 小题，10 分。

40. 现有一种蛋白质，经分子筛层析测定其相对分子质量为 50 000。进一步采用 SDS-PAGE 进行分析，经考马斯亮蓝染色发现有两条带，其相对分子质量分别为 30 000 和 20 000。请说明 SDS 试剂在本实验中的作用。上述实验结果说明该蛋白质组成有何特点？

八、分析论述题：41～42 小题，每小题 13 分，共 26 分。

41. 当哺乳动物缺乏硫胺素和生物素时，软脂酸从头合成速率下降，请解释原因。

42. 从起始氨基酸、起始密码子、起始复合体、mRNA 结构和能量的角度，论述真核生物多肽链合成起始阶段的主要特点。

2015 年全国硕士研究生招生考试农学门类联考

动物生理学与生物化学试题参考答案

动物生理学

一、单项选择题:1～15 小题,每小题 1 分,共 15 分。

1. D　2. D　3. A　4. B　5. B　6. C　7. A　8. B　9. D　10. D
11. A　12. A　13. C　14. B　15. C

二、简答题:16～18 小题,每小题 8 分,共 24 分。

16.【答案要点】

①心肌细胞在没有外来刺激的条件下能自动产生节律性兴奋的特性称为自动节律性。

②心肌自律细胞的动作电位复极化到 4 期时,膜电位能发生自动极化,达到阈电位水平时,就会产生一个新的动作电位。

17.【答案要点】

①由肺扩张引起的吸气抑制或由肺缩小引起的吸气兴奋的反射。

②意义:防止吸气过深,使吸气及时转为呼气,维持正常呼吸节律。

18.【答案要点】

①主要由睾丸间质细胞分泌。

②作用:刺激雄性生殖器官的发育;维持生精作用,促进雄性第二性征的出现;促进蛋白质合成和骨髓生长。

三、实验题:19 小题,10 分。

19.【答案要点】

(1)实验方法与步骤

①制备蟾蜍坐骨神经干标本,将其连接到实验装置上。

②确定神经干适宜的有效刺激强度。

③按不同时间间隔相继施加两个有效刺激,记录神经干动作电位。

(2)结果预测及分析

两个刺激的时间间隔较大时,神经干上可记录到两个动作电位,说明两个刺激都可使神经干产生动作电位;当两个刺激的时间间隔小于某一临界值时,只能记录到一个动作电位;说明给予第二个刺激时神经干没有产生动作电位,由此证明神经干的兴奋存在不应期。

四、分析论述题:20～21 小题,每小题 13 分,共 26 分。

20.【答案要点】

①成分:水分、有机物(唾液淀粉酶、黏蛋白、溶菌酶等)、无机物(Na^+、K^+、Cl^-、HCO_3^- 等)。

②作用:湿润口腔,利于吞咽;溶解食物并引起味觉;清洁和保护口腔,溶菌酶有杀菌作用;唾液淀粉酶可分解淀粉。

21.【答案要点】

①上述现象包含屈肌反射和对侧伸肌反射。

②一侧后肢受到伤害性刺激后,感受器产生兴奋,冲动沿传入神经传到脊髓,兴奋同侧屈肌运动神经元,引起屈肌收缩,该侧后肢迅速屈曲(屈肌反射);该冲动还通过中间神经元兴奋对侧伸肌运动神经元、抑制对侧屈肌运动神经元,引起对侧后肢伸直(对侧伸肌反射),以保持身体平衡。

生 物 化 学

五、单项选择题:22～36 小题,每小题 1 分,共 15 分。

22. A　23. D　24. C　25. B　26. C　27. D　28. A　29. A　30. B
31. B　32. C　33. C　34. B　35. D　36. C

六、简答题:37～39 小题,每小题 8 分,共 24 分。

37.【答案要点】

①右手螺旋。

②每 3.6 个氨基酸残基旋转一周。

③每个氢键闭合环中主链的原子数为 13。

④有特定的螺距。

38.【答案要点】

磷酸甘油酸激酶、磷酸甘油酸变位酶、烯醇化酶和丙酮酸激酶。

39.【答案要点】

①1 个 IU 是指在规定条件下,每分钟催化 1 μmol 底物转化为产物的酶量。

②1 个 Katal 是指在规定条件下,每秒钟催化 1 mol 底物转化为产物的酶量。

七、实验题:40 小题,10 分。

40.【答案要点】

①SDS 是一种阴离子变性剂,能与蛋白质结合,使亚基解聚;SDS 可以使电泳迁移率主要依赖于相对分子质量。

②说明该蛋白质有两种亚基,其相对分子质量分别为 30 000 和 20 000。

八、分析论述题:41～42小题,每小题13分,共26分。

41.【答案要点】

①硫胺素进入体内转变为TPP,TPP是丙酮酸脱氢酶的辅酶,丙酮酸脱氢酶是丙酮酸脱氢酶复合体的组成成分。丙酮酸脱氢酶复合体催化丙酮酸转化为乙酰CoA,后者是软脂酸合成的原料。缺乏硫胺素时,导致软脂酸合成的原料乙酰CoA不足。

②生物素是乙酰CoA羧化酶的辅酶,乙酰CoA羧化酶催化乙酰CoA羧化生成丙二酸单酰CoA。缺乏生物素时,导致软脂酸合成的原料丙二酸单酰CoA不足。

42.【答案要点】

①起始氨基酸为甲硫氨酸。

②通常只有一个起始密码子(AUG),通过扫描机制被识别。

③起始复合体为80S。

④mRNA上有5′帽子结构,能与小亚基结合。

⑤需要ATP和GTP。

2016年全国硕士研究生招生考试农学门类联考

动物生理学与生物化学试题

动物生理学

一、单项选择题：1～15小题，每小题1分，共15分。下列每题给出的四个选项中，只有一个选项是符合题目要求的。

1. 小肠上皮细胞管腔膜吸收葡萄糖的方式属于（　　）。

A. 单纯扩散　　B. 易化扩散

C. 原发性主动转运　　D. 继发性主动转运

2. 可兴奋细胞在兴奋发生的最初一段时期，无论施加多强的刺激都不能使该细胞再次兴奋，这个时期称（　　）。

A. 相对不应期　　B. 绝对不应期

C. 低常期　　D. 超常期

3. 哺乳动物体内，识别和清除衰老红细胞的最主要器官是（　　）。

A. 肾脏　　B. 脾脏

C. 肺脏　　D. 淋巴结

4. 心动周期中，房室瓣关闭而主动脉瓣开放的时期是（　　）。

A. 心房收缩期　　B. 等容收缩期

C. 射血期　　D. 心室充盈期

5. 哺乳动物第二心音产生的原因主要是（　　）。

A. 动脉瓣开放　　B. 动脉瓣关闭

C. 房室瓣开放　　D. 房室瓣关闭

6. 肝脏内 CO_2 分压由高到低的顺序是（　　）。

A. 静脉血液＞细胞内液＞动脉血液＞组织液

B. 静脉血液＞细胞内液＞组织液＞动脉血液

C. 细胞内液＞组织液＞静脉血液＞动脉血液

D. 细胞内液＞静脉血液＞组织液＞动脉血液

7. 哺乳动物平静呼吸时，肺内压低于大气压的时期是（　　）。

A. 吸气初　　B. 呼气初　　C. 吸气末　　D. 呼气末

8. 可升高血钙、降低血磷的激素是（　　）。

A. 生长激素　　B. 降钙素

C. 甲状旁腺激素　　D. 甲状腺激素

9. 骨骼肌收缩和舒张的基本功能单位是（　　）。

A. 运动单位　　B. 粗肌丝　　C. 细肌丝　　D. 肌小节

10. 相同质量的脂肪和糖在体内完全氧化所释放的能量比约为(　　)。

A. 2∶1　　B. 4∶1　　C. 6∶1　　D. 8∶1

11. 近球小管对 Na^+ 和水的重吸收率始终占肾小球滤过率的(　　)。

A. 45%～50%　　B. 55%～60%

C. 65%～70%　　D. 75%～80%

12. 中枢神经元兴奋时，传出冲动经轴突侧支兴奋抑制性中间神经元，抑制原先发生兴奋的神经元，这种抑制方式称为(　　)。

A. 交互性抑制　　B. 回返性抑制

C. 突触前抑制　　D. 传入侧支性抑制

13. 抑制性突触传递过程中，突触后膜电位发生的变化是(　　)。

A. 去极化　　B. 反极化　　C. 复极化　　D. 超极化

14. 生长激素对机体代谢的生理作用是(　　)。

A. 促进蛋白质合成、加速脂肪分解、抑制葡萄糖利用

B. 促进蛋白质合成、抑制脂肪分解、促进葡萄糖利用

C. 抑制蛋白质合成、加速脂肪分解、抑制葡萄糖利用

D. 抑制蛋白质合成、抑制脂肪分解、促进葡萄糖利用

15. 直接作用于子宫内膜，使其发生增生期变化的激素主要是(　　)。

A. 卵泡刺激素　　B. 黄体生成素　　C. 孕激素　　D. 雌激素

二、简答题：16～18 小题，每小题 8 分，共 24 分。

16. 与骨骼肌相比，心肌的收缩具有哪些特点？

17. 简述终板电位的特征。

18. 简述糖皮质激素的主要生理作用。

三、实验题：19 小题，10 分。

19. 以蛙为实验动物，设计实验证明刺激强度可影响反射时的长短。要求简要写出实验方法与步骤，预测并分析实验结果。

四、分析论述题：20～21 小题，每小题 13 分，共 26 分。

20. 动物大量出汗而水分得不到补充时，尿量有何变化？分析其原因。

21. 试述单胃动物的胃运动形式及不同运动形式的生理作用。

生 物 化 学

五、单项选择题：22～36 小题，每小题 1 分，共 15 分。下列每题给出的四个选项中，只有一个选项是符合题目要求的。

22. 下列代谢途径中，由德国科学家 Hans Krebs 等提出的是(　　)。

A. 卡尔文循环　　B. 糖酵解途径

C. 磷酸戊糖途径　　D. 尿素循环

23. 下列氨基酸中，与茚三酮反应生成黄色化合物的是（　　）。
A. His　　B. Pro　　C. Trp　　D. Tyr

24. 镰状细胞贫血病患者血红蛋白 β 亚基的第 6 位氨基酸残基是（　　）。
A. Gln 残基　　B. Glu 残基　　C. Ala 残基　　D. Val 残基

25. 下列化合物中，属于磷酸戊糖途径中 6-磷酸葡萄糖酸脱氢酶催化反应的产物是（　　）。
A. ATP　　B. GTP　　C. $NADPH+H^+$　　D. $NADH+H^+$

26. 求米氏酶的 K_m 和 V_{max} 时，用 Lineweaver-Burk 双倒数作图法得到一条直线，该直线在纵轴上的截距为（　　）。
A. $1/V_{max}$　　B. $1/K_m$　　C. $-1/V_{max}$　　D. $-1/K_m$

27. 辅酶 NAD^+ 含有的维生素是（　　）。
A. 吡哆醛　　B. 核黄素　　C. 烟酰胺　　D. 硫胺素

28. 下列化合物中，含有高能键的是（　　）。
A. 6-磷酸果糖　　B. 3-磷酸甘油酸
C. 琥珀酰 CoA　　D. AMP

29. 糖原合成时，葡萄糖的活化形式是（　　）。
A. CDPG　　B. UDPG
C. CMPG　　D. UMPG

30. 催化 5-磷酸核糖与 ATP 生成 PRPP 的是（　　）。
A. 5-磷酸核酮糖异构酶　　B. 磷酸核糖焦磷酸激酶
C. 5-磷酸核酮糖差向异构酶　　D. 6-磷酸葡萄糖脱氢酶

31. 下列酶中，属于软脂酸从头合成途径限速酶的是（　　）。
A. 乙酰 CoA 羧化酶　　B. β-酮脂酰-ACP 还原酶
C. β-羟脂酰-ACP 脱水酶　　D. 烯脂酰-ACP 还原酶

32. 下列试剂中，不与游离氨基酸反应的是（　　）。
A. DNFB　　B. PITC　　C. 茚三酮　　D. 双缩脲试剂

33. 大肠杆菌 DNA 复制过程中，冈崎片段合成的方向是（　　）。
A. $5'\rightarrow3'$　　B. $3'\rightarrow5'$　　C. N→C　　D. C→N

34. 真核生物多肽链合成过程中，起始密码子编码的氨基酸是（　　）。
A. 甲酰甲硫氨酸　　B. 甲硫氨酸
C. 甘氨酸　　D. 谷氨酸

35. 下列化合物中，能与大肠杆菌核糖体 30S 亚基结合，并引起密码错读的是（　　）。
A. 青霉素　　B. 四环素　　C. 链霉素　　D. 寡霉素

36. 辅酶 Q 是一种（　　）。
A. 醌类化合物　　C. 肽类化合物
B. 糖类化合物　　D. 核苷类化合物

六、简答题：37～39 小题，每小题 8 分，共 24 分。

37. 写出葡萄糖通过糖酵解途径生成 3-磷酸甘油醛过程中所有激酶及其催化反应产物的名称。

38. 简述酶活性中心的结构特点。

39. 简述 Peter Mitchell 提出的化学渗透学说的要点。

七、实验题:40 小题,10 分。

40. 在淀粉酶底物专一性实验中,某学生取 6 支试管,加入的试剂及记录的实验现象见下表。回答下列问题:

(1)为什么 3 号试管内产生砖红色沉淀?

(2)请分别解释 1、2、4、5 和 6 号试管中溶液呈淡蓝色的原因。

试管编号	1	2	3	4	5	6
直链淀粉溶液/mL	4	0	4	0	4	0
蔗糖溶液/mL	0	4	0	4	0	4
唾液淀粉酶液/mL	0	0	1	1	0	0
煮沸过的唾液淀粉酶液/mL	0	0	0	0	1	1
蒸馏水/mL	1	1	0	0	0	0
37℃恒温水浴 15 min,加费林(Fehling)试剂后沸水浴 5 min						
实验现象	淡蓝色	淡蓝色	砖红色沉淀	淡蓝色	淡蓝色	淡蓝色

八、分析论述题:41~42 小题,每小题 13 分,共 26 分。

41. 论述细胞中谷氨酸通过糖异生途径生成葡萄糖的代谢过程。

42. 论述大肠杆菌 DNA 半保留复制时保证复制忠实性的主要机制。

2016年全国硕士研究生招生考试农学门类联考

动物生理学与生物化学试题参考答案

动物生理学

一、单项选择题：1～15小题，每小题1分，共15分。

1.D　2.B　3.B　4.C　5.B　6.C　7.A　8.C　9.D　10.A

11.C　12.B　13.D　14.A　15.D

二、简答题：16～18小题，每小题8分，共24分。

16.【答案要点】

①"全或无"式收缩。

②不发生完全强直收缩。

③对细胞外 Ca^{2+} 依赖性高。

17.【答案要点】

①属于局部电位，呈衰减性扩布。

②不具有"全或无"特征。

③具有总和效应。

18.【答案要点】

①促进糖异生，加速蛋白质分解，对脂肪的作用以促进分解为主。

②在应激状态下，促进红细胞和血小板的生成，并保证葡萄糖对重要组织器官的供应。

③提高心血管系统对儿茶酚胺类物质的敏感性和神经系统的兴奋性等。

三、实验题：19小题，10分。

19.【答案要点】

(1)实验方法与步骤

①制备脊蛙，悬挂于支架上。

②将脊蛙后肢足趾分别浸入不同浓度的硫酸溶液中，记录屈腿反射的反射时。

(2)结果预测及分析

①用较高浓度的硫酸刺激足趾，测得屈腿反射的反射时要小于低浓度硫酸引起的反射时。

②一定范围内，硫酸浓度越高，刺激的强度越强，感受器电位就越大，总和后达到阈电位水平而引发动作电位所需的时间越短，反射时就越短，由此证明刺激强度可影响反射时的长短。

四、分析论述题：20～21小题，每小题13分，共26分。

20.【答案要点】

①尿量减少。

②原因：大量出汗而水分得不到补充时，血浆晶体渗透压升高，血容量减少，促进视上核与室旁核分泌抗利尿激素，使远曲小管和集合管对水的重吸收增加，尿量减少；大量出汗还可使血浆胶体渗透压升高，肾小球有效滤过压降低，导致尿量减少。

21.【答案要点】

①单胃动物的胃运动形式有容受性舒张、紧张性收缩和蠕动。

②容受性舒张使胃能容纳和贮存更多的食物；紧张性收缩使胃内压升高，促进胃液渗透入食物中，还可促进胃排空，保持胃的形态和位置；蠕动有利于食物与胃液充分混合，促进食物的消化和胃排空。

生 物 化 学

五、单项选择题：22～36小题，每小题1分，共15分。

22.【答案】D

【考点】在生物化学研究中做出贡献的科学家。

【解析】4个途径发现的主要科学家分别是卡尔文循环(M. Calvin)；糖酵解途径(G. Embden, O. Meyerhof 和 J. Parnas)；磷酸戊糖途径(O. Warburg、F. Lipmann、F. Dickens、B. Horecker 和 E. Racker)；尿素循环(H. Krebs 和 K. Henseleit)。

23.【答案】B

【考点】氨基酸参与的化学反应。

【解析】在弱碱性溶液中，氨基酸与水合茚三酮反应生成蓝紫色物质。20种氨基酸中，只有脯氨酸是亚氨基氨基酸，它与水合茚三酮反应生成的是黄色物质。

24.【答案】D

【考点】镰状细胞贫血病的致病机制。

【解析】镰状细胞贫血病患者血红蛋白β-亚基N末端第六位氨基酸Glu突变成Val，导致蛋白空间结构发生变化，最终致使血红蛋白功能异常。

25.【答案】C

【考点】磷酸戊糖途径的关键反应。

【解析】磷酸戊糖途径的生理学意义之一是生成大量的NADPH，为细胞的合成代谢提供还原力。在整个途径中，有两步反应产生NADPH，6-磷酸脱氢酶催化的反应是其中的一步，而且催化该步反应的酶是整个代谢途径调节的关键酶。

26.【答案】A

【考点】米氏方程的双倒数形式。

【解析】Lineweaver-Burk双倒数方程是测定米氏常数的方式之一。双倒数作图中横截距是$-1/K_m$，纵截距是$1/V_{max}$。

27.【答案】C

【考点】辅酶和维生素及其对应关系。

【解析】吡哆醛是维生素 B_6 的活性形式，核黄素是维生素 B_2，是脱氢酶辅酶 FAD 和 FMN 的组成部分，烟酰胺是脱氢酶辅酶 NAD^+ 和 $NADP^+$ 的组成成分，硫胺素是维生素 B_1。

28.【答案】C

【考点】高能化合物。

【解析】选项中只有琥珀酰 CoA 含有高能硫酯键，是高能化合物的一种类型。此外，高能化合物还包括磷氧键型、磷氮键型、甲硫键型等高能键类型。

29.【答案】B

【考点】糖核苷酸。

【解析】糖核苷酸是由 1-磷酸葡萄糖和 NTP 在核糖核苷焦磷酸化酶的催化下产生的，是葡萄糖的活性形式。UDPG 是尿嘧啶核苷二磷酸，是糖原合成时的葡萄糖供体。

30.【答案】B

【考点】催化 PRPP 合成反应的酶。

【解析】PRPP 是指 5-磷酸核糖-1-焦磷酸，是组氨酸和嘌呤核苷酸合成的前体。催化其合成的酶是磷酸核糖二磷酸激酶(ribose-phosphate diphosphokinase)，也有教材将该酶写成是 5-磷酸核糖焦磷酸激酶(5-ribose-phosphate pyrophosphokinase)。习惯上直接称该酶为 PRPP 合成酶。

31.【答案】A

【考点】软脂酸从头合成途径的调节。

【解析】软脂酸，也称棕榈酸，是含有 16 个碳原子的饱和脂肪酸。该途径调节的关键酶是乙酰 CoA 羧化酶。

32.【答案】D

【考点】氨基酸参与的化学反应。

【解析】在氨基酸参与的化学反应中，DNFB(2,4-二硝基氟苯)、PITC(苯异硫氰酸酯/异硫氰酸苯酯)以及茚三酮试剂都是与氨基酸或者是多肽的 α-氨基发生反应。而双缩脲试剂检测的是肽键，因此该试剂不能与游离的氨基酸发生反应。

33.【答案】A

【考点】DNA 聚合酶的特性。

【解析】在原核生物 DNA 合成时，无论是前导链还是后随链的冈崎片段都是由 DNA 聚合酶Ⅲ负责延生的。DNA 聚合酶Ⅲ具有 $5'\rightarrow 3'$聚合活性，所以正确选项是 A。

34.【答案】B

【考点】蛋白质合成的 N 端第一个氨基酸种类。

【解析】原核细胞蛋白质合成时第一个掺入的氨基酸是甲酰甲硫氨酸，真核细胞是甲硫氨酸。这一点也是原核与真核细胞蛋白质合成的主要差别之一。

35.【答案】C

【考点】原核细胞蛋白质合成的抑制剂。

【解析】选项 A 青霉素抑制的是细菌细胞壁的合成。选项 D 寡霉素抑制的是 ATP 合酶的质子通道。选项 B，四环素是通过抑制氨酰-tRNA 与核糖体 30S 小亚基结合，从而抑制原核细胞蛋白质合成过程。选项 C，链霉素在低浓度下能够引起密码错读。

36.【答案】A

【考点】电子传递链。

【解析】辅酶 Q 是电子传递链的组分之一，是醌类化合物。通过醌、半醌、氢醌间的转化传递电子，是电子传递链中唯一的非蛋白质组分。

六、简答题：37～39 小题，每小题 8 分，共 24 分。

37. 写出葡萄糖通过糖酵解途径生成 3-磷酸甘油醛过程中所有激酶及其催化反应产物的名称。

【考点】糖酵解途径的酶及其催化的反应。

【解析】该题目考查的内容是糖酵解途径第一阶段的 5 步反应。其中第 1 步和第 3 步反应分别涉及激酶的参与。

己糖激酶/葡萄糖激酶：葡萄糖＋ATP → 6-磷酸葡萄糖＋ADP。

磷酸果糖激酶Ⅰ：6-磷酸果糖＋ATP →1，6-二磷酸果糖＋ADP。

38. 简述酶活性中心的结构特点。

【考点】酶的活性中心。

【解析】酶的活性中心是酶结合底物和催化反应的场所。它具有以下特点。

①活性中心只占酶分子总体积的很小一部分，具特定的三维结构，位于酶分子的一凹穴中，形成疏水区。

②底物靠许多相当弱的键与酶活性中心结合。

③酶具有柔性，与底物结合时两者构象都发生变化后互补，有利于反应进行。

39. 简述 Peter Mitchell 提出的化学渗透学说的要点。

【考点】电子传递和氧化磷酸化。

【解析】化学渗透学说是解释电子传递和氧化磷酸化偶联本质的一种学说，1961 年由英国科学家 Peter Mitchell 提出。主要观点是：①电子传递导致 H^+ 从线粒体内膜基质“泵”到内膜外的膜间隙中，形成一个跨内膜的电化学梯度，包括 H^+ 梯度和电势梯度（$\Delta\Psi$）；②这种电化学梯度是 H^+ 返回膜内的一种动力，称为质子动力（proton-motive force）。质子动力驱动了 ATP 的合成。

七、实验题：40 小题，10 分。

40. 在淀粉酶底物专一性实验中，某学生取 6 支试管，加入的试剂及记录的实验现象见下表回答下列问题：

(1)为什么 3 号试管内产生砖红色沉淀？

(2)请分别解释 1、2、3、4、5 号管和 6 号管中溶液呈淡蓝色的原因。

【考点】酶的活性，淀粉酶的底物专一性及还原性糖的反应特性。

【解析】在本实验中有几点需要明确：①费林试剂能够与还原性糖反应生成砖红色产物；②明确酶（唾液淀粉酶）被煮沸后失去活性，无法实现其催化功能，即加入底物后，无产物生成；③蔗糖没有还原性。

基于以上三点，可以进行如下判断。

①3 号管，底物是直链淀粉，加有正常有活性的唾液淀粉酶，酶发挥作用可产生还原性

的糖，后者进而与费林试剂生成砖红色产物；而 4 号管有正常的酶液，但是没有酶合适的底物，酶不能发挥作用，试管中的底物是蔗糖，是非还原性糖，因此试管中溶液呈现费林试剂的颜色，由于费林试剂被试管中加入的溶液稀释，试管溶液呈现淡蓝色。

②5 号管和 6 号管。加入的是失去活性的酶，试管中无还原性糖存在，试管溶液呈现淡蓝色。

③1 号管和 2 号管，没有酶液，底物也为非还原性糖，因此试管溶液呈现淡蓝色。

八、分析论述题：41～42 小题，每小题 13 分，共 26 分。

41. 论述细胞中谷氨酸通过糖异生途径生成葡萄糖的代谢过程。

【考点】氨基酸代谢和糖代谢的关系。

【解析】明确三点内容：①氨基酸脱氨基产生相应的酮酸，因此谷氨酸脱氨基生成 α-酮戊二酸；②三羧酸循环反应中，α-酮戊二酸通过一些反应能够转化为苹果酸；③葡萄糖异生的途径由糖异生途径中四步不可逆的反应和糖酵解的部分可逆反应组成，其中苹果酸能够生成 PEP（磷酸烯醇丙酮酸），细胞将 PEP 再合成葡萄糖。

42. 论述大肠杆菌 DNA 半保留复制时保证复制忠实性的主要机制。

【考点】原核细胞 DNA 复制。

【解析】依据原核细胞合成 DNA 的过程以及参与复制过程的酶和蛋白质的特点，可知保证原核细胞 DNA 复制真实性有以下几个机制。

①半保留复制，以一条亲代链为模板，通过碱基配对原则将信息完全拷贝产生子代链。

②在复制过程中，即使发生错误，但是由于 DNA 聚合酶Ⅲ和聚合酶Ⅰ都具有 $3'\rightarrow 5'$ 外切活性，也可以降低出错率。

③RNA 引物的合成，之后切除。

④复制体的复杂性。

2017年全国硕士研究生招生考试农学门类联考

动物生理学与生物化学试题

动物生理学

一、单项选择题：1～15小题，每小题1分，共15分。下列每题给出的四个选项中，只有一个选项是符合题目要求的。

1. 神经细胞产生和维持静息电位的主要离子是(　　)。

A. Na^+　　B. K^+

C. Cl^-　　D. Ca^{2+}

2. 可兴奋细胞兴奋的共同标志是出现(　　)。

A. 动作电位　　B. 终板电位

C. 腺细胞分泌　　D. 肌细胞收缩

3. 下列酶原中，可被肠激酶激活的是(　　)。

A. 胃蛋白酶原　　B. 胰蛋白酶原

C. 糜蛋白酶原　　D. 羧基肽酶原

4. 下列因素中，可使红细胞沉降率增大的是(　　)。

A. 红细胞比容增大　　B. 红细胞比容减小

C. 血浆白蛋白含量增加　　D. 血浆球蛋白含量增加

5. 草酸钾具有抗凝作用的起因是(　　)。

A. 增强抗凝血酶活性　　B. 可与 Ca^{2+} 形成络合物

C. 增强纤溶酶的活性　　D. 可与 Ca^{2+} 结合而沉淀

6. 心动周期中，心室血液充盈主要是由于(　　)。

A. 心室舒张的抽吸作用　　B. 骨骼肌的挤压作用

C. 胸内负压的抽吸作用　　D. 心房收缩的挤压作用

7. 肺总容量等于(　　)。

A. 余气量＋肺活量　　B. 潮气量＋肺活量

C. 潮气量＋功能余气量　　D. 功能余气量＋肺活量

8. 下列可分泌促胃液素的细胞是(　　)。

A. 主细胞　　B. 壁细胞

C. S细胞　　D. G细胞

9. 促进幼龄哺乳动物神经系统发育最主要的激素是(　　)。

A. 生长激素　　B. 催乳素

C. 甲状腺激素　　D. 促肾上腺皮质激素

10. 食物的氧热价是指(　　)。
A. 1 g 食物体内氧化所消耗氧的体积
B. 1 g 食物体外燃烧所消耗氧的体积
C. 食物氧化时消耗 1 L 氧所产生的热量
D. 食物氧化时消耗 1 mol 氧所产生的热量

11. 促进肾远曲小管和集合管重吸收水的激素主要是(　　)。
A. 血管紧张素
B. 抗利尿激素
C. 醛固酮
D. 肾上腺素

12. 下列对儿茶酚胺类激素缩血管效应具有允许作用的是(　　)。
A. 甲状腺激素
B. 生长激素
C. 盐皮质激素
D. 糖皮质激素

13. 仅以脊髓作为神经中枢就能完成的反射活动是(　　)。
A. 姿势反射
B. 翻正反射
C. 牵张反射
D. 降压反射

14. 在哺乳动物的中脑前、后丘之间切断脑干,动物会出现(　　)。
A. 脊髓休克
B. 去皮质僵直
C. 去大脑僵直
D. 共济失调

15. 合成并分泌催乳素的主要部位是(　　)。
A. 下丘脑
B. 腺垂体
C. 神经垂体
D. 乳腺

二、简答题:16~18 小题,每小题 8 分,共 24 分。

16. 简述中枢神经元联系方式中单线式、辐散式和环式的生理功能。
17. 简述消化道平滑肌的一般生理特性。
18. 在家兔的呼吸运动调节实验中,增大无效腔对呼吸运动有何影响? 分析其主要原因。

三、实验题:19 小题,10 分。

19. 以家兔为实验动物,设计实验证明迷走神经对心率有调节作用。要求简要写出实验方法与步骤,预测并分析实验结果。

四、分析论述题:20~21 小题,每小题 13 分,共 26 分。

20. 原尿是如何生成的? 试述影响原尿生成的因素。
21. 以下丘脑-垂体-甲状腺轴为例说明负反馈调节的基本过程。

生 物 化 学

五、单项选择题:22~36 小题,每小题 1 分,共 15 分。下列每题给出的四个选项中,只有一个选项是符合题目要求的。

22. 下列氨基酸中,不吸收紫外光(波长为 200~400 nm)的是(　　)。
A. Trp
B. Tyr
C. Lys
D. Phe

23. 下列物质中,可用于蛋白质盐析的是(　　)。
A. 硝酸银　　B. 硫酸铵
C. 苦味酸　　D. 三氨乙酸
24. 下列叙述中,符合别构酶特点的是(　　)。
A. 别构酶是单体蛋白　　B. 别构酶的动力学曲线是双曲线
C. 底物不可能是别构调节物　　D. 别构酶有调节部位和催化部位
25. 凝血维生素是指(　　)。
A. 维生素 A　　B. 维生素 C
C. 维生素 E　　D. 维生素 K
26. 下列化合物中含有金属离子的是(　　)。
A. TPP　　B. 生物素
C. 维生素 B_{12}　　D. $NADP^+$
27. 下列酶中,属于糖酵解途径中氧化还原酶的是(　　)。
A. 醛缩酶　　B. 己糖激酶
C. 3-磷酸甘油醛脱氢酶　　D. 琥珀酸脱氢酶
28. 下列酶中,可催化生成还原型辅酶Ⅰ和 CO_2 的是(　　)。
A. 柠檬酸合酶　　B. 异柠檬酸脱氢酶
C. 顺乌头酸酶　　D. 苹果酸脱氢酶
29. 磷酸戊糖途径的限速酶是(　　)。
A. 6-磷酸葡萄糖脱氢酶　　B. 磷酸果糖激酶
C. 内酯酶　　D. 磷酸戊糖异构酶
30. 下列化合物中,在磷脂酰乙醇胺生成磷脂酰胆碱反应中提供甲基的是(　　)。
A. S-腺苷甲硫氨酸　　B. 亚甲基-FH_4
C. 腺苷钴胺素　　D. 亚氨甲基-FH_4
31. 下列化合物中,属于磷酸果糖激酶催化反应的产物是(　　)。
A. NAD^+　　B. $NADH+H^+$
C. ATP　　D. ADP
32. 原核生物 mRNA 与核糖体小亚基结合时,与 SD 序列互补的序列位于(　　)。
A. 5S rRNA 3′端　　B. 16S rRNA 3′端
C. 5S rRNA 5′端　　D. 23S rRNA 5′端
33. 紫外线照射下,原核生物 DNA 分子中最容易产生的碱基二聚体是(　　)。
A. GG　　B. CC
C. TT　　D. AA
34. 下列酶中,参与脂肪酸 β-氧化过程的是(　　)。
A. 乙酰-CoA 羧化酶　　B. 脂酰-CoA 脱氢酶
C. 转酮酶　　D. 转醛酶
35. 下列核酸中,由真核生物 RNA 聚合酶Ⅲ催化合成的是(　　)。
A. hnRNA　　B. 28S rRNA
C. 5.8S rRNA　　D. tRNA

36. 下列原核生物蛋白质合成的步骤中，需要 GTP 供能的是（　　）。

A. 核糖体大小亚基解离　　B. 氨酰-tRNA 进入核糖体 A 位

C. 肽键形成　　D. 空载 tRNA 离开核糖体 P 位

六、简答题：37～39 小题，每小题 8 分，共 24 分。

37. $FADH_2$ 呼吸链的组成成分有哪些？

38. 什么是 RNA 的一级结构？简述真核生物 mRNA 一级结构的特点。

39. 简述球状蛋白质三级结构的主要特点。

七、实验题：40 小题，10 分。

40. 简述考马斯亮蓝 G-250 法测定蛋白质含量的实验原理，并简要写出用该方法测定某样品溶液中蛋白质含量的实验步骤。

八、分析论述题：41～42 小题，每小题 13 分，共 26 分。

41. 三羧酸循环是糖类和脂肪分解代谢最后阶段的共同途径，请论述其原因。

42. 论述原核生物转录过程的三个主要阶段。

2017年全国硕士研究生招生考试农学门类联考

动物生理学与生物化学试题参考答案

动物生理学

一、单项选择题:1～15小题,每小题1分,共15分。

1.B　2.A　3.B　4.D　5.D　6.A　7.A　8.D　9.C　10.C

11.B　12.D　13.C　14.C　15.B

二、简答题:16～18小题,每小题8分,共24分。

16.【答案要点】

(1)单线式:保证反射活动的精确性。

(2)辐散式:使多个神经元同时兴奋或抑制,有利于扩大神经系统活动的范围。

(3)环式:通过反馈,使活动增强或减弱。

17.【答案要点】

(1)兴奋性较骨骼肌低,收缩缓慢。

(2)具有自律性。

(3)具有紧张性。

(4)伸展性强。

(5)对温度、化学和牵张刺激等敏感。

18.【答案要点】

(1)影响:呼吸加深加快。

(2)原因:增大无效腔使肺泡气体交换效率降低,导致血液中 O_2 分压降低、CO_2 分压升高,刺激外周化学感受器,通过反射使呼吸加深加快;一定范围内,CO_2 分压升高,还可刺激中枢化学感受器反射性地引起呼吸加深加快。

三、实验题:19小题,10分。

19.【答案要点】

(1)实验方法与步骤

①麻醉家兔后,分离颈部迷走神经,连接记录装置,记录心率。

②给迷走神经外周端施加适宜的电刺激,记录心率。

(2)结果预测及分析

①结果:电刺激迷走神经后,心率减慢。

②分析：刺激迷走神经，其节后纤维末梢释放乙酰胆碱，作用于心肌自律细胞膜的 M 型胆碱能受体，使心率减慢。

四、分析论述题：20～21 小题，每小题 13 分，共 26 分。

20.【答案要点】

①生成：血液流经肾小球毛细血管时，在肾小球有效滤过压的作用下，血浆中的部分水和小分子溶质等透过肾小球的滤过膜进入肾小囊腔形成原尿。

②影响因素有：肾小球有效滤过压；肾小球有效滤过面积和滤过膜通透性；肾血浆流量。上述因素的增加均可使原尿的生成量增加；反之，原尿的生成量减少。

21.【答案要点】

①下丘脑分泌促甲状腺激素释放激素（TRH），刺激腺垂体分泌促甲状腺激素（TSH），TSH 促进甲状腺激素分泌。

②血液中甲状腺激素浓度升高时，分别抑制下丘脑和腺垂体的活动，使 TRH 和 TSH 分泌减少，导致甲状腺激素水平下降，这种调节过程即为负反馈调节。

生物化学

五、单项选择题：22～36 小题，每小题 1 分，共 15 分。

22. C

【考点】氨基酸的光吸收特性。

【解析】氨基酸在可见光区无吸收，在红外区和远紫外区（<200 nm）均有光吸收。在近紫外区 280 nm 附近，3 个属于芳香族的氨基酸 Phe、Tyr 和 Trp 有最大光吸收，而赖氨酸没有光吸收，因此答案是选项 C。

23. B

【考点】蛋白质溶解度盐析。

【解析】如果在蛋白质的水溶液中加入大量中性盐，蛋白质会沉淀下来，这种现象叫盐析。实验室常使用的中性盐是硫酸铵。硫酸铵在适当条件下使蛋白质沉淀，但是不影响蛋白质的活性。三氯乙酸常作为终止酶反应的试剂，该试剂能够导致蛋白性质的酶失去活性，从而达到终止酶促反应的效果，与硝酸银、苦味酸导致蛋白质沉淀相似，均属于变性沉淀蛋白质，不是盐析。

24. D

【考点】别构酶。

【解析】别构酶通常由多个亚基组成，它不仅具有底物结合位点，而且还含有调节物的结合位点。别构酶催化的反应不符合米氏动力学方程，其动力学曲线是 S 形的。例如，磷酸果糖激酶Ⅰ催化 ATP 和 6-磷酸果糖生成 1,6-二磷酸果糖的反应，其中 ATP 既是底物，也是调节物。所以答案是选项 D。

25. D

【考点】辅酶与维生素。

【解析】根据溶解性，维生素分为水溶性和脂溶性两类。维生素 C 是水溶性维生素，维生素 A、维生素 E 和维生素 K 属于脂溶性维生素。其中，维生素 K 的主要功能是参与凝血因子的合成，所以本题答案是选项 D。

26. C

【考点】辅酶结构。

【解析】选项给出的 4 种辅因子中，TPP 是焦磷酸硫胺素-维生素 B_1 作为辅酶的活性形式，生物素即维生素 B_7，$NADP^+$ 是尼克酰胺腺嘌呤二核苷酸磷酸的氧化形式，三者均不含有金属离子。维生素 B_{12}，也称钴胺素，结构复杂，含有钴啉环，中心有一个金属 Co 原子，因此答案是选项 C。

27. C

【考点】糖酵解途径。

【解析】糖酵解途径(EMP)是细胞中糖代谢非常重要的途径之一。学生需要掌握该途径中与 ATP、NADH 生成相关的反应以及使用 ATP 的反应及催化各反应的酶的名称。其中 3-磷酸甘油醛脱氢酶催化的是此途径中唯一的氧化还原反应。醛缩酶催化的是裂合反应，己糖激酶催化的是磷酸基团转移的反应。琥珀酸脱氢酶催化的是氧化还原反应，但是该酶是三羧酸循环途径的酶。

28. B

【考点】酶与所催化反应的对应关系。

【解析】本题 4 个选项均属于三羧酸循环途径的酶，其中只有异柠檬酸脱氢酶催化的反应是脱羧脱氢反应，其产物包含 CO_2 和 NADH。此外还需注意，通常辅酶Ⅰ是指 NAD^+/NADH，辅酶Ⅱ是指 $NADP^+$/NADPH，还原性辅酶Ⅰ指的是 NADH。

29. A

【考点】磷酸戊糖途径(PPP)中的限速酶。

【解析】四个选项中，磷酸果糖激酶是糖酵解途径的酶，其余 3 个酶是 PPP 途径的酶。6-磷酸葡萄糖脱氢酶催化的是该途径的第一个氧化还原反应，是整条路径的关键调节酶。

30. A

【考点】磷脂合成。

【解析】磷脂酰乙醇胺是脑磷脂，磷脂酰胆碱是卵磷脂。查看二者的结构，不难发现卵磷脂比脑磷脂多 3 个甲基。在合成过程中通过转移甲基给脑磷脂即可获得卵磷脂，其中的甲基供体是 S-腺苷甲硫氨酸，反应如下图所示。

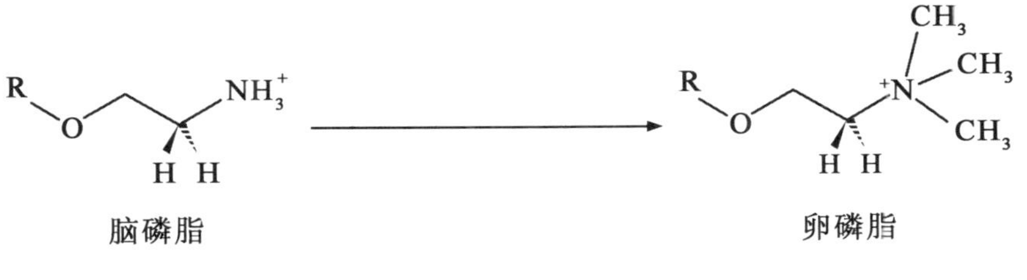

31. D

【考点】糖酵解途径。

【解析】磷酸果糖激酶有Ⅰ型和Ⅱ型。Ⅰ型是糖酵解途径中催化6-磷酸葡萄糖和ATP生成1,6-二磷酸果糖和ADP的酶。因此答案为选项D。

32. B

【考点】大肠杆菌蛋白质合成的起始过程。

【解析】大肠杆菌mRNA起始密码子上游的5′端富含嘌呤核苷酸的序列,也称SD序列,是核糖体的结合位点。SD序列与核糖体小亚基上16S rRNA 3′端富含嘧啶的序列,也称反SD序列结合,最终形成蛋白质合成的70S起始复合物。

33. C

【考点】DNA损伤。

【解析】紫外线照射是造成DNA损伤的因素之一,通常是导致DNA中相邻的两个核苷酸上胸腺嘧啶碱基形成嘧啶二聚体。

34. B

【考点】脂肪酸β-氧化。

【解析】脂肪酸β-氧化是脂代谢中非常重要的代谢过程。学生需要掌握该途径的所有内容。四个选项中,选项A是脂肪酸从头合成途径的关键调节酶,它催化乙酰CoA和CO_2以及ATP生成丙二酸单酰CoA的反应;选项C和D的酶在磷酸戊糖途径中学习过,只有选项B是脂肪酸β-氧化中催化第一个氧化还原反应的酶。

35. D

【考点】真核生物RNA合成。

【解析】真核生物RNA聚合酶有Ⅰ、Ⅱ和Ⅲ三类。RNA聚合酶Ⅰ:存在于核仁,转录28S、18S、5.8S rRNA;RNA聚合酶Ⅱ:存在于核质,转录mRNA;RNA聚合酶Ⅲ:存在于核质,转录tRNA和5S rRNA。hnRNA是mRNA的前体,因此只有选项D是正确的。

36. B

【考点】原核生物蛋白质合成。

【解析】原核生物蛋白质合成过程中,氨基酸的活化需要ATP提供能量,氨基酸进位到核糖体A位点以及核糖体移位由GTP提供能量。因此4个选项中,只有选项B是正确的。

六、简答题:37～39小题,每小题8分,共24分。

37. $FADH_2$呼吸链的组成成分有哪些?

【考点】电子传递链的组成。

【解析】细胞生物氧化主要电子传递链有两条,它们分别是NADH和$FADH_2$呼吸链。二者的电子传递载体有所不同,如下图所示。

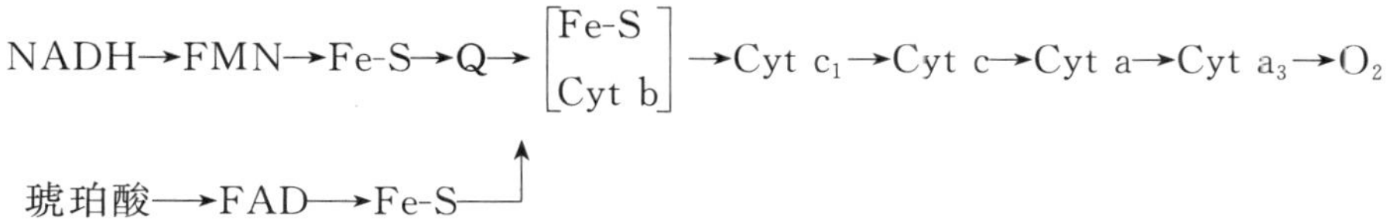

因此，琥珀酸在琥珀酸脱氢酶的催化下将电子转给 FAD，生成 $FADH_2$。电子传递链的组分包括：FAD(琥珀酸脱氢酶的辅基)，Fe-S，CoQ，Cyt b，Cyt c_1，Cyt c，Cyt a 和 Cyt a_3。

38. 什么是 RNA 的一级结构？简述真核生物 mRNA 的一级结构特点。

【考点】核糖核酸的结构特征。

【解析】①RNA 的一级结构指的是组成 RNA 的核糖核苷酸以 3′,5′-磷酸二酯键相连形成的核苷酸排列顺序。②真核生物 mRNA 具有 5′帽子结构，3′polyA 尾巴，个别核苷酸的碱基和核糖上存在基团修饰。

39. 简述球状蛋白质三级结构的主要特点。

【考点】蛋白质三级结构的特征。

【解析】①蛋白质三级结构：是指一条多肽链借助各种次级键折叠成的具有特殊肽链走向的紧密构象。②通常情况下，肽链是先形成特定的 α-螺旋或者 β-折叠等蛋白质二级结构单位或者二级结构的组合体，并在此基础上进一步折叠形成具有紧密结构的球状蛋白质。其中，亲水的氨基酸以及具有不规则二级结构的转角和无规则卷曲等处于蛋白质的表面，而疏水氨基酸或者疏水肽段(包括一些 α-螺旋或者 β-折叠)大多处于球状蛋白质的内部。③蛋白质的表面不是平滑的，而是具有很多沟壑。对于半胱氨酸，虽然具有一定的亲水性，但可能是由于二硫键的形成而不完全暴露在蛋白质的表面。

七、实验题：40 小题，10 分。

40. 简述考马斯亮蓝 G-250 法测定蛋白质含量的实验原理，并简要写出用该方法测定某样品溶液中蛋白质含量的实验步骤。

【考点】G-250 法蛋白质含量测定。

【解析】

(1)测定原理

①考马斯亮蓝 G-250 分子通过范德华力、疏水作用等次级键与蛋白质中的碱性氨基酸相互作用，二者互作的结果使 G-250 分子的最大光吸收从 465 nm 转移至 595 nm。

②在一定的蛋白质浓度范围内，由于 G-250 与蛋白质结合产物的最大光吸收与蛋白质含量成正比，因此，可以通过测定 G-250 和蛋白质结合产物在 595 nm 的最大光吸收来确定蛋白质的含量。

(2)测定步骤

①首先进行标准曲线的制作：以牛血清白蛋白为标准品，进行蛋白质母液制备，之后测定不同浓度牛血清白蛋白的蛋白质含量，并以此为横坐标，以 595 nm 光吸收为纵坐标绘制标准曲线。

②对样品进行 595 nm 的光吸收测定，利用标准曲线查找，并计算样品的蛋白质含量。

八、分析论述题：41～42 小题，每小题 13 分，共 26 分。

41. 三羧酸循环是糖类和脂肪分解代谢最后阶段的共同途径，请论述其原因。

【考点】三羧酸循环。

【解析】三羧酸循环是三大营养物质（糖、脂和蛋白质）彻底降解所经历的共同途径。

①生物体内的糖，不论是糖原、淀粉都能够代谢产生葡萄糖，葡萄糖通过糖酵解途径生成丙酮酸，后者继而脱氢脱羧产生乙酰 CoA。

②脂肪可以被脂酶降解产生甘油和脂肪酸。甘油在甘油激酶的催化下产生 3-磷酸甘油，后者脱氢生成磷酸二羟丙酮，进入糖酵解途径，生成乙酰 CoA。脂肪酸经过 β-氧化产生乙酰 CoA。

③乙酰 CoA 与草酰乙酸反应进入三羧酸循环彻底氧化成 CO_2 和水，并生成大量的能量。

因此，三羧酸循环是糖类和脂肪分解代谢最后阶段的共同途径。

42. 论述原核生物转录过程的三个主要阶段。

【考点】原核生物 RNA 的转录。

【解析】原核生物 RNA 的转录包括起始、延伸和终止三个阶段。

①转录起始：RNA 聚合酶在起始因子 σ 的帮助下与启动子完成特异识别并形成转录起始复合物，起始转录。

②转录延伸：RNA 聚合酶核心酶沿 DNA 模板链 $3' \to 5'$方向滑行，以 NTP 为底物按照 $5' \to 3'$方向合成 RNA，使 RNA 链不断延伸。

③RNA 聚合酶核心酶在 DNA 模板上遇到终止序列（终止子）后便停止前进，转录产物从转录复合物上释放下来，转录终止。

2018年全国硕士研究生招生考试农学门类联考

动物生理学与生物化学试题

动物生理学

一、单项选择题：1～15小题，每小题1分，共15分。下列每题给出的四个选项中，只有一个选项是符合题目要求的。

1. 在一定范围内，心室肌可以通过改变初长度来调节收缩强度，这种调节方式属于（　　）。

A. 神经调节　　B. 体液调节

C. 神经-体液调节　　D. 自身调节

2. 刺激时间保持不变，引起可兴奋细胞产生兴奋的最小刺激强度称为（　　）。

A. 阈强度　　B. 阈电位

C. 阈刺激　　D. 阈下刺激

3. 终板膜上参与终板电位形成的离子通道属于（　　）。

A. 化学门控通道　　B. 电压门控通道

C. 机械门控通道　　D. 细胞间通道

4. 下列均由腺垂体分泌的激素是（　　）。

A. 催产素和抗利尿激素　　B. 催乳素和生长激素

C. 催乳素和抗利尿激素　　D. 催产素和生长激素

5. 下列凝血因子中，在外源性和内源性凝血途径中参与凝血酶原激活物形成的关键因子是（　　）。

A. 因子Ⅰ　　B. 因子Ⅱ

C. 因子Ⅲ　　D. 因子Ⅹ

6. 引起心肌慢反应细胞0期去极化的关键离子是（　　）。

A. Cl^-　　B. K^+

C. Ca^{2+}　　D. Na^+

7. 下列因素中，决定肺部气体扩散方向的是（　　）。

A. 气体的溶解度　　B. 呼吸膜的厚度

C. 气体的分压差　　D. 气体的分子量

8. 每搏输出量是指一个心动周期中（　　）。

A. 一侧心室收缩所射出的血量　　B. 两侧心室收缩所射出的血量

C. 一侧心房收缩所输出的血量　　D. 两侧心房收缩所输出的血量

9. 下列生理活动中，因交感神经兴奋而受到抑制的是(　　)。

A. 胃肠运动　　B. 心脏活动

C. 呼吸运动　　D. 机体产热

10. 下列血细胞中可以转变为巨噬细胞的是(　　)。

A. 淋巴细胞　　B. 单核细胞

C. 嗜碱性粒细胞　　D. 中性粒细胞

11. 下列营养物质中，物理热价和生物热价不相等的是(　　)。

A. 葡萄糖　　B. 淀粉

C. 脂肪　　D. 蛋白质

12. 原尿与血浆成分存在差异，其中差别最大的物质是(　　)。

A. 肌酐　　B. 蛋白质

C. 葡萄糖　　D. 氨基酸

13. 下列物质中，能被肾小管上皮细胞分泌到小管液中的是(　　)。

A. 氨基酸　　B. K^+

C. Na^+　　D. 葡萄糖

14. 触发突触前神经末梢内突触囊泡释放递质的离子是(　　)。

A. Mg^{2+}　　B. K^+

C. Ca^{2+}　　D. Na^+

15. 睾酮的化学本质是(　　)。

A. 氨基酸　　B. 脂肪酸

C. 类固醇　　D. 糖类

二、简答题：16～18 小题，每小题 8 分，共 24 分。

16. 简述血浆渗透压的组成及生理作用。

17. 影响心肌自律细胞自律性的主要因素有哪些?

18. 简述胃黏膜不会被胃液消化的原因。

三、实验题：19 小题，10 分。

19. 以家兔为实验动物，设计实验证明刺激颈动脉窦压力感受器可引发减压反射。要求简要写出实验方法与步骤，预测并分析实验结果。

四、分析论述题：20～21 小题，每小题 13 分，共 26 分。

20. 论述影响血红蛋白与 O_2 亲和力的主要因素。

21. 论述机体应激反应和应急反应的特点。

生 物 化 学

五、单项选择题:22～36 小题,每小题 1 分,共 15 分。下列每题给出的四个选项中,只有一个选项是符合题目要求的。

22. 下列技术中,由英国科学家 F. Sanger 发明的是(　　)。

A. 离子交换层析　　B. SDS-聚丙烯酰胺凝胶电泳

C. 多聚酶链式反应　　D. 用 DNFB 鉴定 N-末端氨基酸

23. 下列氨基酸中,最有可能出现在水溶性球状蛋白质分子表面的是(　　)。

A. Val　　B. Thr

C. Leu　　D. Pro

24. 假设某蛋白质氨基酸有 1 个羧基和 2 个氨基,其 $pK_1=2.18$、$pK_2=8.95$ 和 $pK_R=10.53$,那么该氨基酸的等电点应为(　　)。

A. 9.74　　B. 7.22

C. 6.36　　D. 5.57

25. 胰岛素分子中形成二硫键的氨基酸残基是(　　)。

A. Met 残基　　B. Ser 残基

C. Glu 残基　　D. Cys 残基

26. 下列酶中,催化丙酮酸生成乙酰-CoA 的是(　　)。

A. 丙酮酸激酶　　B. 柠檬酸合酶

C. 丙酮酸脱氢酶复合体　　D. 延胡索酸酶

27. 谷草转氨酶的辅因子是(　　)。

A. 磷酸吡哆醛　　B. 四氢叶酸

C. 硫辛酸　　D. 生物素

28. 关于酶的反竞争性抑制作用,下列叙述正确的是(　　)。

A. 抑制剂以共价键与游离酶结合　　B. 抑制剂能与酶-底物复合物结合

C. 抑制剂能与底物结合　　D. 属于不可逆抑制

29. 糖酵解途径中,碘乙酸能直接抑制的酶是(　　)。

A. 转酮酶　　B. 琥珀酸脱氢酶

C. 磷酸甘油酸变位酶　　D. 3-磷酸甘油醛脱氢酶

30. 下列化合物中,属于磷酸戊糖途径生成的产物是(　　)。

A. $NADH+H^+$　　B. HS-ACP

C. $NADPH+H^+$　　D. $FADH_2$

31. 下列化合物中,含有高能磷酸键的是(　　)。

A. ADP　　B. 1,6-二磷酸果糖

C. 3-磷酸甘油醛　　D. 乙酰-CoA

32. 下述物质中,能专一性阻断 ATP 合酶中质子通道的是(　　)。

A. 鱼藤酮　　B. 抗霉素 A

C. 寡霉素　　D. 缬氨霉素

33. 下列氨基酸中，可作为一碳单位供体的是（　　）。

A. Pro　　B. Ser

C. Glu　　D. Ala

34. 真核生物细胞中催化 hnRNA 合成的酶是（　　）。

A. RNA 聚合酶 Ⅰ　　B. RNA 聚合酶 Ⅱ

C. RNA 聚合酶 Ⅲ　　D. 引物酶

35. 下列化合物中，需要通过肉碱从细胞质基质转入线粒体的是（　　）。

A. 乙酰-CoA　　B. α-酮戊二酸

C. 丙酮酸　　D. 软脂酰-CoA

36. 大肠杆菌多肽链生物合成过程中，ATP 直接参与（　　）。

A. 氨基酸活化　　B. 氨酰-tRNA 进入核糖体 A 位

C. 起始复合物的形成　　D. 氨酰-tRNA 与 mRNA 的识别和结合

六、简答题：37～39 小题，每小题 8 分，共 24 分。

37. 什么是酶的别构调节？写出糖酵解途径中三种别构酶的名称。

38. 简述酵母丙氨酸 tRNA 二级结构的特点。

39. 什么是限制性核酸内切酶？简述其生物学意义。

七、实验题：40 小题，10 分。

40. 设计实验测定某哺乳动物唾液淀粉酶的最适温度。要求简要写出实验设计思路，以及在确定实验条件时应遵循的原则。

八、分析论述题：41～42 小题，每小题 13 分，共 26 分。

41. 论述三羧酸循环中含有腺苷酸的辅因子的作用。

42. 从细胞中发生的部位、能量、酰基载体、原料与产物的角度，论述脂肪酸 β-氧化和从头合成途径的区别。

2018年全国硕士研究生招生考试农学门类联考

动物生理学与生物化学试题参考答案

动物生理学

一、单项选择题:1～15 小题,每小题 1 分,共 15 分。

1.D　2.A　3.A　4.B　5.D　6.C　7.C　8.A　9.A　10.B

11.D　12.B　13.B　14.C　15.C

二、简答题:16～18 小题,每小题 8 分,共 24 分。

16.【答案要点】

(1)组成:血浆渗透压由晶体渗透压和胶体渗透压组成。晶体渗透压主要由 Na^+ 和 Cl^- 形成;胶体渗透压主要由白蛋白形成。

(2)作用:晶体渗透压能够调节细胞内、外水的平衡,维持细胞正常形态和功能;胶体渗透压能够调节血管内、外水的平衡,维持循环血量。

17.【答案要点】

①4 期自动去极化速率。

②最大复极电位水平。

③阈电位水平。

18.【答案要点】

①黏液-碳酸氢盐屏障保护胃黏膜免受 H^+ 侵蚀。

②胃黏膜上皮相邻细胞的顶端膜之间存在紧密连接,构成胃黏膜屏障,阻止胃腔的 H^+ 进入黏膜层。

三、实验题:19 小题,10 分。

19.【答案要点】

(1)方法与步骤

①麻醉家兔,进行颈动脉插管术,记录家兔动脉血压。

②牵拉或压迫颈动脉窦,记录血压变化。

(2)结果预测

牵拉或压迫颈动脉窦时,出现血压下降。

(3)分析

牵拉或压迫颈动脉窦时,刺激颈动脉窦压力感受器,窦神经发放冲动频率增加,作用于延髓心血管中枢引发减压反射,导致血压下降。

四、分析论述题：20～21 小题，每小题 13 分，共 26 分。

20.【答案要点】

影响因素主要有 pH、CO_2 分压、温度、2，3-二磷酸甘油酸和 Hb 的性质等。

①pH 下降或 CO_2 分压升高，Hb 与 O_2 亲和力下降。

②温度升高，Hb 与 O_2 亲和力下降。

③2，3-二磷酸甘油酸增加，Hb 与 O_2 亲和力下降。

④Hb 的性质影响其与 O_2 的结合能力，如 Fe^{2+} 变为 Fe^{3+}，则失去运氧能力。

21.【答案要点】

(1)应激反应

①应激反应是机体在应激原的刺激下产生的非特异性适应反应。

②在应激反应中，机体通过激活下丘脑-腺垂体-肾上腺皮质轴，使促肾上腺皮质激素和糖皮质激素等分泌增加，提高机体对伤害性刺激的耐受力。

(2)应急反应

①应急反应是机体遇到紧急情况时，交感-肾上腺髓质系统活动增强的适应性反应。

②应急反应中，儿茶酚胺类物质分泌增加，使机体处于高度警觉、反应机敏状态，应变能力增强。

(3)应急反应和应激反应通常相互伴随、共同作用来提高机体的适应力。

生 物 化 学

五、单项选择题：22～36 小题，每小题 1 分，共 15 分。

22. D

【考点】氨基酸序列测定/蛋白质一级结构测定。

【解析】Sanger 反应和 Edman 反应是课程的重点内容，常常作为考点。这部分内容涉及科学家与成果的对应关系；涉及两类反应的主要试剂，分别是 DNFB(2，4-二硝基氟苯)和 PITC(苯异硫氰酸酯)；两种方法的主要作用(测定蛋白质 N-末端氨基酸，也可用来测序)。

23. B

【考点】氨基酸的极性。

【解析】水溶性蛋白质表面的氨基酸通常是极性亲水的氨基酸，在给定的选项中，Val、Leu 及 Pro 在氨基酸分类中属于 R 基团非极性的类别，而苏氨酸侧链有羟基，属于极性不带电的氨基酸，所以苏氨酸出现在蛋白质表面的可能性最大。

24. A

【考点】氨基酸等电点的计算。

【解析】根据其带电性质不同，氨基酸等电点计算分为三类。碱性氨基酸 His、Arg 和 Lys，其等电点等于氨基酸的 α-氨基解离常数和侧链基团解离常数之和的一半；酸性氨基酸 Glu 和 Asp，其等电点等于氨基酸的 α-羧基解离常数和侧链基团解离常数之和的一半；其他属于中性氨基酸，绝大多数不考虑侧链的解离，其等电点等于氨基酸的 α-羧基和 α-氨基解离常数之和的一半。

25. D

【考点】个别氨基酸的结构特点。

【解析】不同氨基酸侧链不同，作为蛋白质的结构单位具有不同的作用。半胱氨酸具有巯基，在蛋白质中有可能形成二硫键，其他氨基酸没有这种特点。

26. C

【考点】丙酮酸生成乙酰 CoA 的反应。

【解析】这个反应是课程中的重点内容。考点很多，可以从不同的侧面进行考查。例如，本题是考哪个酶催化了该反应，也可以考该酶的辅酶是什么，以及该反应是否可以产生还原性辅酶等。选项中丙酮酸激酶是催化 EMP 途径最后一步反应的酶，柠檬酸合酶以及延胡索酸酶是 TCA 循环中的酶。

27. A

【考点】辅酶和酶的对应关系。

【解析】维生素 B_6 的活性形式是 PMP(磷酸吡哆胺)和 PLP(磷酸吡哆醛)，二者参与转氨酶催化的转氨基反应。四氢叶酸是一碳单位的载体，硫辛酸是丙酮酸脱氢酶复合体的辅因子，生物素通常是羧化酶的辅酶。

28. B

【考点】抑制剂与酶结合的特点。

【解析】首先需要知道酶抑制剂的概念，其次知道抑制剂又有可逆和不可逆之分；再次知道可逆抑制剂又根据其与酶结合的特点分为竞争、非竞争和反竞争等类型，并且需要掌握它们的作用特点。这部分内容有时候还会涉及三者的动力学方程及相关参数 V_{max} 和 K_m 等比较，甚至绘图。反竞争性抑制剂通过非共价键的相互作用，只与酶-底物复合物结合，不单独与酶结合。

29. D

【考点】糖酵解途径中酶的抑制作用——抑制剂。

【解析】在整个 EMP 途径中，作为酶的抑制剂常提到的就是碘乙酸与 3-磷酸甘油醛脱氢酶的抑制关系；其次是氟化物与烯醇化酶的抑制关系。其次是 TCA 循环中的琥珀酸脱氢酶，常见到的丙二酸是该酶的抑制剂。此题考的是碘乙酸与 3-磷酸甘油醛脱氢酶的抑制关系。

30. C

【考点】磷酸戊糖途径。

【解析】磷酸戊糖途径的生理学意义之一就是能产生大量的 NADPH 和戊糖。其他选项 $NADH+H^+$ 和 $FADH_2$ 常出现在 TCA 和脂肪酸 β-氧化过程中。HS-ACP 是脂肪酸合酶复合体中的组分。

31. A

【考点】高能化合物/高能磷酸键。

【解析】需要知道什么是高能化合物、高能化合物类型。ADP 含有高能磷酸键，乙酰 CoA 是含有硫酯键的高能化合物。其他两个选项没有高能键。

32. C

【考点】ATP 合酶和电子传递链抑制剂。

【解析】ATP 合酶分为基部和头部，基部是质子通道，寡霉素具有抑制质子从线粒体内膜外侧通过基部质子通道回流进入线粒体基质的用。缬氨霉素是离子载体抑制剂，能够携带钾离子进入线粒体基质，从而破坏线粒体内膜内、外两侧的电位梯度。其他两种是电子传递链的抑制剂。

33. B

【考点】一碳单位及氨基酸代谢。

【解析】这道题有点难度，它涉及 Ser 的代谢过程。考生首先应该了解一碳单位，其次要了解 Ser 代谢的一些知识。如下图所示。

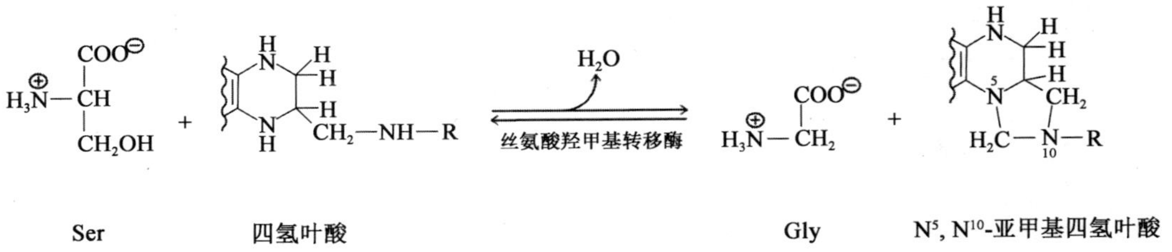

34. B

【考点】真核生物 RNA 聚合酶的分类和功能。

【解析】真核生物 RNA 聚合酶有三种，RNA 聚合酶Ⅱ负责前体 mRNA 的合成，hnRNA 是核内不均一 RNA，是 mRNA 的前体。RNA 聚合酶Ⅰ负责核糖体 RNA 的合成，RNA 聚合酶Ⅲ负责 tRNA 和 5S rRNA 的合成，引物酶合成引物。

35. D

【考点】脂肪酸的转运。

【解析】长链脂肪酸不能自由通过线粒体内膜，其需要先活化转化成脂酰 CoA，之后通过肉毒碱转运系统，跨线粒体内膜转运至线粒体基质进行氧化。

36. A

【考点】原核生物蛋白质合成。

【解析】原核生物蛋白质合成过程中，氨基酸的活化需要 ATP 提供能量，蛋白质合成起始复合物、氨基酸进位到核糖体 A 位点以及核糖体移位都由 GTP 提供能量。

六、简答题：37～39 小题，每小题 8 分，共 24 分。

37. 什么是酶的别构调节？写出 EMP 途径三种别构酶的名称。

【考点】别构酶及其调节，EMP 途径中的别构酶。

【解析】首先需要了解别构酶，其次是别构酶调节，最后是糖酵解途径的别构酶。

①一些代谢物与酶活性中心以外的调节部位可逆结合、通过使酶构象发生变化来改变酶催化活性的调节方式称为别构调节（allosteric regulation），相应的酶称为别构酶（allosteric enzyme）。别构酶常存在于代谢途径的起始步骤或分支处，可快速感知代谢物的变化，从而做出灵活调节。

②糖酵解途径是细胞内葡萄糖等单糖降解的主要途径，在这条途径的关键部位分布着一些别构酶，如己糖激酶、磷酸果糖激酶和丙酮酸激酶。

【知识拓展】如果此题修改成“什么是酶的别构调节？请写出 EMP 途径最关键的别构酶及

其别构激活剂和抑制剂。”

那么，答题要点则为①同上，② 磷酸果糖激酶；激活剂是2,6-二磷酸果糖和AMP抑制剂是ATP和柠檬酸。

38. 简述酵母丙氨酸tRNA的二级结构特点。

【考点】tRNA的二级结构特点。

【解析】题目中尽管出现酵母丙氨酸的字样，但其考点就是所有tRNA的二级结构特征。事实上有关tRNA的结构特征，包括一级、二级和三级结构特征都是考点，这里只强调了二级结构特征，其他特征在教材和相应的辅导书中都有明确的表述。tRNA的二级结构特征主要包括：①三叶草结构；②有四环：反密码环、额外环、二氢尿嘧啶环、TψC环；③四臂：反密码臂、TψC臂、二氢尿嘧啶环臂和氨基酸臂(具有CCA核苷酸序列位于tRNA 3′末端)。

39. 什么是限制性内切酶？简述其生物学意义。

【考点】限制性内切酶的定义及功能。

【解析】①限制性内切酶是指细菌或霉菌中存在的一类能识别并水解外源双链DNA的核酸内切酶。②限制性内切酶可将外源大分子的DNA水解成小的核酸片段，但是通常不水解自身DNA，以达到破坏外来生物，保护自身的目的。

七、实验题：40小题，10分。

40. 设计实验测定哺乳动物唾液淀粉酶的最适温度，要求写出实验设计思路，以及在确定实验条件时应遵循的原则。

【考点】酶活性测定。

【解析】这个考点是课程的重要内容，包括①什么是酶活性，如何表示？② 酶活性测定的原则是什么？

①酶活性：也称酶活力，是指酶催化某一化学反应的能力。测定酶活力，就要测定酶促反应速度。

a. 酶促反应速度也是用单位时间内底物的消耗量或产物的生成量来表示。与底物相比，产物从无到有，浓度变化大，容易检测，所以多数情况下是测定产物的生成量。

b. 要想准确获得酶的催化活力，必须测定酶促反应初速度，即反应初期产物浓度随反应进程成正比例增加时段内的反应速度。

②酶活性测定原则：最适条件下测定，才能反应酶真实的催化能力。

a. 首先反应体系中，底物过量，远远大于酶的量。

b. 保证测定反应初速度，以计算酶活性。

c. 创造合适的缓冲体系、最适pH，如果酶需要激活剂，也需要加入合适剂量以确保酶促反应处于最适条件。

③思路：在遵循上述原则的基础上，查阅相关资料，确定几个温度，在相同体系下，仅温度是唯一变量，进行酶活性测定(设置几个重复)，在最后测定结果中，哪个测试温度下，酶活性最高，则该温度是酶的最适温度。

八、分析论述题：每小题13分，共26分。

41. 论述三羧酸循环中含有腺苷酸的辅因子的作用。

【考点】腺苷酸的作用/腺苷酸衍生物的功能；三羧酸循环。

【解析】三羧酸循环是三大营养物质（糖、脂和蛋白质）彻底降解所经历的共同途径。该途径非常重要，是考试的焦点，可以从不同的角度对此考点进行考查。2017 年的考题中就涉及该循环。

①分析三羧酸循环中哪些酶与腺苷酸及其衍生物有关系。

②三羧酸循环主要功能之一是通过氧化磷酸化生成 ATP，如此转移到电子传递链，由此自然又想到电子传递载体 NADH、$FADH_2$，它们都是腺苷酸衍生物；其次，HS-CoA，它也是腺苷酸衍生物。

③在三羧酸循环中，生成 NADH 的反应有三步，分别由异柠檬酸脱氢酶、α-酮戊二酸脱氢酶复合体、苹果酸脱氢酶催化；生成 $FADH_2$ 的反应由琥珀酸脱氢酶催化；HS-CoA 是 α-酮戊二酸脱氢酶复合体的辅因子，作为酰基载体。

42. 从细胞发生的部位、能量、酰基载体、原料与产物的角度论述脂肪酸 β-氧化和从头合成过程的差别。

【考点】脂肪酸的 β-氧化以及脂肪酸的从头合成途径。

【解析】脂肪酸 β-氧化和脂肪酸从头合成过程是脂肪酸代谢非常重要的两个过程。每个过程单独都可以作为一个简单题进行考查。两个过程在细胞的不同部分发生，是完全不同的过程，二者不是同一个过程的互逆过程。可以从不同的角度比较它们之间的异同。如下表所示。

区别点	脂肪酸从头合成	脂肪酸 β-氧化
细胞内进行部位	细胞溶胶	线粒体
脂酰基载体	ACP	CoA
加入或断裂的二碳单位	丙二酸单酰 CoA	乙酰 CoA
电子供体或受体	$NADPH+H^+$	NAD^+、FAD
β-羟脂酰基的立体异构	*D* 型	*L* 型
酶	7 种(多酶复合体或多功能蛋白)	4 种，联合程度不明
能量	消耗 7 个 ATP 及 14 个 $NADPH+H^+$	产生 106ATP
对 HCO_3^- 和柠檬酸的需求	需要	不需要
底物的转运	柠檬酸穿梭系统	肉碱转运
反应方向	从 ω 位到羧基	从羧基端开始降解
循环次数	7 次	7 次

本题中的对比点如下表所示。

区别点	脂肪酸从头合成	脂肪酸 β-氧化
细胞部位	细胞质	线粒体
能量	消耗 ATP	生成 NADH 和 $FADH_2$ 进入电子传递链产生 ATP
酰基载体	ACP	HS-CoA
原料	乙酰 CoA/丙二酸单酰 CoA	脂酰 CoA
产物	脂肪酸	乙酰 CoA

2019年全国硕士研究生招生考试农学门类联考

动物生理学与生物化学试题

动物生理学

一、单项选择题:1～15小题,每小题1分,共15分。下列每题给出的四个选项中,只有一个选项是符合题目要求的。

1. 动脉血压在一定范围内变化时,肾血流量保持相对稳定的主要调节方式属于(   )。

A. 神经调节　　B. 体液调节

C. 自身调节　　D. 神经-体液调节

2. 实验中,当给予坐骨神经标本连续有效电刺激时,若要引导出两个相继的峰电位,第二个刺激不能施加在(   )。

A. 绝对不应期　　B. 相对不应期

C. 超常期　　D. 低常期

3. 在生理条件下,维持呼吸中枢兴奋性最直接的有效刺激是(   )。

A. 一定程度的缺氧　　B. 一定浓度的 H^+

C. 一定浓度的 CO_2　　D. 一定浓度的 HCO_3^-

4. 骨骼肌纤维中的收缩蛋白是指(   )。

A. 肌动蛋白和肌钙蛋白　　B. 肌动蛋白和肌球蛋白

C. 肌球蛋白和原肌球蛋白　　D. 原肌球蛋白和肌钙蛋白

5. 支配心脏的副交感神经节后纤维释放的递质是(   )。

A. 乙酰胆碱　　B. 去甲肾上腺素

C. 5-羟色胺　　D. 多巴胺

6. 氨基酸从肠腔进入肠上皮细胞内的转运方式属于(   )。

A. 原发性主动转运　　B. 易化扩散

C. 继发性主动转运　　D. 单纯扩散

7. 雌激素可以使禁食大鼠的肝糖原增加,摘除肾上腺后,此效应消失,而注射少量肾上腺提取物后,该效应又出现,这一现象属于(   )。

A. 激素的协同作用　　B. 激素的拮抗作用

C. 激素的放大作用　　D. 激素的允许作用

8. 家畜进入冷环境后,机体产热增加、散热减少,以维持体温相对恒定,调节这一活动的基本中枢位于(   )。

A. 视前区-下丘脑前部　　B. 下丘脑后部

C. 大脑皮层运动区　　D. 脑干网状结构

9. 糖类在小肠内被吸收的形式是(   )。

A. 多糖　　B. 乳糖
C. 麦芽糖　　D. 单糖

10. 下列动物中，具有诱发排卵功能的是(　　)。
A. 牛　　B. 兔
C. 犬　　D. 鸡

11. 引起抗利尿激素分泌的最有效刺激是(　　)。
A. 血浆胶体渗透压升高　　B. 循环血量增加
C. 血浆晶体渗透压升高　　D. 心房钠尿肽分泌增加

12. 交感神经紧张时，尿量减少的主要原因是(　　)。
A. 肾血流量减少　　B. 滤过膜的通透性降低
C. 血浆胶体渗透压升高　　D. 囊内压升高

13. 下列物质中，属于兴奋性中枢神经递质的是(　　)。
A. β-丙氨酸　　B. γ-氨基丁酸
C. 甘氨酸　　D. 谷氨酸

14. 下列牛乳成分中，与常乳相比在初乳中含量较高的是(　　)。
A. 酪蛋白＋维生素 A＋钙盐　　B. 球蛋白＋乳糖＋钙盐
C. 酪蛋白＋乳脂＋镁盐　　D. 球蛋白＋维生素 A＋镁盐

15. 运动终板膜上能够结合乙酰胆碱的受体是(　　)。
A. α 受体　　B. β 受体
C. N 受体　　D. M 受体

二、简答题：16～18 小题，每小题 8 分，共 24 分。

16. 简述以二酰甘油为第二信使的跨膜信号转导过程。
17. 简述心室肌细胞动作电位与神经细胞动作电位的区别。
18. 简述血液中 $NaHCO_3/H_2CO_3$ 缓冲对维持血液 pH 相对稳定的机制。

三、实验题：19 小题，10 分。

19. 在用家兔离体小肠平滑肌进行实验的过程中，某同学发现在灌流液中加入乙酰胆碱后，肠段收缩增强；而加入肾上腺素后，肠段收缩减弱。
回答下列问题：
(1)解释乙酰胆碱引起肠段收缩增强的原因。
(2)解释肾上腺素引起肠段收缩减弱的原因。
(3)在实验操作中应注意哪些事项？(答出 2 点即可)

四、分析论述题：20～21 小题，每小题 13 分，共 26 分。

20. 从红细胞和血红蛋白角度论述动物适应低氧环境的调节机制。
21. 论述维生素 D_3 对血钙和血磷浓度的调节作用。

生 物 化 学

五、单项选择题:22～36 小题,每小题 1 分,共 15 分。下列每题给出的四个选项中,只有一个选项是符合题目要求的。

22. 下列氨基酸的分子结构中没有自由 α-氨基的是(　　)。

A. Ala　　B. Glu

C. Phe　　D. Pro

23. 腺嘌呤核苷中糖苷键的连接方式是(　　)。

A. C_1'-C_6　　B. C_1'-C_5

C. C_1'-N_1　　D. C_1'-N_9

24. A. Rich 在研究人工合成的 d(CGCGCG)寡聚脱氧核苷酸结构时发现了 DNA 左手螺旋,这种 DNA 称为(　　)。

A. A 型 DNA　　B. B 型 DNA

C. Z 型 DNA　　D. 超螺旋 DNA

25. 下列氨基酸中,在遗传密码表中没有对应密码子的是(　　)。

A. 精氨酸　　B. 鸟氨酸

C. 缬氨酸　　D. 丙氨酸

26. 下列蛋白质中,不含血红素辅基的是(　　)。

A. 铁硫蛋白　　B. 肌红蛋白

C. 细胞色素 b　　D. 细胞色素 c

27. 有机磷农药对乙酰胆碱酯酶的抑制作用属于(　　)。

A. 不可逆抑制　　B. 竞争性抑制

C. 反竞争性抑制　　D. 非竞争性抑制

28. 下列反应过程中,伴随有底物水平磷酸化的是(　　)。

A. 葡萄糖→6-磷酸葡萄糖　　B. 6-磷酸果糖→1,6-二磷酸果糖

C. 3-磷酸甘油醛→磷酸二羟丙酮　　D. 1,3-二磷酸甘油酸→3-磷酸甘油酸

29. 下列酶中,属于线粒体苹果酸-天冬氨酸穿梭系统的是(　　)。

A. 苹果酸合酶　　B. 苹果酸脱氢酶

C. 苹果酸酶　　D. 3-磷酸甘油脱氢酶

30. 真核生物中参与氧化磷酸化的 ATP 合酶存在于(　　)。

A. 内质网膜　　B. 线粒体外膜

C. 核膜　　D. 线粒体内膜

31. 通常在二级结构中含 TψC 环的 RNA 分子是(　　)。

A. rRNA　　B. mRNA

C. tRNA　　D. hnRNA

32. 在线粒体脂肪酸 β-氧化途径中,脂酰 CoA 脱氢酶的辅因子是(　　)。

A. FAD　　B. FMN

C. NAD^+　　D. $NADP^+$

33. 下列物质中,可以直接作为磷酸戊糖途径转醛酶催化反应底物的是(　　)。

A. 4-磷酸赤藓糖和 5-磷酸木酮糖　　B. 5-磷酸木酮糖和 5-磷酸核糖

C. 3-磷酸甘油醛和 7-磷酸景天庚酮糖　　D. 3-磷酸甘油醛和 6-磷酸果糖

34. 大肠杆菌 DNA 复制中,为 DNA 连接酶催化反应直接提供能量的是(　　)。

A. NAD^+　　B. $NADP^+$

C. UTP　　D. GTP

35. 下列化合物中,不能作为动物糖异生前体的是(　　)。

A. 乳酸　　B. 乙酰 CoA

C. 甘油　　D. 丙酮酸

36. 在进行蛋白质纯化时,若要进行脱盐操作,可选用的方法是(　　)。

A. 离子交换层析　　B. SDS-PAGE

C. 凝胶过滤层析　　D. 盐析

六、简答题:37～39 小题,每小题 8 分,共 24 分。

37. 科学家 F. Sanger 等首次完成了胰岛素测序工作。请简述牛胰岛素一级结构的特点。

38. 写出米氏方程,并简述米氏常数的物理意义。

39. 三羧酸循环中的酰基载体和催化底物脱羧反应的酶分别有哪些?

七、实验题:40 小题,10 分。

40. 某实验采用醋酸纤维素薄膜电泳分离 5 种蛋白质,其等电点和相对分子质量见下表。

蛋白质	等电点	相对分子质量/ku
a	3.88	70
b	4.50	200
c	5.06	300
d	6.12	70
e	7.00	300

若电泳时采用 pH 8.6 的电极缓冲液,回答下列问题:

(1)简述醋酸纤维素薄膜电泳分离蛋白质的原理。

(2)在电泳时,薄膜的点样端应该放在电泳槽的阴极还是阳极?说明理由。

(3)迁移速率最快和最慢的蛋白质分别为哪一种?说明理由。

八、分析论述题:41～42 小题,每小题 13 分,共 26 分。

41. 从基本氨基酸 R 基团极性的角度,论述球状蛋白质三级结构的特征及其胶体溶液的稳定性。

42. 论述 ATP、ADP 和 AMP 对糖酵解途径的调节作用。

2019年全国硕士研究生招生考试农学门类联考

动物生理学与生物化学试题参考答案

动物生理学

一、单项选择题:1～15小题,每小题1分,共15分。

1.C　2.A　3.B　4.B　5.A　6.C　7.D　8.A　9.D　10.B
11.C　12.A　13.D　14.D　15.C

二、简答题:16～18小题,每小题8分,共24分。

16.【答案要点】

(1)第一信使与细胞膜上的受体结合后激活G蛋白,该G蛋白激活膜上的磷脂酶C,后者可催化三磷酸肌醇和二酰甘油的生成。

(2)二酰甘油与细胞内的Ca^{2+}等共同激活蛋白激酶C,后者使底物蛋白磷酸化,进而产生生物学效应,实现跨膜信号转导。

17.【答案要点】

(1)复极化时程不同:心室肌细胞动作电位复极化时程长,有K^+外流与Ca^{2+}内流形成的平台期;而神经细胞复极化时程短,主要是K^+外流的结果。

(2)恢复至静息状态的机制不同:心室肌细胞4期是由钠泵、钙泵和Ca^{2+}-Na^+交换等作用的结果;而神经细胞后电位是由钠泵作用的结果。

18.【答案要点】

(1)$NaHCO_3/H_2CO_3$缓冲对既能中和酸又能中和碱。当血液中H^+增多时,H^+与血浆中的碳酸氢盐结合形成H_2CO_3,后者分解为CO_2和H_2O,缓冲了体内过多的酸。

(2)血液中碱性物质增多时,与血液中的碳酸反应生成碳酸氢盐,缓冲了体内过多的碱。

三、实验题:19小题,10分。

19.【答案要点】

(1)乙酰胆碱与平滑肌细胞膜上的胆碱能受体结合激活Ca^{2+}通道,引起Ca^{2+}释放,细胞膜发生去极化,平滑肌兴奋性增强,同时兴奋-收缩偶联加强,平滑肌收缩加强。

(2)肾上腺素与平滑肌细胞膜上的肾上腺素能受体结合,使K^+通道开放,K^+外流增加,细胞膜发生超极化,平滑肌兴奋性降低,同时激活肌质网上的钙泵,肌浆中Ca^{2+}减少,平滑肌收缩减弱。

(3)注意事项:灌流液中氧气充足且温度适宜;药物处理后平滑肌收缩出现明显变化时更换灌流液。

四、分析论述题：20～21 小题，每小题 13 分，共 26 分。

20.【答案要点】

(1)低氧环境下动物主要通过体液调节来增加血液中红细胞数量和血红蛋白含量，以满足生命活动的需要。

(2)低氧环境引起动物肾脏产生的促红细胞生成素增加，后者促进骨髓中红系祖细胞向原红细胞分化和幼红细胞血红蛋白的合成，以及网织红细胞的成熟和释放，使循环血液中的红细胞数量和血红蛋白含量增高。

21.【答案要点】

(1)维生素 D_3 经羟化后生成具有生物活性的形式，如 1，25-二羟维生素 D_3 等，发挥其调节作用。

(2)1，25-二羟维生素 D_3 可促进小肠黏膜对钙和磷的吸收，使血钙和血磷浓度升高。

(3)1，25-二羟维生素 D_3 能促进骨钙、骨磷入血，使血钙和血磷浓度升高。

(4)1，25-二羟维生素 D_3 能促进肾小管对钙和磷的重吸收，使血钙和血磷浓度升高。

生 物 化 学

五、单项选择题：22～36 小题，每小题 1 分，共 15 分。

22. 选择 D。

【考点】氨基酸的结构式。

【解析】在 20 种组成蛋白质的氨基酸中，脯氨酸(Pro)是唯一的亚氨基酸。注意掌握 20 种氨基酸侧链基团的特点。详见配套复习指南中重要氨基酸相关表格。

23. 选择 D。

【考点】核苷的结构，主要考察碱基与戊糖的连接方式。

【解析】组成核酸的结构单元是核苷酸，核苷是核苷酸的组成部分，其中碱基与戊糖的连接是重要的考点，嘌呤碱与戊糖是 N_9 与 C_1' 相连，嘧啶碱基与戊糖是 N_1 与 C_1' 相连。其次还要注意核苷中戊糖是 β-构型。

24. 选择 C。

【考点】DNA 双螺旋结构的多态性。

【解析】教材上一般介绍的 DNA 双螺旋结构包括：典型的 B-DNA 结构、A-DNA 结构以及左手的 Z-DNA 结构。本题几乎是很多生物化学教材的原文表述。此外，这部分内容还常常会涉及 B-DNA 结构的结构参数及其存在的生物学意义。详见配套复习指南中 DNA 双螺旋结构模型和名词解释。

25. 选择 B。

【考点】非蛋白质氨基酸。

【解析】依据氨基酸是否组成蛋白质，氨基酸分为蛋白质氨基酸和非蛋白质氨基酸。组成蛋白质的氨基酸又可依据其是否具有密码子，分为基本氨基酸和稀有氨基酸。本题中的鸟氨酸是非蛋白质氨基酸，没有密码子。如果 B 选项是羟脯氨基酸，那该氨基酸属于稀有氨基酸，也没有密码子。

26. 选择 A。

【考点】蛋白质的组成。

【解析】这道题涉及的四种蛋白质分属于不同的章节，有一定的综合性。肌红蛋白一般出现在蛋白质结构部分，它由血红素和多肽链组成，而且血红素螯合的 Fe^{2+}，可以结合氧气；而铁硫蛋白、细胞色素 b 和细胞色素 c 都属于电子传递链组分，其中铁硫蛋白由蛋白质和铁硫中心组成，不含有血红素，铁硫中心中的 Fe^{3+} 能够获得电子转化为 Fe^{2+}，Fe^{2+} 再失去电子形成 Fe^{3+}，通过这种变化实施电子传递。细胞色素 b 和细胞色素 c 都含有血红素和多肽链。

27. 选择 A。

【考点】酶的抑制剂。

【解析】教材通常介绍酶的抑制剂就含有本题选项所给出的类型，其中 B、C、D 选项的三种抑制剂属于可逆抑制剂。有机磷农药与酶通过共价键结合，属于不可逆抑制剂。关于可逆抑制剂的考点其实很多，包括动力学方程、加入抑制剂后的 K_m 和 V_{max} 变化等，值得重视。详见配套复习指南中酶的抑制剂类型及特点。

28. 选择 D。

【考点】底物水平磷酸化。

【解析】一般教材上介绍的代谢过程中底物水平磷酸化反应通常有三步，分别是 EMP 途径的两步反应 1,3-二磷酸甘油酸 → 3-磷酸甘油酸和 FEP → 丙酮酸，以及 TCA 循环的琥珀酰 CoA→琥珀酸。这里考的是第一步。

29. 选择 B。

【考点】苹果酸-天冬氨酸穿梭。

【解析】苹果酸-天冬氨酸穿梭是细胞质中的 NADH 进入线粒体电子传递链的途径之一。在细胞质中，草酰乙酸与 NADH 在苹果酸脱氢酶的催化下产生苹果酸，苹果酸进入线粒体，在线粒体中苹果酸脱氢酶催化下，生成草酰乙酸和 NADH，后者进入电子传递链。此外，还有磷酸甘油穿梭也可以将细胞质中的 NADH 转化为 $FADH_2$ 进入电子传递链，在这个过程中 3-磷酸甘油脱氢酶参与反应。

30. 选择 D。

【考点】ATP 合酶的存在位置。

【解析】ATP 合酶是氧化磷酸化的重要结构基础，存在于线粒体内膜上，负责 ATP 的生成。关于 ATP 合酶的考题还包括其组成、F_1 和 F_0 的各自功能以及质子通道抑制剂。详见配套复习指南呼吸链电子传递体排列顺序的测定和名词解释线粒体氧化磷酸化抑制剂。

31. 选择 C。

【考点】tRNA 的结构特征。

【解析】需要掌握三种 RNA 的结构特征。TψC 是 tRNA 三叶草结构中 TψC 环中的三个碱基。搞清楚 hnRNA 的概念，它是 mRNA 的前体。

32. 选择 A。

【考点】酶与辅酶的关系。

【解析】脂酰 CoA 脱氢酶是脂肪酸 β-氧化的第一步催化脱氢反应的酶，它的辅酶是 FAD；催化第二步脱氢反应的酶是 L-β-羟脂酰 CoA 脱氢酶，它的辅酶是 NAD^+。有关酶与辅酶关系，很重要的还有 PLP、生物素、TPP 等与酶的对应关系。

33. 选择 C。

【考点】磷酸戊糖途径非氧化阶段的反应。

【解析】这一阶段的反应有两个酶非常重要，即转酮酶和转醛酶。两者的共同特点是基团供体为酮糖，受体为醛糖。转醛酶转移的是 3C 基团，转酮酶转移的是 2C 基团。只有 C 选项符合，即 7-磷酸景天庚酮糖为供体，3-磷酸甘油醛为受体，后者接受 3C 基团转化为 6-磷酸果糖，前者失去 3C 基团转化为 4-磷酸赤藓糖。

34. 选择 A。

【考点】DNA 连接酶。

【解析】原核生物在催化 DNA 连接反应时，NAD^+ 参与反应提供能量，而真核生物是 ATP 参与反应功能。

35. 选择 B。

【考点】乙醛酸循环和葡萄糖异生。

【解析】乳酸、甘油和丙酮酸均可作为哺乳动物葡萄糖异生的前体。与微生物和植物不同，哺乳动物没有乙醛酸循环途径，无法将两个乙酰 CoA 合成琥珀酸用于葡萄糖的合成。

36. 选择 C。

【考点】蛋白质分离纯化方法。

【解析】四个选项均可以用于蛋白质分离纯化，SDS-PAGE 还可以用来鉴定蛋白质。而脱盐是将大分子物质，诸如蛋白质和小分子盐分开的操作，本题的选项中只有凝胶过滤层析方法能够完成脱盐。这部分内容也提醒大家要清楚蛋白质分离纯化方法的原理和用途。

六、简答题：37～39 小题，每小题 8 分，共 24 分。

37.【答题要点】

【考点】蛋白质结构。

【解析】蛋白质结构包括一级结构和空间结构。此题明确写出要表述的是一级结构的特点。蛋白质一级结构指的是蛋白质多肽链中氨基酸排列顺序以及二硫键的位置。胰岛素的结构如下图所示：

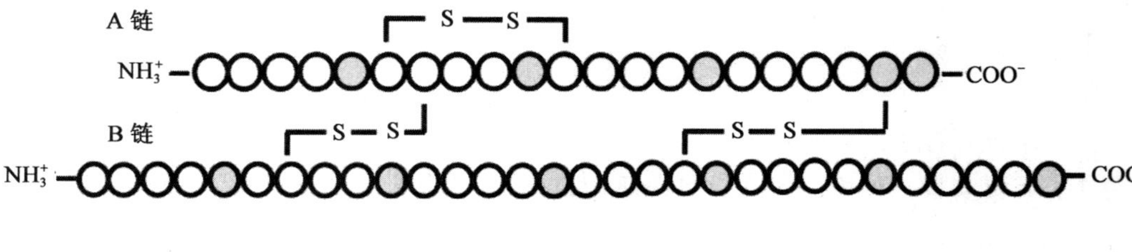

胰岛素由51个氨基酸组成，分成A链21个氨基酸，B链30个氨基酸，A链有一个链内二硫键，位于6和11位半胱氨基酸之间；A链和B链之间有两个链间二硫键，分别是A链7,20位半胱氨酸与B链7,19位半胱氨酸之间。

我们很难记住氨基酸的排列顺序，所以答题要点是：胰岛素由A链和B链组成，A链含有21个氨基酸，有一个链内二硫键，B链含有30个氨基酸，A链和B链之间有两个链间二硫键。大家可以根据题目，自己出题回答。比如：简述肌红蛋白的结构/血红蛋白的结构等，举一反三。

38.【答题要点】

【考点】米氏方程及 K_m 值的意义。

【解析】直接写出米氏方程，指出 K_m 值的意义即可。

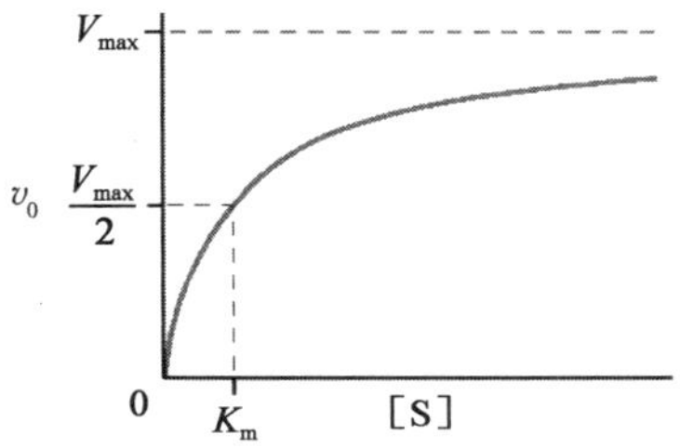

$$v_0=\frac{V_{max}[S]}{K_m+[S]}$$

从图中可以看出，K_m 值正好是当酶促反应速度达到最大反应速度的一半时的底物浓度。

39.【答题要点】

【考点】三羧酸循环。

【解析】三羧酸循环中第一步反应是由柠檬酸合酶催化草酰乙酸和乙酰CoA首先形成柠檬酰CoA，之后水解产生柠檬酸。柠檬酰基的载体是CoA；琥珀酰CoA是三羧酸循环的中间代谢物，其酰基载体是CoA；α-酮戊二酸脱氢酶复合体由三部分组成，E2是硫辛酰胺琥珀酰转移酶，其中的硫辛酸与蛋白以酰胺键形成硫辛酰胺，其巯基能够携带脂酰基，所以酰基载体有两种：辅酶A/CoA和硫辛酸。

三羧酸循环有两步脱酸反应，分别是异柠檬酸脱氢酶和 α-酮戊二酸脱氢酶复合体催化的反应。

七、实验题：40小题，10分。

40.【答题要点】

【考点】电泳原理，蛋白质带电性与等电点。

【解析】(1)所谓电泳是指带电粒子在电场中向着与自己相反电荷的电极移动的现象。以蛋白质为例，在电场中蛋白质的泳动速率与其带电量、大小和形状均有关系。本题采用醋酸纤维薄膜为蛋白质电泳的支持介质，由于该介质对蛋白质的吸附作用和阻力较小，蛋白质的泳动速率受电荷影响最大。被分离的蛋白质由于其等电点不同，在相同pH条件下带电量就不同，而且分子量也不同，因此蛋白质在电场中迁移速率不同，因而得以分离。

(2)依据给定的表格中各蛋白质等电点数据以及电极缓冲液pH为8.6，可以判断，蛋白质电泳时都带负电，因此在电泳槽的阴极/负极上样，接通电源后，带电的蛋白质将向阳极/正极移动。

(3)对比 5 种蛋白质的等电点，可以发现蛋白 a 等电点最小，在 pH 8.6 下，带电量最大；蛋白 e 等电点最大，在 pH 8.6 下，带电量最小。同时考虑到蛋白分子量，蛋白 a 分子量最小，蛋白 e 分子量最大，因此可以判断蛋白 a 跑在最前面，蛋白 e 跑在最后面。

八、分析论述题：每小题 13 分，共 26 分。

41.【答题要点】

【考点】氨基酸的极性、蛋白质的三级结构以及蛋白质胶体溶液。

【解析】(1)依据氨基酸的侧链，组成蛋白质的 20 种氨基酸分成非极性氨基酸、极性不带电、极性带正电和极性带负电的氨基酸 4 类。绝大多数蛋白质的肽链折叠成近乎球状的结构。科学研究表明，球状蛋白质服从“非极性在内、极性在外的原则”，即蛋白质内部主要存在一些具有非极性侧链的氨基酸，也有少量侧链带电的极性氨基酸，如天冬氨酸、谷氨酸、赖氨酸和精氨酸等；绝大多数具有带电侧链的氨基酸分布在蛋白质表面，蛋白质表面也存在极少数非极性氨基酸，如亮氨酸、异亮氨酸、缬氨酸等。

(2)蛋白质的分子直径一般在 1～100 nm 之间，正好处于胶体颗粒的直径范围；蛋白质表面有许多极性基团，可以吸附水分子，形成水化膜，阻止蛋白质分子之间相互靠近而发生沉淀；蛋白质具有两性解离的性质，当溶液 pH 远离蛋白质的等电点时，蛋白质发生解离，带有一定的电荷，同种蛋白质带有相同的电荷，它们之间发生相互排斥，这种作用阻止了同种蛋白分子发生聚集沉淀。以上因素维持了蛋白质胶体溶液的稳定性。

42.【答题要点】

【考点】糖酵解途径的调节。

【解析】糖酵解途径的调节涉及三个关键调节酶，己糖激酶、磷酸果糖激酶Ⅰ以及丙酮酸激酶。

(1)磷酸果糖激酶是别构酶，ATP 是它的底物，同时也是该酶的别构抑制剂。当 ATP 浓度高时，ATP 结合酶的调节部位会抑制酶的活性。ADP 和 AMP 是该酶的别构激活剂，AMP 能够减缓 ATP 对该酶的抑制作用。

(2)ATP 是丙酮酸激酶的别构抑制剂。

(3)己糖激酶是别构酶，受到 6-磷酸葡萄糖的抑制。当细胞中 ATP 浓度高时，由于磷酸果糖激酶Ⅰ受到抑制而导致 6-磷酸葡萄糖积累，从而抑制了己糖激酶的活性。

(4)ATP、ADP 和 AMP 构成细胞中的腺苷酸库，这三者中含有高能磷酸基团的量表征了细胞的能量状态。当细胞中能量高时，糖酵解途径会受到抑制，反之则受到激活。

2020年全国硕士研究生招生考试农学门类联考

动物生理学与生物化学试题

动物生理学

一、选择题:1~15小题,每小题1分,共15分。在每小题给出的四个选项中,只有一个选项是最符合题目要求的。

1. 食物刺激哺乳动物口腔黏膜引起唾液分泌增加,这种调节方式属于(   )。

A. 神经调节　　B. 体液调节

C. 神经-体液调节　　D. 自身调节

2. 在物质跨膜转运过程中,下列属于易化扩散和主动转运共有的特点是(   )。

A. 消耗能量　　B. 需要膜蛋白

C. 顺浓度梯度转运　　D. 逆浓度梯度转运

3. 反刍动物复胃中能分泌胃蛋白酶原的部位是(   )。

A. 瘤胃　　B. 网胃

C. 瓣胃　　D. 皱胃

4. 当红细胞悬浮稳定性降低时,红细胞易发生(   )。

A. 溶解　　B. 皱缩

C. 叠连　　D. 凝集

5. 可兴奋细胞受到单个阈下刺激后产生的膜电位变化属于(   )。

A. 阈电位　　B. 静息电位

C. 局部电位　　D. 峰电位

6. 每100 mL血液中,血红蛋白实际结合 O_2 的量称为(   )。

A. 血氧含量　　B. 血氧容量

C. 血氧饱和度　　D. 血氧分压

7. 下列细胞中,能分泌促胰液素的是(   )。

A. D细胞　　B. G细胞

C. I细胞　　D. S细胞

8. 下列物质中,可介导生长激素促进软骨细胞生长的是(   )。

A. 胰岛素　　B. 胰岛素样生长因子

C. 雄激素　　D. 甲状旁腺激素

9. 心室肌细胞动作电位平台期形成的离子流主要是(   )。

A. Na^+ 内流和 K^+ 外流　　B. Na^+ 外流和 K^+ 内流

C. Ca^{2+} 内流和 K^+ 外流　　D. Ca^{2+} 外流和 K^+ 内流

10. 下列因素中,均可使血红蛋白氧解离曲线发生左移的是(   )。

A. 2,3-二磷酸甘油酸降低、温度升高

B. 2,3-二磷酸甘油酸增加、温度降低

C. CO_2,分压升高、pH 降低

D. CO_2,分压降低、pH 升高

11. 下列血管中,具有弹性储器作用的是(　　)。

A. 主动脉　　B. 腔静脉

C. 小动脉　　D. 小静脉

12. 引起心肌快反应细胞去极化的主要离子是(　　)。

A. Cl^-　　B. K^+

C. Ca^{2+}　　D. Na^+

13. 当环境温度低于体表温度时,马的主要散热器官是(　　)。

A. 皮肤　　B. 肺脏

C. 消化道　　D. 肾脏

14. 在哺乳动物肾脏中,形成内髓部高渗状态的主要物质是(　　)。

A. 尿素和 NH_4^+　　B. 尿素和 NaCl

C. HCO_3^- 和 NH_4^+　　D. HCO_3^- 和 NaCl

15. 初乳中促进幼畜胎粪排出的盐类是(　　)。

A. 钾盐　　B. 镁盐

C. 钙盐　　D. 钠盐

二、简答题:16～18 小题,每小题 8 分,共 24 分。

16. 哺乳动物下丘脑与腺垂体之间无直接的神经结构联系,但有功能联系。简述下丘脑与腺垂体之间的功能联系。

17. 生理情况下,小血管损伤形成的止血栓在完成止血后会逐步溶解,以保证血管内的血流畅通。简述止血栓溶解的基本过程。

18. 简述肾小球旁器的组成及其生理功能。

三、实验题:19 小题,10 分。

19. 在家兔呼吸运动调节实验中,张同学发现静脉注射适量乳酸溶液或短暂夹闭一侧气管套管后,家兔的呼吸运动均加深加快。回答下列问题。

(1)分析乳酸引起家兔呼吸运动加深加快的原因。

(2)分析短暂夹闭一侧气管套管引起家兔呼吸运动加深加快的原因。

(3)实验操作中应注意哪些事项?(答出 2 点即可)

四、分析论述题:20～21 小题,每小题 13 分,共 26 分。

20. 论述脂肪在犬小肠内消化和吸收的基本过程。

21. 心室肌细胞兴奋时,兴奋性会出现周期性的变化。请论述心室肌细胞兴奋性的周期性变化及其生理意义。

生 物 化 学

五、选择题：22～36 小题，每小题 1 分，共 15 分。在每小题给出的四个选项中，只有一个选项是最符合题目要求的。

22. 凯氏定氮法测定蛋白质含量是基于蛋白质的平均含氮量约为(　　)。

A. 12%　　B. 16%

C. 20%　　D. 24%

23. 酵母苯丙氨酸 rRNA 的三级结构为(　　)。

A. 双螺旋　　B. 三螺旋

C. 倒 L 形　　D. 三叶草形

24. 在 pH 7.0 条件下，下列氨基酸中带正电荷的是(　　)。

A. 丙氨酸　　B. 酪氨酸

C. 赖氨酸　　D. 甲硫氨酸

25. 下列因素中，决定结合酶专一性的是(　　)。

A. 底物浓度　　B. 酶浓度

C. 辅因子　　D. 酶蛋白

26. 下列维生素中，可以由 β-胡萝卜素生成的是(　　)。

A. 维生素 A　　B. 维生素 D

C. 维生素 E　　D. 维生素 K

27. 下列酶中，参与脂肪酸从头合成途径的是(　　)。

A. 乙酰-CoA 羧化酶　　B. 丙酮酸激酶

C. 脂酰-CoA 合成酶　　D. 丙酮酸羧化酶

28. 在三羧酸循环中，催化琥珀酸转变为苹果酸的酶是(　　)。

A. 琥珀酰-CoA 合成酶　　B. 琥珀酸脱氢酶和苹果酸合酶

C. 苹果酸脱氢酶　　D. 琥珀酸脱氢酶和延胡索酸酶

29. 下列酶中，能催化氧化脱羧反应的是(　　)。

A. 3-磷酸甘油醛脱氢酶　　B. 乳酸脱氢酶

C. 异柠檬酸脱氢酶　　D. 谷氨酸脱氨酶

30. 脂肪酸 β-氧化的每一轮循环包含 4 步反应，依次是(　　)。

A. 脱氢、水合、脱氢、硫解　　B. 脱氢、水合、脱氢、水解

C. 脱氢、脱水、脱氢、硫解　　D. 脱氢、脱水、脱氢、水解

31. 下列 DNA 修复系统中，属于复制后修复的是(　　)。

A. 光修复　　B. 切除修复

C. 直接修复　　D. 重组修复

32. 下列物质的从头合成途径中，中间产物出现乳清酸的是(　　)。

A. 嘌呤核苷酸　　B. 嘧啶核苷酸

C. 豆蔻酸　　D. 软脂酸

33. 下列关于不连续 SDS-PAGE 实验的叙述，错误的是(　　)。

A. SDS 是一种阴离子去污剂　　B. 灌胶时先灌浓缩胶、后灌分离胶

C. 凝胶贮备液应保存在棕色试剂瓶中　　D. 凝胶加样端电极应连接电泳仪阴极

34. 下列关于 DNA 熔解温度(T_m)的叙述，正确的是(　　)。

A. T_m 是指 DNA 开始变性时的温度　　B. T_m 是指 DNA 完全解链时的温度

C. T_m 与溶液的离子强度无关　　D. T_m 与 DNA 的 G-C 含量有关

35. 下列 RNA 聚合酶中，对 α-鹅膏蕈碱最敏感的是(　　)。

A. 原核生物 RNA 聚合酶　　B. 真核生物 RNA 聚合酶Ⅰ

C. 真核生物 RNA 聚合酶Ⅱ　　D. 真核生物 RNA 聚合酶Ⅲ

36. 下列参与大肠杆菌蛋白质合成的氨基酸中，均只有一个对应密码子的是(　　)。

A. 甲硫氨酸和色氨酸　　B. 苏氨酸和色氨酸

C. 甲硫氨酸和亮氨酸　　D. 苏氨酸和丝氨酸

六、简答题：37～39 小题，每小题 8 分，共 24 分。

37. 诱导契合学说可以用来解释酶作用的专一性，请简述该学说的要点。

38. 简述 3-磷酸甘油穿梭途径及其作用。

39. 体检时血液中谷丙转氨酶活性是重要的检测指标，该酶可以催化谷氨酸与丙酮酸反应。请写出反应产物和酶的辅因子名称，并按照国际系统分类法指出该酶的类别。

七、实验题：40 小题，10 分。

40. 某同学从大肠杆菌中提取质粒 DNA 时，得到了线状和超螺旋两种形态的 DNA。若采用密度梯度离心法分离这两种形态的 DNA，请简要写出实验原理、预测并分析实验结果。

八、分析论述题：41～42 小题，每小题 13 分，共 26 分。

41. 6-磷酸葡萄糖是糖代谢的重要中间产物，请论述 6-磷酸葡萄糖参与的葡萄糖分解与糖异生途径。

42. 论述原核生物翻译过程中保障蛋白质生物合成忠实性的主要机制。

2020年全国硕士研究生招生考试农学门类联考

动物生理学与生物化学试题参考答案

动物生理学

一、单项选择题:1～15小题,每小题1分,共15分。

1. A　2. B　3. D　4. C　5. C　6. A　7. D　8. B　9. C　10. D
11. A　12. D　13. A　14. B　15. B

二、简答题:16～18小题,每小题8分,共24分。

16.【答案要点】

(1)下丘脑神经内分泌细胞分泌的激素经垂体门脉系统到达腺垂体,调节腺垂体激素的合成和分泌。

(2)腺垂体分泌的激素可通过反馈作用调节下丘脑相关激素的合成和分泌。

17.【答案要点】

(1)纤溶酶原的激活:无活性的纤溶酶原在纤溶酶原激活物的作用下转变为有活性的纤溶酶。

(2)纤维蛋白和纤维蛋白原的降解:纤维蛋白和纤维蛋白原在纤溶酶的作用下降解为可溶性的纤维蛋白降解产物,止血栓被溶解。

18.【答案要点】

(1)组成:球旁细胞、致密斑、球外系膜细胞。

(2)功能

①球旁细胞:合成、储存和释放肾素。

②致密斑:感受小管液内Na^+浓度变化,调节球旁细胞释放肾素。

③球外系膜细胞:具有吞噬和收缩等功能。

三、实验题

19.【答案要点】

(1)静脉注射适量乳酸溶液后,血液中H^+浓度升高,主要通过刺激外周化学感受器反射性地引起呼吸运动加深加快。

(2)短暂夹闭一侧气管套管引起血液中O_2分压降低、CO_2分压升高,通过刺激外周、中枢化学感受器反射性地引起呼吸运动加深加快。

(3)注意事项:麻醉要适度、静脉注射乳酸时避免外漏等。

四、分析论述题

20.【答案要点】

(1)消化过程

肠腔中的脂肪(甘油三酯)经胆汁中的胆盐等乳化后,被胰脂肪酶等水解为甘油一酯、脂肪酸和甘油等。

(2)吸收过程

①短链脂肪酸、中链脂肪酸、甘油一酯和甘油等经肠上皮细胞进入血液循环。

②部分水解产物如甘油一酯和长链脂肪酸等在胞内合成甘油三酯,经中央乳糜管进入淋巴循环。

21.【答案要点】

(1)周期性变化依次为有效不应期、相对不应期、超常期。

①有效不应期内心室肌细胞对任何强度的刺激都不能再产生动作电位。

②相对不应期内给心室肌细胞一个适宜的阈上刺激能产生动作电位。

③超常期内给心室肌细胞一个适宜的阈下刺激也能产生动作电位。

(2)生理意义

由于心室肌细胞的有效不应期长,心室肌不会发生强直收缩,保证了心脏收缩与舒张的节律性活动及泵血功能。

生 物 化 学

五、单项选择题:22～36 小题,每小题 1 分,共 15 分。

22. 选择 B。

【考点】蛋白质的元素组成(2021 年新大纲加入的内容)

【解析】组成蛋白质的元素主要包括碳(50%～55%)、氢(6%～7%)、氧(19%～24%)、氮(0～16%)和硫元素(0～4%),还有少量磷和金属元素等。各种蛋白质中的氮素含量比较接近,平均为 16%。

23. 选择 C。

【考点】tRNA 的结构特征

【解析】tRNA 的结构特征包括一级结构、二级结构和高级结构。一级结构特征主要是含有大量稀有核苷酸、二级结构特征有四环四臂、三叶草等,三/高级结构特征之一是倒 L 形。

24. 选择 C。

【考点】氨基酸的两性解离

【解析】依据侧链,氨基酸被分成非极性、极性不带电、极性带正电和极性带负电几个类别。其中赖氨酸是极性带正电的氨基酸。氨基酸有两性解离的性质,当 pH 小于氨基酸等电点时,氨基酸带正电。赖氨酸等电点是 10.59,当 pH 为 7.0 时,赖氨酸带正电荷。这里要特别注意天冬氨酸、谷氨酸、赖氨酸和精氨酸的解离特性,通常是考核的重点。

25. 选择 D。

【考点】酶的组成

【解析】依据酶的组成,酶可以分成单成分和双成分酶(结合酶)。含辅因子的酶为结合酶。通常结合酶中酶蛋白的部分决定酶的专一性,辅因子决定反应的性质。酶的专一性不受酶浓度、底物浓度的影响。

26. 选择 A。

【考点】维生素与辅酶

【解析】β-胡萝卜素氧化分解可以产生 2 分子维生素 A。本题考查的是同学们对脂溶性维生素 A、维生素 D、维生素 E 和维生素 K 的掌握情况。有关这部分,同学们还应该了解缺乏某种维生素会导致人体产生何种疾病的相关知识。

27. 选择 A。

【考点】饱和脂肪酸从头合成

【解析】乙酰 CoA 羧化酶是脂肪酸从头合成途径的关键调节酶。丙酮酸激酶是糖酵解途径的酶;丙酮酸羧化酶催化丙酮酸羧化生成草酰乙酸,后者本身是三羧酸循环的中间化合物,也可以进入葡萄糖异生途径,也可以通过转氨作用转化为天冬氨酸等;脂酰 CoA 合成酶参与脂肪酸的活化,催化脂肪酸合成脂酰 CoA,后者通过肉碱转运系统进入线粒体,进行氧化。所以,选项 A 是正确的。

28. 选择 D。

【考点】三羧酸循环

【解析】本题考查的是催化三羧酸循环反应的酶名称。选项中除了苹果酸合酶,其他所有酶都是催化三羧酸循环反应的,但是只有选项 D 的酶是正确的。苹果酸合酶催化乙醛酸循环中乙醛酸和乙酰 CoA 合成苹果酸的反应。

29. 选择 C。

【考点】糖酵解、三羧酸循环、氨基酸代谢

【解析】本题有一定的综合性,四个选项分别属于不同的代谢途径。3-磷酸甘油醛脱氢酶、乳酸脱氢酶属于乳酸发酵途径的酶;谷氨酸脱氢酶参与氨基酸的代谢,催化谷氨酸氧化脱氨产生 α-酮戊二酸的可逆反应;异柠檬酸脱氢酶催化异柠檬酸氧化脱羧产生 α-酮戊二酸的反应,该反应是三羧酸循环中的不可逆反应。

30. 选择 A。

【考点】脂肪酸 β-氧化

【解析】脂肪酸 β-氧化是生物化学考试的重点内容。本题考查的是同学们对该途径反应过程的理解。在脂肪酸 β-氧化过程中,依次循环进行的反应包括脂酰 CoA 脱氢酶催化的脱氢反应;烯脂酰 CoA 催化的水合反应、L-β-羟脂酰 CoA 脱氢酶催化的脱氢反应以及 β-酮脂酰 CoA 硫解酶催化的硫解反应。只有选项 A 符合。

31. 选择 D。

【考点】DNA 修复

【解析】与光修复、直接修复和切除修复相比较，重组修复发生在复制之后，所以属于复制后修复方式。

32. 选择 B。

【考点】嘧啶核苷酸合成

【解析】本题选项涉及的内容包括氨基酸、嘌呤核苷酸和嘧啶核苷酸的合成。豆蔻酸、软脂酸是饱和脂肪酸，在它们的合成过程中没有提到过乳清酸；嘌呤核苷酸与嘧啶核苷酸的合成相比较，合成前体不同，再有就是嘌呤核苷酸的合成是在 PRPP 的骨架上不断加入小分子前体最终合成 IMP，而嘧啶核苷酸的合成是先合成嘧啶环，之后再加入 PRPP 合成 UMP。乳清酸就是嘧啶核苷酸合成过程中生成的一种嘧啶环。

33. 选择 B。

【考点】SDS-PAGE 的原理及操作

【解析】选项 A 是 SDS 的特性，是正确的；选项 B 是电泳操作，先灌注分离胶，不是浓缩胶，所以 B 选项是错误的；选项 C 涉及的内容是试剂的保存，凝胶贮备液应保存在棕色试剂瓶中，目的是避光保存以免其中的物质发生降解；选项 D 涉及电泳操作，进行 SDS-PAGE 电泳的样品带负电，向正极移动，所以样品端电极连接电泳仪的阴极。

34. 选择 D。

【考点】核酸的性质

【解析】考察 T_m 概念及其影响因素。DNA 热变性时，双螺旋破坏一半时所需要的温度被称为 DNA 的熔解温度，即 T_m。影响 T_m 值的因素有 DNA 中的 G-C 含量，DNA 溶液的离子强度等。只有选项 D 是正确的。

35. 选择 C。

【考点】真核生物 RNA 聚合酶

【解析】真核生物有三种细胞核 RNA 聚合酶。三种酶催化生成的产物不同，对鹅膏蕈碱的敏感性也不同。三类酶的产物也常常是考试的重点。

	RNA 聚合酶Ⅰ	RNA 聚合酶Ⅱ	RNA 聚合酶Ⅲ
对鹅膏蕈碱的敏感性	不敏感	非常敏感	中度敏感
转录产物	核糖体 28S rRNA、 18 S rRNA 5.8 S rRNA	mRNA 一些特殊的 RNA	tRNA 5S rRNA snRNA

36. 选择 A。

【考点】密码子

【解析】原核生物蛋白质合成的起始氨基酸是甲酰甲硫氨酸，该氨基酸是在 tRNA 与甲硫氨酸形成氨酰-tRNA 后被甲酰化的。在密码薄中，AUG 编码起始氨基酸和甲硫氨酸，

UGG编码色氨酸。所以,甲硫氨酸和色氨酸只有一个密码子编码,本题选项A是正确的。

六、简答题:37～39小题,每小题8分,共24分。

37. 诱导契合学说可以用来解释酶作用的专一性,请简述该学说的要点。

【答题要点】

【考点】酶的专一性假说

【解析】通常教材给出的酶的专一性假说有两个,"锁钥学说"和"诱导契合学说"。本题考的是后者。这个内容比较简单,教材上也说明得非常清楚。

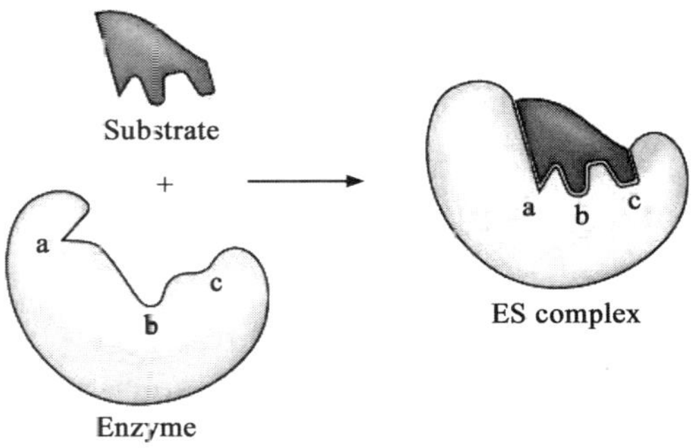

①从图片可知,酶的活性中心从空间结构的角度与底物空间结构是不完全匹配的。

②当底物与酶结合后,酶的活性中心空间构象发生了改变,与底物可以很好契合。说明酶活性中心的空间构象具有一定的柔性,底物诱导了酶空间结构发生改变,有利于反应进行,体现了酶对底物的专一性。

38. 简述3-磷酸甘油穿梭途径及其作用。

【答题要点】

【考点】生物氧化部分的内容,细胞质中的NADH如何进入电子传递链。

【解析】真核细胞细胞质中的NADH进入线粒体电子传递链有两条路径。一条是磷酸甘油穿梭,一条是苹果酸-天冬氨酸穿梭。这里考的是磷酸甘油穿梭。

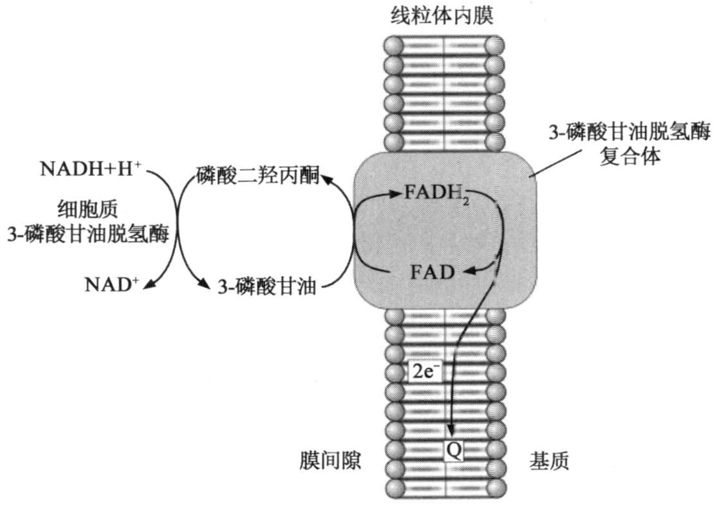

①途径:从图上可以看出,在细胞质中3-磷酸甘油脱氢酶催化NADH和磷酸二羟丙酮生成3-磷酸甘油和NAD^+,之后3-磷酸甘油在线粒体内膜外侧上的3-磷酸甘油脱氢酶催化下,重新生成磷酸二羟丙酮,FAD是该酶的辅因子,在上述反应过程中得到电子形成$FADH_2$,之后$FADH_2$将电子传递给辅酶Q等;

②作用：通过细胞质和线粒体内膜外侧上的两个3-磷酸甘油脱氢酶催化的反应，细胞质中的NADH转换为NAD^+，相当于NADH上的质子和电子以$FADH_2$的形式参与了线粒体电子传递等过程。

39．体检时血液中谷丙转氨酶活性是重要的检测指标，该酶可以催化谷氨酸与丙酮酸反应。请写出反应产物和酶的辅因子名称，并按照国际系统分类法指出该酶的类别。

【答题要点】

【考点】谷丙转氨酶的国际系统分类、辅酶名称和催化的反应。

【解析】肝脏细胞中存在大量的谷丙转氨酶，当肝脏细胞受到损伤时，该酶从细胞中泄露进入血液。因此，通过检测该酶的活性可以部分了解肝脏的健康情况。

①谷丙转氨酶国际系统命名是：谷氨酸-丙酮酸转氨酶/谷氨酸-丙酮酸氨基转移酶，它催化谷氨酸 + 丙酮酸 → α-酮戊二酸 + 丙氨酸

②该酶的辅酶是磷酸吡哆醛（PLP）和磷酸吡哆胺（PMP）

③转移酶在国际系统分类法中属于第二类转移酶类。

七、实验题：40小题，10分。

40．某同学从大肠杆菌中提取质粒DNA时，得到了线状和超螺旋两种形态的DNA。若采用密度梯度离心法分离这两种形态的DNA，请简要写出实验的原理、预测并分析实验结果。

【答题要点】

【考点】密度梯度离心法的原理

【解析】密度梯度离心法是指将样品装在具有惰性介质的离心管介质表面或者与介质混合，通过离心，样品中各组分颗粒依据沉降系数或者密度最后停留在离心管介质相应位置形成区带的分离方法。

①原理：核酸密度梯度离心最常用的梯度介质是氯化铯（CsCl）或者蔗糖。一般分离DNA用氯化铯介质，将样品和介质混合在一起进行超速离心；随着介质在离心过程中形成自下而上的密度梯度，核酸分子通过上浮或下沉形成条带，稳定存在于等密度介质中。不同核酸分子大小、形状、密度不同，则条带形成和存在的位置不同，因而得以分离。

②实验结果预测及分析：当进行密度梯度离心时，由于超螺旋DNA密度大，离心后会在靠近离心管底部的位置形成区带，而线状DNA密度小会在靠离心管开口端的位置形成区带，如此就可以将两者分开了。

八、分析论述题：每小题13分，共26分。

41．6-磷酸葡萄糖是糖代谢的重要中间产物，请论述6-磷酸葡萄糖参与的葡萄糖分解和糖异生途径。

【答题要点】

【考点】葡萄糖的降解和合成

【解析】葡萄糖降解有磷酸戊糖途径、糖酵解途径、TCA循环等；很多物质可以作为前体物质，通过葡萄糖的异生合成葡萄糖。

①葡萄糖降解：葡萄糖能够在己糖激酶催化产生6-磷酸葡萄糖，后者经过糖酵解的多步反应产生丙酮酸。有氧的条件下，丙酮酸脱氢脱羧生成乙酰CoA，乙酰CoA进入三羧酸循环彻底氧化分解成为CO_2和H_2O；在无氧的条件下，丙酮酸可以进入乳酸发酵或者酒精发酵途径。

葡萄糖也可以直接通过磷酸戊糖途径进行代谢。葡萄糖在己糖激酶催化下生成6-磷酸葡萄糖，后者进入磷酸戊糖途径产生磷酸戊糖、NADPH和CO_2。

②葡萄糖异生：有些细胞具有葡萄糖异生的能力。例如细胞可以利用丙酮酸、氨基酸、甘油等前体进行葡萄糖异生作用。以丙酮酸为例，在丙酮酸羧化酶、PEP羧激酶的催化下，丙酮酸转化为PEP，后者利用糖酵解的可逆反应，经过多步反应转化为果糖-1,6-二磷酸；在果糖-1,6-二磷酸酶的催化下，果糖-1,6-二磷酸脱去磷酸产生6-磷酸果糖。在磷酸己糖异构酶的催化下，6-磷酸果糖转化为6-磷酸葡萄糖；葡萄糖-6-磷酸酶催化6-磷酸葡萄糖脱去磷酸转化为葡萄糖。

42. 论述原核生物翻译过程中保障蛋白质生物合成忠实性的主要机制。

【答题要点】

【考点】原核生物蛋白质合成的忠实性

【解析】参考刘国琴、杨海莲编著的《生物化学》382页

①氨酰tRNA合成酶的专一性及校正功能：氨酰tRNA合成酶专一性非常强，既能分辨氨基酸，又能识别特异tRNA，而且有些酶还具有校对活性，可以使选择氨基酸和tRNA的错误率降低到万分之一以下。在氨酰-tRNA合成酶作用下形成正确的氨酰-tRNA。

②高能耗有利于提高蛋白质合成的忠实性：蛋白质合成是一个高耗能过程，除了合成肽键所需要的能量，多提供的能量用来保证蛋白质合成的正确性。

③核糖体的校对作用：核糖体具有独特的结构组成，有多个功能位点，不仅方便氨酰-tRNA与mRNA之间的碱基配对，它还能识别配对是否正确，在多种蛋白质因子协助下使错配氨酰tRNA在多个步骤上脱离下来，保障蛋白质合成的忠实性。

2021年全国硕士研究生招生考试农学门类联考

动物生理学与生物化学试题

动物生理学

一、选择题:1～10小题,每小题2分,共20分。在每小题给出的四个选项中,只有一个选项是最符合题目要求的。

1. 神经细胞的膜电位从−70 mV变化到−110 mV的过程称为(　　)。

A. 反极化　　B. 超极化
C. 去极化　　D. 复极化

2. 光照引起瞳孔缩小的调节方式属于(　　)。

A. 神经调节　　B. 体液调节
C. 自身调节　　D. 神经-体液调节

3. 阈下刺激可引起肌细胞兴奋的时期是(　　)。

A. 绝对不应期　　B. 相对不应期
C. 超常期　　D. 低常期

4. 从终池释放到胞质内并介导骨骼肌兴奋-收缩的耦联因子是(　　)。

A. Mg^{2+}　　B. Ca^{2+}
C. Na^{+}　　D. K^{+}

5. 下列可反映心室肌前负荷大小的因素是(　　)。

A. 动脉血压　　B. 心室收缩末期压力
C. 外周阻力　　D. 心室舒张末期压力

6. 消化道平滑肌的收缩与慢波和动作电位有关。对消化道平滑肌的收缩节律起决定性作用的是(　　)。

A. 慢波的频率　　B. 动作电位的频率
C. 慢波的幅度　　D. 动作电位的幅度

7. 调节肌紧张的初级中枢位于(　　)。

A. 大脑皮层　　B. 小脑
C. 脑干　　D. 脊髓

8. 甲状腺功能是重要的体检项目。下列甲状腺合成的物质中,生物活性最强的是(　　)。

A. MIT　　B. DIT
C. T_3　　D. T_4

9. 在家兔动脉血压调节实验中,夹闭一侧颈总动脉短时间后引起动脉血压升高,其主要原因是(　　)。

A. 对主动脉弓的牵张刺激减少

B. 对颈动脉窦的牵张刺激减少
C. 对主动脉弓的牵张刺激增加
D. 对颈动脉窦的牵张刺激增加

10. 成年雌性哺乳动物体内生物活性最强的雌激素是(　　)。

A. 雄烯二酮　　B. 雌酮
C. 雌二醇　　D. 雌三醇

二、实验题:11 小题,共 13 分。

11. 在离体蛙心灌流实验中,某同学发现:①灌流液中滴加适量肾上腺素溶液后,蛙心收缩增强;②灌流液中滴加适量乙酰胆碱溶液后,蛙心收缩减弱;③灌流液中滴加适量 $CaCl_2$ 溶液后,蛙心收缩增强。回答下列问题。

(1)分别解释上述实验中滴加不同溶液后蛙心收缩活动发生变化的原因。
(2)实验过程中应注意哪些事项?(答出 2 点即可)

三、问答题:12～14 小题,每小题 6 分;15～16 小题,每小题 12 分。共 42 分。

12. 简述哺乳动物消化期小肠运动的基本形式及其生理作用。
13. 何谓肾小球滤过率?简述当肾血浆流量增大时,肾小球滤过率增加的原因。
14. 摘除大鼠肾上腺后,血中促肾上腺皮质激素(ACTH)浓度升高。请用下丘脑-腺垂体-靶腺轴的闭环式调节原理解释 ACTH 升高的原因。
15. 生理状态下,家兔血管内的血液能保持流动不发生凝固,而从其血管中采集的血液置于室温下一段时间后却会发生凝固。试分析出现上述两种现象的原因。
16. 简述哺乳动物肺弹性阻力产生的机制,并分析呼吸运动过程中肺泡表面活性物质对维持肺泡容积稳定性所起的作用。

生物化学

四、选择题:17～26 小题,每小题 2 分,共 20 分。在每题给出的四个选项中,只有一个选项是最符合题目要求的。

17. 下列科学家中,通过实验证明肺炎双球菌转化因子为 DNA 的是(　　)。

A. L. Pauling　　B. O. Avery
C. J. Watson　　D. F. Sanger

18. 下列构成蛋白质的氨基酸中,R 基团能够被磷酸化的是(　　)。

A. 甘氨酸　　B. 酪氨酸
C. 苯丙氨酸　　D. 甲硫氨酸

19. 下列酶中,可以从 C 末端水解多肽链的是(　　)。

A. 羧肽酶　　B. 肽链内切酶
C. 氨肽酶　　D. 限制性内切酶

20. 当米氏酶的反应速率达到最大反应速率的 60%时,K_m/[S]值应为(　　)。

A. 1/3　　B. 2/3

C. 1/4 D. 2/5

21. 经常晒太阳可以促进人体皮肤合成的维生素是(　　)。

A. 维生素 A B. 维生素 B_1

C. 维生素 C D. 维生素 D_3

22. 下列酶中,能以磷酸二羟丙酮为底物的是(　　)。

A. 磷酸甘油酸激酶 B. 磷酸甘油酸变位酶

C. 磷酸丙糖异构酶 D. 磷酸甘油醛脱氢酶

23. 下列化合物中,能够直接抑制线粒体呼吸链复合物Ⅳ电子传递的是(　　)。

A. 氰化物 B. 抗霉素 A

C. 寡霉素 D. 安密妥

24. 下列化合物中,能将活化的棕榈酰基由细胞质基质转运进入线粒体的是(　　)。

A. ACP B. TPP

C. 柠檬酸 D. 肉毒碱

25. 大肠杆菌 DNA 复制过程中,催化 DNA 双链打开的酶是(　　)。

A. 引发酶 B. DNA 聚合酶 I

C. 解旋酶 D. DNA 聚合酶Ⅲ

26. 下列通用密码子中,不能与 tRNA 上的反密码子 ICU 配对的是(　　)。

A. AGG B. AGA

C. AGU D. AGC

五、实验题:27 小题,共 13 分。

27. 在某湖泊中发现了一种细菌,并从该菌中分离得到一种蛋白酶。若要通过实验测定该蛋白酶的最适 pH,请写出实验原理,及实验时应注意的事项(答出 4 点即可)。

六、问答题:28～30 小题,每小题 6 分;31～32 小题,每小题 12 分。共 42 分。

28. 小明同学在某蛋白质溶液中加入一些食盐,看到有白色的絮状物出现;兑水稀释后,又发现絮状物消失。请分析上述现象对应的生化原理。

29. 真核生物的呼吸链主要存在于线粒体内膜上。简述线粒体呼吸链的主要类型及其生物学意义。

30. 糖原是人体中主要的储能物质,在体内分解的主要方式是磷酸解。从产生 ATP 的角度分析,与水解相比,糖原磷酸解的优势是什么?

31. 在适当条件下,变性的 DNA 和蛋白质都可以复性,但相对而言,蛋白质复性较难。请结合 DNA 和蛋白质的结构特点分析其原因。

32. 某同学在实验中发现,当细胞中乙酰 CoA 浓度升高时,丙酮酸羧化酶活性会提高。请分析这一过程对糖代谢的影响。

2021年全国硕士研究生招生考试农学门类联考

动物生理学与生物化学试题参考答案

动物生理学

一、选择题:1～10小题,每小题2分,共20分。

1.B　2.A　3.C　4.B　5.D　6.A　7.D　8.C　9.B　10.C

二、实验题:11小题,共13分。

11.【答案要点】

(1)原因:

①肾上腺素与心肌细胞膜上β受体结合,使心肌兴奋性增高、传导速度加快、收缩力增强。

②乙酰胆碱与心肌细胞膜上M受体结合,使心肌兴奋性降低、传导速度减慢、收缩力减弱。

③增加心肌细胞外液中$CaCl_2$浓度,使心肌细胞兴奋时Ca^{2+}内流增加,心肌收缩力增强。

(2)注意事项:①实验过程中经常用任氏液润湿标本,防止其干燥;②药物处理出现明显效应后应及时更换灌流液。

三、问答题:12～14小题,每小题6分;15～16小题,每小题12分。共42分。

12.【答案要点】

(1)紧张性收缩:维持小肠一定的形状、位置和肠内压。

(2)蠕动:将消化道中的食糜向后推进。

(3)分节运动:促进食糜与消化液充分混合。

13.【答案要点】

(1)肾小球滤过率:单位时间内两侧肾脏生成的超滤液量。

(2)原因:当肾血浆流量增大时,肾小球毛细血管中血浆胶体渗透压上升的速度减缓,滤过平衡点向出球小动脉端移动,有效滤过面积增大。

14.【答案要点】

(1)下丘脑分泌促肾上腺皮质激素释放激素(CRH),CRH促进腺垂体分泌ACTH,ACTH促进肾上腺皮质激素的分泌。肾上腺皮质激素可通过负反馈作用抑制CRH和ACTH的分泌。

(2)当摘除肾上腺后,血中肾上腺皮质激素水平下降,其对CRH和ACTH分泌的负反馈作用减弱,导致腺垂体分泌ACTH增加、血中ACTH浓度升高。

15.【答案要点】

(1)不发生凝固的原因:①血管内皮结构完整、表面光滑,具有抗凝血和抗血小板的功能;②血管内皮细胞分泌的纤溶酶原激活物使纤溶酶原转变为纤溶酶,后者促进纤维蛋白溶解;

③生理性抗凝物质抑制凝血过程。

(2)发生凝固的原因:血液中形成的凝血酶原激活物使凝血酶原转变为凝血酶;凝血酶使纤维蛋白原转变为纤维蛋白单体,后者相互聚合形成血凝块。

16.【答案要点】

(1)机制:肺的弹性阻力来源于肺组织弹性成分和肺泡表面张力。

①肺组织弹性成分:当肺被扩张时,弹性成分被牵拉后倾向于回缩。肺扩张越大,对弹性成分的牵拉程度越大,回缩力和弹性阻力越大;反之则小。

②肺泡表面张力:表面张力有使肺泡缩小的倾向,从而产生弹性阻力。

(2)作用:肺泡表面活性物质可以降低肺泡表面张力。当肺泡缩小(或呼气)时,肺泡内的表面活性物质密度增大,降低表面张力的作用加强,肺泡表面张力变小,因而可以防止肺泡塌陷;当肺泡扩大(或吸气)时则相反,从而可以防止肺泡的过度膨胀。由此保持肺泡容积的稳定性。

生 物 化 学

四、选择题:17～26 小题,每小题 2 分,共 20 分。在每题给出的四个选项中,只有一个选项是最符合题目要求的。

17. 选择 B。

【考点】科学家贡献

【解析】L. Pauling 提出了蛋白质的 α-螺旋结构模型;J. Watson 和 F. Crick 提出了 DNA 双螺旋结构模型;O. Avery 通过肺炎球菌转化实验证明遗传物质是 DNA;F. Sanger 建立了肽链的氨基酸顺序测定方法和双脱氧法测定 DNA 序列的方法。

18. 选择 B。

【考点】氨基酸的特性

【解析】组成蛋白质的常见 20 种氨基酸中,酪氨酸、苏氨酸和丝氨酸具有羟基,常常是蛋白质磷酸化共价修饰的位点,组氨酸也可作为修饰位点。此题选择酪氨酸。

19. 选择 A。

【考点】蛋白质的酶切位点

【解析】一些蛋白水解酶可以在特定的位点进行蛋白质肽键的切割。在进行蛋白质研究或者多肽链氨基酸顺序测定时可使用这些酶。蛋白水解酶分为内切酶和外切酶。内切酶是切断肽链内部氨基酸之间的肽键,外切酶是指从多肽链的 N 末端或者 C 末端依次切下氨基酸残基。本题选项羧肽酶,是外切酶,它从多肽链的 C 末端依次切下氨基酸残基。限制性内切酶是水解 3′, 5′-磷酸二酯键的,不是水解蛋白质的。

20. 选择 B。

【考点】米氏方程的相关计算

【解析】写出米氏方程,得知 $V/V_{max}=[S]/K_m+[S]$。$V/V_{max}=0.6$,因此,可得 $0.6=[S]/$

$Km+[S]$,计算可知 $K_m/[S]=0.4/0.6=2/3$。

21. 选择 D。

【考点】维生素功能

【解析】维生素是维持生物正常生长发育和代谢所必需的一类小分子微量有机化合物,大多需要从食物中摄取。而在紫外线照射下,人和动物的皮肤能够将7-脱氢胆固醇转化为前维生素 D_3,继而再转变为维生素 D_3。因此,答案是维生素 D_3。

22. 选择 C。

【考点】糖酵解途径

【解析】糖酵解途径有10步反应,都需要记忆。本题的考点是催化磷酸二羟丙酮的酶。本题选项中的4个酶,分别是磷酸甘油酸激酶、磷酸甘油酸变位酶、磷酸丙糖异构酶、磷酸甘油醛脱氢酶。其中只有磷酸丙糖异构酶能够以磷酸二羟丙酮为底物,催化磷酸二羟丙酮和3-磷酸甘油醛之间的转化。

23. 选择 A。

【考点】生物氧化中电子传递链抑制剂及氧化磷酸化抑制剂

【解析】我们学习的电子传递链抑制剂通常有三个抑制部位,分别是抑制电子从 NADH 向 CoQ 的传递,有安密妥等;抑制复合物Ⅲ电子传递的抗霉素 A;抑制电子通过复合物Ⅳ向氧气传递的抑制剂有氰化物等。答案选择氰化物。寡霉素可以与 ATP 合酶结合抑制质子回流,从而抑制 ATP 的合成,它属于氧化磷酸化的抑制剂。

24. 选择 D。

【考点】脂肪酸的转运

【解析】本题考点是长链脂肪酸从细胞质向线粒体基质的转运。转运过程需要肉毒碱(肉碱)转运系统。选项肉毒碱参与这个过程。选项 ACP 参与脂肪酸从头合成过程,作为脂酰基的载体。柠檬酸参与乙酰 CoA 从线粒体基质转运到细胞质的柠檬酸-丙酮酸循环。TPP 作为脱羧酶的辅因子发挥功能。

25. 选择 C。

【考点】原核生物 DNA 复制体系

【解析】本题考察 DNA 复制体系中4个酶的功能。催化 DNA 双链打开的酶是解旋酶。引发酶(引物酶)参与引物合成,DNA 聚合酶Ⅲ参与前导链和后随链/滞后链的合成,DNA 聚合酶Ⅰ参与引物切除和填补空隙的过程,也可参与 DNA 的修复过程。

26. 选择 A。

【考点】密码子的特性

【解析】本题考点是密码子与反密码子配对,考察学生对反向互补配对和碱基配对变偶规则的了解。密码子和反密码子变偶碱基位置分别是3′端第一个碱基和5′端第一个碱基,反密码子的变偶碱基是I时,可以与密码子变偶碱基 A、U 和 C 配对,所以答案是 A,AGG 无法和 ICU 配对。这道题略微有难度,因为考生得记住变偶规则,才能给出正确答案。

五、实验题:27 小题,共 13 分。

27.【答题要点】

【考点】酶活性的测定,酶的最适 pH 测定

【解析】①酶活性测定需要以下几个条件:最适温度、最适 pH、底物浓度远大于酶浓度、测定酶促反应的初速度等。

②为了确定酶的最适 pH,酶活性测定时需要满足除 pH 外的其他酶活性测定所需条件。

③设定不同酶促反应的缓冲体系,即 pH 不同的酶促反应体系,准确测定酶的活性。最后确定酶活性最高的酶促反应缓冲体系的 pH 为酶的最适 pH。

六、问答题:28～30 小题,每小题 6 分;31～32 小题,每小题 12 分。共 42 分。

28.【答题要点】

【考点】蛋白质的性质-盐析和盐溶

【解析】①蛋白质的溶解程度会受到溶液离子强度的影响。

②小明同学在蛋白质溶液中加入食盐(氯化钠),导致蛋白质发生沉淀,表现为白色絮状物,这是蛋白质的盐析现象;兑水后,溶液盐浓度降低,蛋白质溶解度增加,沉淀消失,表现为絮状物溶解消失,这是蛋白质的盐溶现象。

③盐析:是通过向蛋白质溶液中加入高浓度中性盐(如硫酸铵、氯化钠等),致使蛋白质发生沉淀的现象。盐析作用主要是由于大量中性盐的加入使水的活度降低,不仅原来溶液中的大部分水转变为盐离子的水化水,而且蛋白质分子表面通过静电作用结合的水化层也被移去以溶剂化盐离子,使蛋白质分子表面的疏水残基充分暴露,从而发生聚集而沉淀下来。

④低浓度中性盐增加蛋白质溶解度的现象称为盐溶。盐溶作用主要是由于蛋白质分子吸附某种盐类离子后形成带电层,使蛋白质分子彼此排斥,同时蛋白质分子与水分子间的相互作用加强,从而增加了蛋白质的溶解度。

29.【答题要点】

【考点】常见呼吸链类型及 NADH 和 $FADH_2$ 的来源

【解析】①真核细胞常见呼吸链类型有 NADH 呼吸链和 $FADH_2$ 呼吸链。

② 细胞中生成 NADH 和 $FADH_2$ 的反应很多,以脂肪酸 β-氧化和 TCA 循环为例。脂肪酸本身的每一轮 β-氧化将产生 1 个 NADH、1 个 $FADH_2$ 和 1 个乙酰 CoA;1 个乙酰 CoA 进入 TCA 循环就能生成 3 个 NADH,一个 $FADH_2$。

③无论 NADH 还是 $FADH_2$ 呼吸链,通过转移电子,可以建立线粒体内膜两侧的质子梯度,该梯度将推动 ATP 的合成。

④NADH 进入 NADH 呼吸链可以产生 2.5 个 ATP;$FADH_2$ 进入 $FADH_2$ 呼吸链可以产生 1.5 个 ATP,如此糖代谢或者脂肪酸 β-氧化都能经过呼吸链产生大量 ATP。

综上所述,呼吸链为物质彻底氧化产生 ATP 起到了关键的作用。

30.【答题要点】

【考点】糖原的降解

【解析】①糖原是葡萄糖以 α-1,4-糖苷键和 α-1,6-糖苷键相连形成的多聚物。淀粉是葡萄糖以 α-1,4-糖苷键和 α-1,6-糖苷键相连形成的多聚物。

②糖原磷酸解的产物是1-磷酸葡萄糖。如果淀粉水解的话，产物是葡萄糖。

③ 相比淀粉水解产物葡萄糖，糖原磷酸解的产物1-磷酸葡萄糖通过磷酸己糖变位酶直接转化为6-磷酸葡萄糖，继续进行糖酵解；而葡萄糖需要在激酶的作用下，消耗1分子ATP才能转化为6-磷酸葡萄糖。因此，糖原磷酸解的产物代谢产生的ATP相对多于淀粉的水解产物。

31.【答题要点】

【考点】蛋白质结构和DNA结构；蛋白质和DNA的变性与复性

【解析】①复性与生物大分子的空间结构复杂度以及维持空间结构的作用力相关。

②蛋白质是由氨基酸通过肽键相连形成的多肽链。有些蛋白质有三级结构，有些复杂的蛋白有四级结构。维持蛋白质空间结构的主要作用力是次级键，包括范德华力、氢键、离子键以及疏水相互作用，维持蛋白质三级结构的作用力还包括二硫键。蛋白质的变性是指维持蛋白质空间结构的次级键等被破坏，蛋白质空间结构发生不同程度的变化，无法执行生物学功能，但是肽键没有断裂。当去除变性因素后，蛋白质在特定的条件下可能会发生复性，即空间结构恢复正常，能够发挥功能。

③DNA是由脱氧核糖核苷酸以3′,5′磷酸二酯键相连形成的多核苷酸链。维持其空间结构的作用力包括碱基堆积力、氢键和离子键。当这些作用力受到破坏时，DNA的双螺旋结构被破坏，但是3′,5′磷酸二酯键没有断裂，DNA发生变性。但去除变性因素后，DNA在特定的条件下可能会发生复性，恢复双螺旋结构。

④与DNA的4种核苷酸组成及双螺旋结构相比较，组成蛋白质的氨基酸有20多种，其侧链基团多样性丰富，空间结构也复杂多样。氨基酸残基的侧链、蛋白质主链以及环境因素等多种因素参与蛋白质三级结构、四级结构的形成，因此，蛋白质复性的条件相对复杂，复性也就相对比较困难。

32.【答题要点】

【考点】糖代谢中丙酮酸生成乙酰CoA、TCA循环和葡萄糖异生途径的代谢调节

【解析】①丙酮酸羧化酶是葡萄糖异生途径的调节酶。乙酰CoA是丙酮酸羧化酶的激活剂，它可以激活丙酮酸羧化酶，催化丙酮酸羧化产生草酰乙酸；草酰乙酸可以在磷酸烯醇式丙酮酸羧激酶催化下生成磷酸烯醇式丙酮酸进入葡萄糖异生途径。

②乙酰CoA和草酰乙酸均为TCA循环的底物，两者浓度的升高有助于提高柠檬酸合酶的活性，从而提高TCA循环的速度。

③乙酰CoA也是丙酮酸激酶的抑制剂，它的增加会抑制丙酮酸的生成，即抑制葡萄糖生成丙酮酸的酵解过程。

④丙酮酸在丙酮酸脱氢酶复合体催化下脱氢脱羧生成乙酰CoA。乙酰CoA对丙酮酸脱氢酶复合体中二氢硫辛酰乙酰转移酶有抑制作用，当乙酰CoA积累时会抑制丙酮酸脱氢脱酸反应。

2022年全国硕士研究生招生考试农学门类联考

动物生理学与生物化学试题

动物生理学

一、选择题:1~10小题,每小题2分,共20分。在每题给出的四个选项中,只有一个选项是最符合题目要求的。

1. 动物生理学实验分为急性实验和慢性实验。下列属于急性实验的是(　　)。

A. 蛙心起搏点的观察　　B. 肾上腺摘除动物的观察

C. 雄激素刺激鸡冠发育的观察　　D. 卵巢摘除对大鼠发情周期影响的观察

2. 下列物质中,均可引起血小板聚集的是(　　)。

A. 凝血酶、PGI_2　　B. PGI_2、ADP

C. ADP、5-HT　　D. NO、5-HT

3. 在心室等容舒张期,心脏各瓣膜的状态是(　　)。

A. 房室瓣关闭、动脉瓣关闭　　B. 房室瓣开放、动脉瓣关闭

C. 房室瓣关闭、动脉瓣开放　　D. 房室瓣开放、动脉瓣开放

4. 哺乳动物平静吸气时,气体进入肺的原动力来源于(　　)。

A. 肋间内肌收缩、膈肌收缩　　B. 肋间外肌收缩、膈肌收缩

C. 肋间内肌舒张、膈肌舒张　　D. 肋间外肌舒张、膈肌舒张

5. 迷走神经兴奋引起胰液分泌的特点是(　　)。

A. H_2O、HCO_3^- 和酶含量均少　　B. H_2O、HCO_3^- 含量少、酶含量多

C. H_2O、HCO_3^- 和酶含量均多　　D. H_2O、HCO_3^- 含量多、酶含量少

6. 蝌蚪的某种腺体被摘除后,其变态发育受阻。若要恢复变态发育,需补充的激素是(　　)。

A. 生长激素　　B. 胰岛素

C. 甲状旁腺激素　　D. 甲状腺激素

7. 脑干网状结构上(前)行激动系统具有维持动物觉醒状态的生理功能,该系统实现这一功能的神经通路是(　　)。

A. 经特异投射系统以弥散的形式投向大脑皮层

B. 经非特异投射系统以弥散的形式投向大脑皮层

C. 经特异投射系统以点对点的形式投向大脑皮层

D. 经非特异投射系统以点对点的形式投向大脑皮层

8. 某农户散养的蛋鸡出现了明显的就巢行为,下列激素中能够引起该行为的是(　　)。

A. 催乳素　　B. 孕激素

C. 生长抑素　　D. 催产素

9. 在骨骼肌的兴奋-收缩偶联中起关键作用的结构是(　　)。

A. 终板膜　　B. 横管系统
C. 三联管　　D. 纵管系统

10. 下列物质中，引起胆囊收缩作用最强的是(　　)。
A. 促胃液素　　B. 促胰液素
C. 胆盐　　D. 促胰酶素

二、实验题：11 小题，共 13 分。

11. 在血液凝固及其影响因素的实验中，某同学在分别含有适量氯化钙、柠檬酸钠和肝素溶液的试管中各加入 1 mL 新鲜血液样本，发现这些物质均影响血液凝固过程。回答下列问题：
(1)分别说明氯化钙、柠檬酸钠和肝素对血液凝固的影响并分析原因。
(2)在本实验操作中应注意哪些事项？(答出 2 点即可)

三、问答题：12～14 小题，每小题 6 分；15～16 小题，每小题 12 分。共 42 分。

12. 猪采食后胃排空的过程受多种因素的影响。请简述影响猪胃排空的因素及其作用过程。
13. 肾血流量不变而肾小球滤过率增加时，近端小管对 Na^+ 和水的重吸收量有何变化？请简述变化的原因及生理意义。
14. 哺乳动物的潮气量和呼吸频率可影响肺的气体交换效率。若潮气量加倍而呼吸频率减半，则动物的呼吸变深变慢；反之则动物的呼吸变浅变快。请比较深而慢呼吸和浅而快呼吸气体交换效率的高低，并分析原因。
15. 哺乳动物大脑皮层运动区是调控躯体运动的最高级中枢。请阐述其对躯体运动的调控特征。
16. 心肌传导性是心肌的生理特性之一。请分析影响心肌传导性的主要因素。

生 物 化 学

四、选择题：17～26 小题，每小题 2 分，共 20 分。在每小题给出的四个选项中，只有一个选项是最符合题目要求的。

17. 氨基酸是两性电解质。下列氨基酸侧链基团中，在生理条件下既可以作为质子受体，又可以作为质子供体的是(　　)。
A. His 的咪唑基　　B. Trp 的吲哚基
C. Arg 的胍基　　D. Cys 的巯基

18. α 螺旋是蛋白质二级结构的常见形式之一，稳定 α 螺旋的主要作用力是(　　)。
A. 酯键　　B. 氢键
C. 离子键　　D. 二硫键

19. 生物体内的一碳单位与氨基酸代谢密切相关。下列基团或化合物中，不属于一碳单位的是(　　)。
A. $—CH_3$　　B. —CHO
C. —CH═　　D. CO

20. 当人体缺乏某种维生素导致暗适应能力下降时，可以适当补充(　　)。

A. 维生素 A　　B. 烟酰胺

C. 维生素 D　　D. 叶酸

21. 巯基是某些生物分子中的重要基团。下列化合物中，没有巯基的是(　　)。

A. ACP　　B. Met

C. CoA　　D. GSH

22. 下列化合物中，属于三羧酸循环中间产物的是(　　)。

A. 磷酸烯醇式丙酮酸　　B. 延胡索酸

C. 丙二酸　　D. 磷酸二羟丙酮

23. 下列参与糖代谢的酶中，既参与糖酵解、又参与糖异生的是(　　)。

A. 转醛酶　　B. 丙酮酸激酶

C. 转酮酶　　D. 醛缩酶

24. 下列酶中，催化糖原生成 1-磷酸葡萄糖的是(　　)。

A. 糖原磷酸化酶　　B. 糖原合酶

C. UDPG 焦磷酸化酶　　D. 磷酸葡萄糖变位酶

25. 下列有关大肠杆菌中转录的叙述，正确的是(　　)。

A. RNA 聚合酶的作用需要引物　　B. 转录需要 dNTP 作为底物

C. 核心酶催化 RNA 链延伸　　D. 转录起始依赖 ρ 因子

26. 核酸变性后理化性质会发生变化。双链 DNA 热变性后会出现的现象是(　　)。

A. T_m 值升高　　B. 黏度升高

C. 增色效应　　D. 减色效应

五、实验题：27 小题，共 13 分。

27. 在某种酶的反应体系中加入一种小分子抑制剂，发现酶活性受到抑制。请用两种实验来判断该小分子是可逆抑制剂还是不可逆抑制剂。要求写出实验设计的依据和实验方法，预测实验结果并得出实验结论。

六、问答题：28～30 小题，每小题 6 分；31～32 小题，每小题 12 分。共 42 分。

28. 人的头发中主要含有哪种蛋白质？利用化学试剂处理可以使直发变成卷发，请简述其生化原理。

29. 简述 NADPH 与 NADH 的结构差异，并写出它们在细胞代谢中的作用(各答出 1 点即可)。

30. β-氧化是脂肪酸分解的重要途径。请写出丁酰 CoA 经过 β-氧化途径分解所需酶和终产物(含有碳骨架)的名称。

31. 共价修饰调节是生物体内酶活性调节的重要方式。请写出酶活性共价修饰调节的概念，并阐述酶的磷酸化/脱磷酸化共价修饰调节作用的特点。

32. DNA 是主要的遗传物质。请结合 DNA 的结构、稳定性、合成和损伤修复的特点，阐述 DNA 适合作为遗传物质的原因。

2022年全国硕士研究生招生考试农学门类联考

动物生理学与生物化学试题参考答案

动物生理学

一、选择题：1～10小题，每小题2分，共20分。

1. A　2. C　3. A　4. B　5. B　6. D　7. B　8. A　9. C　10. D

二、实验题：11小题，共13分。

11.【答案要点】

(1) Ca^{2+}是凝血因子之一，血液凝固的多个过程均需要Ca^{2+}参与，因此氯化钙可促进血液凝固。

柠檬酸钠可与Ca^{2+}结合而除去血浆中游离的Ca^{2+}，从而起到抗凝作用。

肝素可通过增强抗凝血酶活性等途径发挥间接凝抗作用。

(2)注意事项：采集的血液应及时加入试管中；血液与试剂要充分混匀。

三、问答题：12～14小题，每小题6分；15～16小题，每小题12分。共42分。

12.【答案要点】

(1)促进胃排空的因素：食物对胃的扩张刺激通过迷走-迷走反射和壁内神经丛反射，促进胃排空；食物还可通过体液因素促进胃排空。

(2)抑制胃排空的因素：进入十二指肠的酸性食糜、脂肪、高渗溶液等均可引起肠-胃反射，抑制胃排空；酸和脂肪也可通过体液因素抑制胃排空。

13.【答案要点】

(1)近端小管对Na^+和水的重吸收量增加。

(2)原因：当肾小球滤过率发生改变时，近端小管中Na^+和水的重吸收量占滤过量的百分比保持不变，因此滤过率增加时，重吸收量也增加。

(3)意义：保持尿量和尿Na^+的相对稳定。

14.【答案要点】

(1)深而慢呼吸比浅而快呼吸的气体交换效率高。

(2)深而慢呼吸时，潮气量增加，肺泡通气量增加，气体交换效率升高；浅而快呼吸时，潮气量减少，肺泡通气量减少，气体交换效率降低。

15.【答案要点】

(1)大脑皮层对躯体运动的调节是交叉性支配，但头面积是双侧性支配。

(2)运动区定位呈前后(上下)倒置分布。

(3)特定的皮层运动区精确支配特定部位的肌肉运动。

(4)运动越精细复杂,其对应的皮层代表区越大。

16.【答案要点】

(1)结构因素:心肌细胞的大小和细胞缝隙连接的数量均影响传导性。心肌细胞的直径愈大,细胞之间的缝隙连接数量愈多,则传导速度愈快;心肌细胞的直径愈小,细胞之间的缝隙连接数量愈少,则传导速度愈慢。

(2)电生理因素:心肌细胞 0 期去极化的速度愈快、幅度愈高,则兴奋传导愈快;心肌细胞 0 期去极化的速度愈慢、幅度愈低,则兴奋传导愈慢。邻近细胞的兴奋性愈高,则兴奋传导愈快;邻近细胞的兴奋性愈低,则兴奋传导愈慢。

生物化学

四、选择题:17～26 小题,每小题 2 分,共 20 分。

17. 选择 A。

【考点】氨基酸的性质

【解析】根据侧链基团不同,氨基酸分为极性不带电荷、极性带正电荷、极性带负电荷以及非极性几类。选项 B 色氨酸是非极性氨基酸,D 半胱氨酸属于极性不带电荷氨基酸。A 组氨酸和 C 精氨酸均为极性带正电荷的氨基酸。而组氨酸的咪唑基解离值 pK_R 为 6.04,说明在生理 pH 条件下,这个基团可以有一部分解离,有一部分不解离,既可以作为质子的受体,也可作为质子的供体。

18. 选择 B。

【考点】蛋白质的二级结构

【解析】蛋白质二级结构典型类型包括 α-螺旋和 β-折叠以及转角等。α-螺旋和 β-折叠的结构特征是考试的重点内容。这里测试的是维持 α-螺旋结构稳定性的主要作用力。选项 A 酯键和选项 D 二硫键都是共价键,选项 C 离子键在维持蛋白质二级结构中也起作用,但是主要作用是氨键。

19. 选择 D。

【考点】一碳单位

【解析】一碳单位在氨基酸和核苷酸代谢中发挥重要作用,当然在其他过程中也有重要的作用。这里考察的是一碳单位的类型。题干中只有 D 选项 CO 不是一碳单位/一碳基团。可以参考《指南》的相应位置或者任何生化教材有关一碳单位的部分进行复习,掌握一碳单位的概念和种类。

20. 选择 A。

【考点】维生素与辅酶

【解析】考点是维生素 A 的作用。有关维生素与辅酶的部分作为单选题进行考核是很普遍的事情,这里每个维生素和辅酶的对应关系以及维生素的活性形式及作用需要掌握。

21. 选择 B。

【考点】重要分子缩写及结构

【解析】本题的考点是学生对含巯基分子的了解。选项 A 是酰基载体蛋白 ACP,参与脂肪酸从头合成途径;选项 B 甲硫氨酸 Met,它含有 S 元素,但是不是巯基形式;选项 C 是

CoA，它参与脂肪酸β-氧化，含有巯基；选项 D 是谷胱甘肽的还原形式，简写成 GSH，含有巯基。因此，答案是选项 B，它不含巯基。

22. 选择 B。

【考点】三羧酸循环中间产物

【解析】三羧酸循环是考试的重点之重点。选项 A 和 D 是糖酵解和葡萄糖异生途径的共同中间产物；选项 C 丙二酸不是三羧酸循环的中间产物，只是在谈到琥珀酸脱氢酶的抑制剂时，提到丙二酸与琥珀酸结构类似，是琥珀酸脱氢酶的竞争性抑制剂；选项 B 延胡索酸是三羧酸循环的中间产物。

23. 选择 D。

【考点】糖酵解和葡萄糖异生途径

【解析】与三羧酸循环一样，糖酵解和葡萄糖异生途径几乎是必考内容。选项 A 和 C 是在磷酸戊糖途径非氧化阶段讲过的两个酶；选项 B 丙酮酸激酶是催化糖酵途径的最后一步反应的酶，该反应不可逆，是不参与葡萄糖异生的；选项 D 醛缩酶是糖酵解和葡萄糖异生途径共有的酶。

24. 选择 A。

【考点】糖原代谢

【解析】本题考查的是学生对糖原代谢的掌握情况。选项 B 糖原合酶参与的是糖原合成过程中糖链的延伸；选项 C 中 UDPG 焦磷酸化酶参与的是糖原合成时活性葡萄糖 UDPG 的合成；选项 D 磷酸葡萄糖变位酶催化的是 1-磷酸葡萄糖和 6-磷酸葡萄糖之间的转化反应；而选项 A 糖原磷酸化酶参与的才是和糖原降解直接相关的反应，从糖原分子的非还原端切断葡萄糖之间的 α-1，4-糖苷键，产生 1-磷酸葡萄糖。

25. 选择 C。

【考点】RNA 的合成

【解析】本题考察的是 RNA 合成和 RNA 聚合酶的功能。选项 A 中 RNA 聚合酶的作用需要引物是错误的，DNA 聚合酶合成 DNA 时需要引物；选项 B RNA 聚合酶的底物是 NTP，而不是 dNTP；选项 D 转录起始依赖于 ρ 因子；其实原核生物转录起始依赖于 σ 因子，而终止时依赖于 ρ 因子的方式；选项 C RNA 聚合醢核心酶能够催化 RNA 的聚合，所以该选项是正确的。

26. 选择 C。

【考点】DNA 的性质

【解析】本题考查的是 DNA 的变性。选项 A T_m，熔解温度，代表 DNA 变性一半时的温度，该值不会随着 DNA 热变性而发生改变；双链 DNA 变性后，黏度会减小，所以选项 B 错误；双链 DNA 热变性后，由于碱基外翻会导致紫外吸收增加，即产生所谓的增色效应；当在合适的条件下，解链后的单链 DNA 互补重新形成双螺旋时，紫外吸收会减小，产生减色效应。所以，选项 C 正确。

五、实验题：27 小题，共 13 分。

27.【答案要点】

1. 抑制剂常常被分为可逆抑制剂和不可逆抑制剂。不可逆抑制剂通常是通过共价键或者非共价键与酶蛋白分子紧密结合，不易分离；可逆抑制剂与酶蛋白质结合是依靠非共价键，通过一定的方法可以将两者分开。

2. 判定小分子抑制剂是可逆还是不可逆抑制剂，简单的方法就是分离抑制剂和酶蛋白。

3. 透析、超滤以及凝胶过滤层析等方法均能够将小分子抑制剂与酶蛋白有效分离开来。

4. 通过上述三种方式对酶和抑制剂的混合物进行分离，分别测定无抑制剂的酶、酶和抑制剂混合物、分离抑制剂后的酶三类样品的酶活性，之后对比三者的酶活性就可以确定抑制剂的类型。如果分离抑制剂后样品与酶和抑制剂混合的样品，其酶活性没有差别，那么抑制剂就是不可逆抑制剂；如果分离抑制剂后样品与酶和抑制剂混合样品，前者酶活性高于后者，而且与无抑制剂酶样品的酶活性近乎一致，那么抑制剂就是可逆抑制剂。

六、问答题：28～30 小题，每小题 6 分；31～32 小题，每小题 12 分。共 42 分。

28.【答案要点】

【考点】α-角蛋白的结构特点

【解析】

①角蛋白是组成动物皮肤和皮肤衍生物的蛋白类型。人体头发中含有的主要蛋白质是 α-角蛋白，它的主要结构单元是由两个含有 α-螺旋结构的肽链形成的 $\alpha\alpha$ 的超二级结构。相邻分子 α-螺旋之间是由它们所含的半胱氨酸残基间的二硫键交联起来的。在湿热条件下，角蛋白 α-螺旋结构中的氢键能够被破坏，α-螺旋构象转化为 β-构象的伸展状态。

②烫发是在湿热条件下进行的，把头发卷成特定的形状，并涂上还原剂，结果 α-螺旋结构中的氢键被破坏，二硫键被还原破坏；之后再涂上氧化剂，与原有二硫键不同的新二硫键形成；待头发冷却后，则蛋白质的构象恢复到原有构象。如下图所示：图中的还原和卷曲在烫发时是同时进行的。

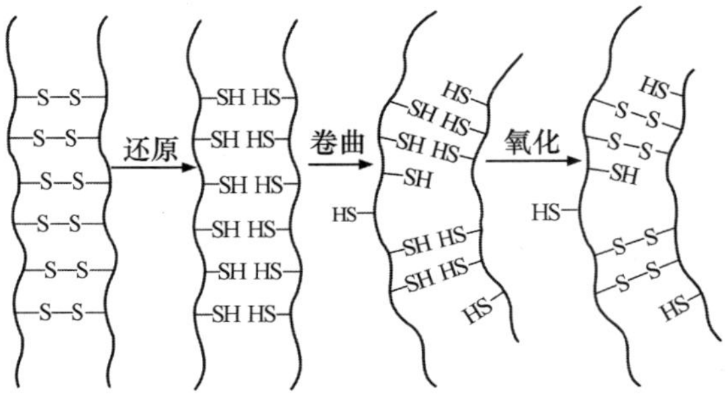

29.【答题要点】

【考点】NADPH 和 NADH 的结构和功能

【解析】

(1)结构差异：由图片可以发现 NADPH 和 NADH 结构几乎一致，不同之处在于两者结构的 AMP 组分中核糖的 2′-羟基，前者被磷酸酯化。

(2)功能：NADPH 被作为还原力，常常提供氢和电子参与细胞中物质的还原反应。例如，脂肪酸从头合成途径；NADH 是电子传递链的电子供体，参与 ATP 的生成。

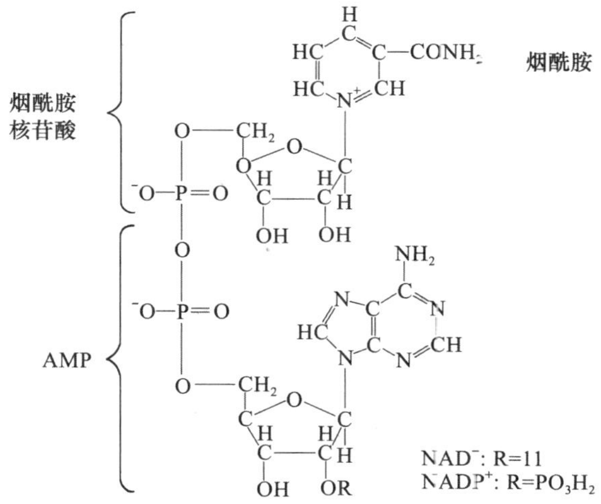

30.【答题要点】

【考点】脂肪酸的 β-氧化

【解析】丁酰-CoA 是一个四碳化合物，它可以经过一轮 β-氧化产生 2 分子乙酰 CoA。分解过程分为 4 步：

①丁酰 CoA＋FAD→烯丁酰 CoA＋$FADH_2$　脂酰 CoA 脱氢酶

②烯丁酰 CoA＋H_2O→L-β-羟丁酰 CoA　Δ^2-反-烯脂酰 CoA 水合酶

③L-β-羟丁酰 CoA＋NAD^+→β-酮丁酰 CoA（乙酰乙酰 CoA）＋NADH＋H^+　L-β-羟脂酰 CoA 脱氢酶

④β-酮丁酰 CoA＋HS-CoA→2 乙酰 CoA　β-酮脂酰 CoA 硫解酶

31.【答题要点】

【考点】共价修饰调节

【解析】

①共价修饰调节是酶活性调节的一种类型。可作为共价修饰的化学基团很多，磷酸化/脱磷酸化是共价修饰的最常见的方式。

②组成酶蛋白的一些氨基酸残基侧链因共价连接一个化学基团或者去掉一个化学基团而致使酶活性发生激活或者失活的变化，这种酶活性的调节方式被称为酶的共价修饰。

③磷酸化/脱磷酸化的酶共价修饰调节存在相互转化。例如：丙酮酸脱氢酶复合体中的丙酮酸脱氢酶，其磷酸化的形式是无活性的，脱磷酸的形式是有活性的，两者之间在特定酶的催化下能够发生相互转化。有些酶，其磷酸化形式是有活性的，而脱磷酸化形式无活性。不同的酶，情况不同。

32.【答题要点】

【考点】DNA 的结构、复制和修复

【解析】

①作为遗传物质，DNA 具有双螺旋结构，当进行复制时，两条链分别作为模板，通过碱基互补将信息传递给子代。当进行转录时，以一条链为模板，通过碱基互补准确地将模板链中

的信息传递下去。

②DNA 是以脱氧核糖核苷酸为结构单元，通过 3′,5′-磷酸二酯键相连。在细胞中，通常与碱性蛋白相互作用形成比较稳定结构，防止被降解。例如在真核生物中，DNA 与组蛋白形成核小体结构，非复制时间以染色体的形式存在。

③细胞中 DNA 合成是在 DNA 聚合酶以及其他酶及蛋白的帮助下完成的，合成具有高保真性，同时细胞中还有多种修复机制保证其合成的准确性。例如，DNA 聚合酶就有 3′→5′核酸外切酶活性，在 DNA 合成时一旦掺入错误的脱氧核糖核苷酸，该酶将发挥其校正功能，切除错误的脱氧核糖核苷酸；即使 DNA 聚合酶没有发现错误加入的脱氧核糖核苷酸，在 DNA 复制完成之前，细胞的错配修复机制也能发挥作用，去除错误掺入的脱氧核糖核苷酸。

综上所述，上述因素为 DNA 作为遗传物质提供了有力的保障。

2023年全国硕士研究生招生考试农学门类联考

动物生理学与生物化学试题

动物生理学

一、选择题:1～10小题,每小题2分,共20分。在每题给出的四个选项中,只有一个选项是最符合题目要求的。

1. 当局部组织代谢活动增强时,组织中氧分压降低、代谢产物增多,可使局部微动脉和毛细血管前括约肌舒张,以清除代谢产物。这种调节方式属于(　　)。

A. 神经调节　　B. 体液调节　　C. 自身调节　　D. 神经-体液调节

2. 在红细胞脆性实验中,某同学将家兔红细胞加入下列不同浓度的NaCl溶液中,其中可导致红细胞破裂的是(　　)。

A. 1.5% NaCl　　B. 1.2% NaCl　　C. 0.9% NaCl　　D. 0.3% NaCl

3. 兴奋从心房向心室传播过程中,会发生短暂的时间延搁。延搁发生的部位是(　　)。

A. 浦肯野纤维　　B. 房室束　　C. 房室结　　D. 窦房结

4. 哺乳动物在平静和运动状态下,呼吸状况是不同的。平静呼吸时,每次吸入或呼出的气体量为(　　)。

A. 潮气量　　B. 肺活量　　C. 肺通气量　　D. 肺泡通气量

5. 犬看到肉类食物会引起胃液分泌(头期);通过胃瘘将肉类食物放入胃内也可引起胃液分泌(胃期)。与头期相比,胃期胃液分泌的特点是(　　)。

A. 量较大、胃蛋白酶原浓度较低　　B. 量较小、胃蛋白酶原浓度较低

C. 量较大、胃蛋白酶原浓度较高　　D. 量较小、胃蛋白酶原浓度较高

6. 兽医用冷敷法给发热的动物降温,这种降温方式属于(　　)。

A. 辐射散热　　B. 传导散热　　C. 蒸发散热　　D. 对流散热

7. 血液流经肾小球时,促进原尿生成的直接动力是(　　)。

A. 直小血管血压　　B. 出球小动脉血压

C. 入球小动脉血压　　D. 肾小球毛细血管血压

8. 压力感受器受到适宜刺激后会产生一种局部电位,下列属于这种电位特点的是(　　)。

A. 具有"全或无"特征　　B. 能发生总和

C. 有不应期　　D. 非衰减性传导

9. 呼吸运动调节实验中,在家兔气管插管的侧管上连接一段20 cm长的乳胶管,此时其呼吸运动增强,原因是(　　)。

A. 肺的顺应性增加　　B. 通气/血流比值增大

C. 胸廓的顺应性增加　　D. 无效腔增大

10. 哺乳动物精原细胞发生减数分裂的部位是(　　)。
A. 曲细精管　　B. 睾丸网　　C. 附睾管　　D. 输精管

二、实验题:11 小题,共 13 分。

11. 以家兔为实验动物,设计实验验证肾小管存在渗透性利尿现象(要求:简要写出实验思路、预期实验结果并说明原因)。

三、问答题:12～14 小题,每小题 6 分;15～16 小题,每小题 12 分。共 42 分。

12. 机体生理活动的调节主要以反馈的形式来进行。反馈的类型有哪些?简述其生理意义。
13. 反刍动物饲养中通常会在饲料中添加适量的尿素。请简述反刍动物利用尿素的主要过程。
14. 简述甲状旁腺激素对血钙水平的调节作用。
15. 马从安静状态进入运动状态后,心率加快。请分析心率加快对心输出量和动脉血压的影响。
16. 什么是对侧伸肌反射?试述对侧伸肌反射产生的生理机制和意义。

生 物 化 学

四、选择题:17～26 小题,每小题 2 分,共 20 分。在每题给出的四个选项中,只有一个选项是最符合题目要求的。

17. 下列学说中,由我国科学家吴宪提出的是(　　)。
A. 中间产物学说　　B. 蛋白质变性学说
C. 诱导契合学说　　D. 化学渗透学说
18. 下列氨基酸中,属于极性不带电荷氨基酸的是(　　)。
A. Ala　　B. Val　　C. Arg　　D. Cys
19. 戊二酸对琥珀酸脱氢酶的抑制作用属于(　　)。
A. 不可逆抑制　　B. 反竞争性抑制　　C. 非竞争性抑制　　D. 竞争性抑制
20. 下列维生素中,被认为是一种抗恶性贫血因子的是(　　)。
A. 氰钴胺素　　B. 硫胺素　　C. 维生素 E　　D. 维生素 K
21. 下列化合物中,属于糖酵解途径中磷酸果糖激酶别构激活剂的是(　　)。
A. ATP　　B. 柠檬酸　　C. NADH　　D. 2,6-二磷酸果糖
22. 下列酶中,均能催化底物水平磷酸化的是(　　)。
A. 己糖激酶和丙酮酸激酶　　B. 丙酮酸激酶和琥珀酰 CoA 合成酶
C. 磷酸甘油酸激酶和柠檬酸合酶　　D. 己糖激酶和琥珀酰 CoA 合成酶
23. 下列酶中,催化的反应有 CO_2 释放的是(　　)。
A. 丙酮酸羧化酶　　B. 异柠檬酸脱氢酶
C. 琥珀酸脱氢酶　　D. 乙酰 CoA 羧化酶
24. 脂肪分解代谢中,3-磷酸甘油经磷酸甘油脱氢酶催化生成的产物是(　　)。
A. 2-磷酸甘油酸　　B. 3-磷酸甘油酸
C. 磷酸二羟丙酮　　D. 3-磷酸甘油醛

25. 在用变性聚丙烯酰胺凝胶电泳测定蛋白质分子量时，下列化合物中能使蛋白质变性的是(　　)。

A. SDS　　B. Tris　　C. 甘氨酸　　D. 溴酚蓝

26. 大肠杆菌 DNA 聚合酶Ⅲ中具有 $3'\rightarrow5'$ 核酸外切酶活性的亚基是(　　)。

A. α 亚基　　B. β 亚基　　C. ε 亚基　　D. σ 亚基

五、实验题：27 小题，共 13 分。

27. 现有脑啡肽(Tyr-Gly-Gly-Phe-Met)和脯氨酸溶液各一瓶，请用两种实验方法区分上述溶液。要求写出每种实验方法的名称、原理和预期结果。

六、问答题：28～30 小题，每小题 6 分；31～32 小题，每小题 12 分。共 42 分。

28. 人体中含有多种乳酸脱氢酶同工酶。请写出同工酶的概念及乳酸脱氢酶催化的反应式。

29. 请写出磷酸戊糖途径中以 $NADP^+$ 为辅酶的酶的名称，并简述磷酸戊糖途径的主要生物学意义。

30. 生物体有多种 DNA 损伤修复系统。请简述重组修复的主要特点。

31. 生物氧化生成 ATP 的过程受到多种因素的影响。请阐述呼吸链电子传递抑制剂、氧化磷酸化抑制剂和解偶联剂的主要作用特点。

32. 核酸是生物体内的重要物质。请围绕中心法则阐述核酸的主要生物学功能。

2023年全国硕士研究生招生考试农学门类联考

动物生理学与生物化学试题参考答案

动物生理学

一、选择题:1～10小题,每小题2分,共20分。

1. C　2. D　3. C　4. A　5. A　6. B　7. D　8. B　9. D　10. A

二、实验题:11小题,共13分。

11.**【答案要点】**

(1)思路:给家兔静脉注射一定量的高渗葡萄糖溶液,观察并记录注射前后单位时间内的尿量变化。

(2)结果:注射后尿量增加。

(3)原因:注射后,进入小管液中的葡萄糖不能被完全重吸收,使小管液的渗透压增高,妨碍水的重吸收,导致尿量增加。

三、问答题:12～14小题,每小题6分;15～16小题,每小题12分。共42分。

12.**【答案要点】**

(1)类型:正反馈、负反馈。

(2)正反馈的意义:打破原有的平衡状态,促使某一生理活动加速完成。负反馈的意义:维持机体内环境的稳态。

13.**【答案要点】**

(1)尿素主要在前胃内细菌脲酶的作用下生成氨;细菌利用氨合成蛋白质。

(2)前胃内微生物随食糜进入皱胃和小肠后,微生物蛋白质被动物消化、吸收和利用。

14.**【答案要点】**

(1)促进肾远曲小管对钙的重吸收,使血钙升高。

(2)促进骨钙释放入血,使血钙升高。

(3)促进肾生成1,25-二羟维生素D_3,进而促进小肠对钙的吸收,使血钙升高。

15.**【答案要点】**

(1)在一定范围内,心率加快能使心输出量增加;心率过快且超过一定范围时,因心室充盈量减少,心输出量减少。

(2)在一定范围内,心率加快能使血压升高;心率过快且超过一定范围时,因回心血量减少,血压下降。

16.**【答案要点】**

(1)对侧伸肌反射:当一个较强的伤害性刺激作用于一侧肢体的皮肤时,除引起同侧肢体屈曲外，还会引起对侧肢体的伸肌收缩，以保持身体平衡。

(2)生理机制：伤害性刺激作用于一侧肢体的皮肤时，冲动沿传入神经进入中枢后，使同侧屈肌中枢神经元兴奋、伸肌中枢神经元抑制，同时通过轴突侧支兴奋中间神经元，后者可使另一侧屈肌中枢神经元抑制、伸肌中枢神经元兴奋，出现同侧肢体屈曲、对侧肢体伸直的现象。

(3)意义：使双侧肢体的活动得以协调，即被刺激侧肢体屈曲，以躲避伤害作用，对侧肢体伸直以维持机体平衡。

生物化学

四、选择题：17～26 小题，每小题 2 分，共 20 分。

17. 选择 B。

【考点】科学家的贡献

【解析】中间产物学说是由生物化学家 Michaelic 和 Menten 于 1913 年提出的；蛋白质变性学说是由中国科学家吴宪先生于 1931 年提出的；诱导契合学说是由 D. Koshland 于 1958 年提出的；化学渗透假说是英国科学家 P. Mitchell 等于 1961 年提出的。

18. 选择 D。

【考点】氨基酸的极性

【解析】根据其侧链的性质，组成蛋白质常见的 20 种氨基酸可以分为非极性、极性不带电、极性带正电和极性带负电四类。Ala、Val 属于非极性氨基酸，Arg 是极性带正电的氨基酸，Cys 是极性不带电氨基酸。

19. 选择 D。

【考点】抑制剂类型

【解析】教材上通常给出琥珀酸脱氢酶的竞争性抑制剂是丙二酸。不过从结构式上可以判断，戊二酸是琥珀酸脱氢酶的竞争性抑制剂，其结构与琥珀酸相似。

20. 选择 A。

【考点】维生素与人类疾病

【解析】人体缺乏氰钴胺素将患恶性贫血病，所以氰钴胺素被认为是抗恶性贫血因子。人体缺乏维生素 E 容易造成习惯性流产和肌肉萎缩等症状；人体缺乏维生素 K 时，凝血时间会延长；人体缺乏硫胺素时会得脚气病，而且会影响心血管和神经组织的正常功能。

21. 选择 D。

【考点】糖酵解途径的调节

【解析】糖酵解途径的三个关键调节位点之一是磷酸果糖激酶Ⅰ，柠檬酸、ATP 是该酶的抑制剂，2,6-二磷酸果糖是这个酶的激活剂。NADH 是糖酵解途径的反应产物，该代谢物的积累将抑制糖酵解途径。

22. 选择 B。

【考点】底物水平磷酸化

【解析】教材上底物水平磷酸化反应有 3 步，分别是糖酵解途径中的 1,3-二磷酸甘油酸转化为 3-磷酸甘油酸、PEP 转化为丙酮酸的两步反应，以及 TCA 循环中的琥珀酰 CoA 转化为琥珀酸的反应。催化这3步反应的酶分别是磷酸甘油酸激酶、丙酮酸激酶和琥珀酰CoA合成酶。选项B是正确的。

23. 选择B。

【考点】与CO_2生成反应有关的酶

【解析】丙酮酸羧化酶、乙酰CoA羧化酶催化的反应都是利用CO_2的反应;琥珀酸脱氢酶催化的反应与CO_2无关。异柠檬酸脱氢酶是TCA循环中的一种酶,它催化的反应会释放1分子CO_2,因此B选项正确。

24. 选择C。

【考点】脂肪分解产物的去向

【解析】脂肪分解生成3-磷酸甘油和脂肪酸,3-磷酸甘油经过磷酸甘油脱氢酶生成磷酸二羟丙酮,后者可以继续代谢 。磷酸二羟丙酮可以经过糖酵解途径代谢产生能量,它是连接糖代谢和脂代谢的重要中间产物。因此,选项C正确,其他是糖酵解途径的中间产物,是干扰选项。

25. 选择A。

【考点】SDS-PAGE中试剂的作用

【解析】在使用SDS-PAGE进行蛋白质分子量鉴定时,甘氨酸和Tris是电泳缓冲液的组分,溴酚蓝是上样缓冲液的组分,是指示剂。SDS是一种阴离子去垢剂,是电泳凝胶、电泳缓冲液和上样缓冲液的组分之一,它的作用是破坏蛋白质的非共价相互作用,致使蛋白质结构发生变化而变性。因此,选项A正确。

26. 选择C。

【考点】大肠杆菌DNA聚合酶Ⅲ各亚基功能

【解析】大肠杆菌DNA聚合酶Ⅲ核心酶α亚基具有$5'$-$3'$聚合活性,ε具有$3'$-$5'$外切活性;DNA聚合酶Ⅲ β亚基为二聚体,是负责DNA聚合酶Ⅲ核心酶结合在DNA上,维持DNA合成连续进行。DNA聚合酶Ⅲ没有σ亚基。

五、实验题:27小题,共13分。

27. 现有脑啡肽(Tyr-Gly-Gly-Phe-Met)和脯氨酸溶液各一瓶,请用两种实验方法区分上述溶液。要求写出每种实验方法的名称、原理和预期结果。

【答题要点】

【考点】用实验方法区分小肽和氨基酸

【解析】

①利用双缩脲反应。双缩脲试剂可以与含有两个或两个以上肽键的物质发生显色反应,但不能和游离的氨基酸发生反应。将双缩脲试剂分别加入脑啡肽和脯氨酸溶液后,前者产生紫红色络合物,后者无颜色变化。

②利用茚三酮反应。茚三酮试剂可以在特定的条件下与带有游离氨基的化合物,包括氨基酸、肽和蛋白质发生反应生成蓝紫色化合物。脑啡肽具有游离氨基可以和茚三酮试剂发生反应生成蓝紫色化合物,而脯氨酸是携带亚氨基的氨基酸,它和茚三酮试剂反应产生的是黄色的化合物。

因此用上述两种试剂可以区分小肽和脯氨酸溶液。

六、问答题:28～30小题,每小题6分;31～32小题,每小题12分。共42分。

28. 人体中含有多种乳酸脱氢酶同工酶。请写出同工酶的概念及乳酸脱氢酶催化的反应式。

【答题要点】

【考点】同工酶的概念和酶促反应

【解析】

①同工酶是指催化同一种化学反应,但酶结构和性质(理化性质、免疫性质、K_m等)不同的一组酶。它们存在于生物的同一种属或同一个体的不同发育阶段,或同一发育阶段的不同组织,在细胞发育及代谢调节中起重要作用。

②乳酸脱氢酶催化的反应:

丙酮酸　　　　乳酸

29. 请写出磷酸戊糖途径中以 $NADP^+$ 为辅酶的酶的名称,并简述磷酸戊糖途径的主要生物学意义。

【答题要点】

【考点】磷酸戊糖途径

【解析】

①磷酸戊糖途径以 $NADP^+$ 为辅因子的酶有6-磷酸葡萄糖脱氢酶和6-磷酸葡萄糖酸脱氢酶。

②磷酸戊糖途径的生物学意义是产生还原力NADPH,用于胆固醇、脂肪酸等物质的合成;该途径生成的磷酸戊糖可以作为前体合成PRPP(5-磷酸核糖-1-焦磷酸),参与核苷酸和组氨酸的合成。

30. 生物体有多种DNA损伤修复系统。请简述重组修复的主要特点。

【答题要点】

【考点】DNA修复

【解析】

①通常DNA修复包括直接修复、错配修复、切除修复和重组修复等类型。

②重组修复如图所示:

以大肠杆菌为例,假设DNA损伤(胸腺嘧啶二聚体)出现在后随链模版上。当遇到损伤片段时,后随链合成停滞。此时,大肠杆菌RecA蛋白及其他相关蛋白共同启动了重组过程。与胸腺嘧啶二聚体互补的前导链模板相应区段入侵与后随链模板链中胸腺嘧啶二聚体3′端附近区段互补配对,形成的分支向后随链模板5′端移动,填补由于后随链合成受阻产生的空隙。而前导链模板上的空隙再由DNA聚合酶以前导链为模板,将脱氧核糖核苷三磷酸不断添加到入侵的与前导链部分互补的后随链3′端游离羟基上,后由连接酶连接。这类损伤修复因为发生过遗传信息的重新组合,故称为重组修复。其特点是DNA损伤片段仍然存在。

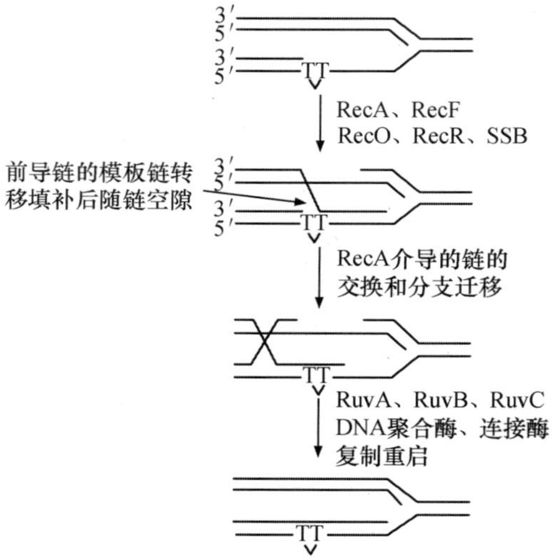

31. 生物氧化生成 ATP 的过程受到多种因素的影响。请阐述呼吸链电子传递抑制剂、氧化磷酸化抑制剂和解偶联剂的主要作用特点。

【答题要点】

【考点】电子传递抑制和 ATP 合成抑制

【解析】

①电子传递链的抑制剂包括三类:抑制复合物Ⅰ电子的传递、抑制复合物Ⅲ的电子传递以及抑制复合物Ⅳ的电子传递。电子传递受到抑制,氧消耗会降低,质子梯度无法形成,ATP 合成将受阻。

②寡霉素是氧化磷酸化抑制剂,它可以抑制质子通过 ATP 合酶回流从而抑制 ATP 的合成。由于线粒体内膜质子梯度无法消耗,因而电子传递也会间接受到抑制,所以氧消耗会降低。

③解偶联剂,如 2,4-二硝基苯酚能够从线粒体内膜外侧进入线粒体内膜内侧,之后解离,释放质子,结果消耗了质子梯度。所以,2,4-二硝基苯酚可以抑制 ATP 的合成,但它不会抑制电子传递。

32. 核酸是生物体内的重要物质。请围绕中心法则阐述核酸的主要生物学功能。

【答题要点】

【考点】核酸的生物学功能

【解析】

①核酸分为脱氧核糖核酸 DNA 和核糖核酸 RNA。

②DNA 和 RNA 均可作为遗传物质。

DNA 可以作为模版,合成出新的 DNA,遗传给新的细胞。同时 DNA 也可以作为模版,合成出 mRNA,将信息转化为蛋白质发挥功能;RNA 能够参与蛋白质的合成,其中 mRNA 能够作为模版,tRNA 可作为氨基酸的载体,rRNA 可作为核糖体的组分。以原核生物 23S 核糖体 RNA 为例,它可以作为核酶参与催化肽键形成的反应。

有些病毒以 RNA 作为遗传物质。